網際網路
應用實務

全華研究室 王麗琴 編著

全華

導讀

　　我們常常在學習中，得到想要的知識，並讓自己成長；學習應該是快樂的，學習應該是分享的。本書要將學習的快樂分享給你，讓你能在書中得到成長。

　　本書共分為 14 章，每章都是一個獨立的主題，可以依據需求選擇要閱讀的內容。若是一位新手，建議從頭到尾先把書的內容看過一次，先讓自己對網路有些概念，有了概念後再去挑選要閱讀的章節。

　　本書涵蓋了廣泛的網際網路應用領域，從電腦網路的基本概念開始，到無線網路、行動通訊、網際網路原理，以及不同的網路連線方式，書中還介紹了全球資訊網、網路資源應用、生成式 AI 工具應用，以及物聯網、大數據等現代網路技術的應用。同時，還探討了雲端運算、雲端服務、網路發展趨勢與應用，以及電子商務和網路行銷等相關主題，當然還闡述了資訊安全、網路議題，以及資訊素養與倫理等重要的議題。

　　本書每一章都提供了「網路趨勢」，讓讀者能夠瞭解網路趨勢和未來的發展方向。這些網路趨勢提供了關於新興技術和應用的最新資訊，如全球網路自由度調查報告、行動趨勢報告、非地面網路、臺灣數位使用概況、十大雲端應用開發趨勢、消費者支付態度調查、網紅行銷趨勢等。

　　除此之外，本書還設計了「自我評量」單元，讓讀者在吸收知識之後，也能驗收閱讀的成果。

　　希望本書能幫助讀者建立實用的技能和知識，適應不斷發展的網際網路環境。不論是對於初學者還是專業人士而言，這本書都是一個寶貴的資源，幫助你探索網際網路世界的無限可能性，掌握網際網路的核心概念和技術，並實際應用。最後，感謝你閱讀本書，也希望你後續在學習網際網路應用領域的過程中，獲益良多。

全華研究室

QR Code使用說明

　　本書不定時會加入一些相關網站及相關影片，而這些資訊是使用 QR Code 製作，要閱讀這些資訊時，請使用 QR Code 相關 App(例如 QR Code 掃描器)，或是直接開啟行動裝置的相機功能，拍下書本中的 QR Code 圖示，即可顯示該 QR Code 的連結，點選後即可連結至相關網站或補充影片。

商標聲明

　　書中引用的軟體與作業系統的版權標列如下：

❖ 書中所引用的商標或商品名稱之版權分屬各該公司所有。

❖ 書中所引用的網站畫面之版權分屬各該公司、團體或個人所有。

❖ 書中所引用之圖形，其版權分屬各該公司所有。

❖ 書中所使用的商標名稱，因為編輯原因，沒有特別加上註冊商標符號，並沒有任何冒犯商標的意圖，在此聲明尊重該商標擁有者的所有權利。

目錄

目錄

CH06 網路資源應用

CH07 生成式AI工具應用

CH08 物聯網與大數據

CH09 雲端運算與雲端服務

CH10 網路發展趨勢與應用

目錄

CH11 電子商務

CH12 網路行銷

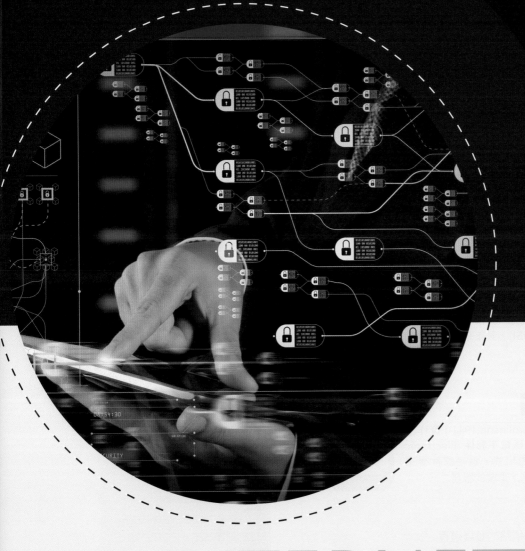

INTERNET

1-1 認識電腦網路

想要深入了解**電腦網路** (Computer Network) 的世界，就不可不知網路是什麼。其實，電腦網路在定義上非常簡單，就是指「**將一群電腦或周邊設備，透過特定的傳輸媒介與傳輸設備連接起來，構成一個可隨時、隨地存取的虛擬空間，並藉由這樣的連接方式達到『資源分享』的目的**」。

根據上面所下的定義，如果我們將兩台電腦連接起來，讓其中一台電腦中的資料可以分享給另一台電腦使用，這樣就可以算是最簡單的網路架構了。

美國高級研究計劃署 (ARPA) 設計 ARPANET(The Advanced Research Projects Agency Network) 網路，其目標是希望讓電腦設備可以透過網路互相連接與交換資料，而 ARPANET 則是今日際網路的前身

1967年

1973年
全錄 (Xerox) 公司成功發展出**乙太網路** (Ethernet) 技術，其後來也成為網路的重要標準之一

提姆‧柏納-李 (Tim Berners-Lee) 提出了 WWW 的計畫，之後研發出一套結合 **HTML**(用來描述 WWW 網頁結構與顯示格式的標記語言) 與 **超文件傳輸協定** (HyperText Transfer Protocol, **HTTP**；為 WWW 瀏覽器與 WWW 伺服器之間傳輸資料的協定) 的解決方案，WWW 後來也成為際網路上重要的服務之一

1989年

1997年
美國電機電子工程師協會制定出 IEEE 802.11 標準，使得無線網路的技術有了統一的規範與依據，而不同廠商的無線通訊產品只要依據標準規範進行設計，便可以互相通訊

1998年
Google 搜尋引擎問世，後來也成為使用者常用的搜尋引擎之一。搜尋引擎可以讓使用者在分散於全球各地網路的大量資料中，快速找到所需的資訊

1984年
國際標準組織 (International Organization for Standardization, ISO) 訂定了 7 層的 **開放式系統互連模型** (Open System Interconnection, **OSI**)，其後來成為重要的網路模型之一

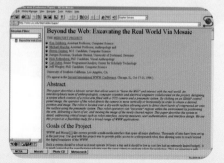

1993年
第一個圖形化介面瀏覽器 Mosaic 問世，讓使用者可以更方便地使用 WWW

1971年
湯林森 (Ray Tomlinson,1941-) 實作出在 ARPANET 傳送**電子郵件** (Electronic mail, **E-mail**) 的程式，電子郵件後來也成為際網路上重要的服務之一

圖 1-1　電腦網路的發展過程

1-1-1 電腦網路的發展歷程

對於現代人而言，電腦網路已成為日常生活中不可或缺的一部分。在電腦網路尚未出現前，人們需要透過各種儲存媒介，進行電腦之間的資料交換，而在電腦網路出現之後，則可以方便地透過網路，讓電腦進行通訊與資料傳輸。

在電腦網路的發展歷程中，各種通訊技術也持續進步，且許多重要的網路服務也逐一被發表出來，這些網路服務讓使用者可以享受電腦網路所帶來的便利，也使得電腦網路的使用人數不斷增加。電腦網路的發展是多元的，它是許多人共同努力的成果，圖 1-1 所示為電腦網路的發展過程。

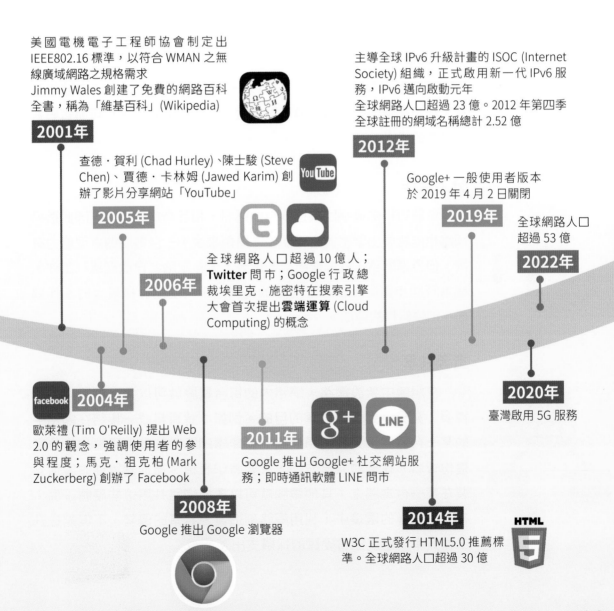

美國電機電子工程師協會制定出 IEEE802.16 標準，以符合 WMAN 之無線廣域網路之規格需求
Jimmy Wales 創建了免費的網路百科全書，稱為「維基百科」(Wikipedia)

2001年

查德‧賀利 (Chad Hurley)、陳士駿 (Steve Chen)、賈德‧卡林姆 (Jawed Karim) 創辦了影片分享網站「YouTube」

2005年

2006年

全球網路人口超過 10 億人；**Twitter** 問市；Google 行政總裁埃里克‧施密特在搜索引擎大會首次提出**雲端運算** (Cloud Computing) 的概念

主導全球 IPv6 升級計畫的 ISOC (Internet Society) 組織，正式啟用新一代 IPv6 服務，IPv6 邁向啟動元年
全球網路人口超過 23 億。2012 年第四季全球註冊的網域名稱總計 2.52 億

2012年

Google+ 一般使用者版本於 2019 年 4 月 2 日關閉

2019年

全球網路人口超過 53 億

2022年

2004年
歐萊禮 (Tim O'Reilly) 提出 Web 2.0 的觀念，強調使用者的參與程度；馬克‧祖克柏 (Mark Zuckerberg) 創辦了 Facebook

2011年
Google 推出 Google+ 社交網站服務；即時通訊軟體 LINE 問市

2020年
臺灣啟用 5G 服務

2008年
Google 推出 Google 瀏覽器

2014年
W3C 正式發行 HTML5.0 推薦標準。全球網路人口超過 30 億

1-1-2 電腦網路的功能

電腦網路基本上具有訊息傳遞、資料交換、分工合作及資源共享等功能,以下依序說明之。

訊息傳遞

由於網路的普及,使得人與人之間的交流變得容易且多元,例如:使用電子郵件、即時通訊軟體、網路電話等進行溝通之外,還可以透過網站、部落格互相吸收與分享各種訊息,或者利用視訊裝置將位於不同地方的人集結在一起,舉行視訊會議或遠距教學等,讓訊息的傳遞變得十分快速與便利。

資料交換

網路是資料交換最佳的管道之一,在文件數位化已臻完整的現在,利用網路傳送資料不但可以縮短資料傳輸的時間,也可節省郵寄與紙張的成本。

分工合作

電腦可以透過網路來達到彼此通訊,相互合作的目的,因此透過網路也能發展出緊密的合作關係。舉例來說,一台電腦的處理能力有限,但透過網路,就能連結很多電腦,這些電腦各自處理單一工作,或進行同步運算,在相互連結的架構之下,便能發揮最大的工作效能,加快目標的達成。

資源共享

在組織中架設網路,網路內的每台電腦就可以共享軟體與硬體資源,充分達到資源共享的目的。例如:將資料統一集結在網路中的某一台電腦,只要透過網路,就能讓網路中的其他電腦也能分享這份資料。在硬體共享方面,只要將印表機、掃描器等硬體設備安裝在某一台電腦上,其他電腦就可以透過網路共用這些硬體設備。在多人工作的環境中,利用網路創造資源共享的優勢,不但能提升工作效率,還能節省硬體的採購支出。

1-1-3 電腦網路的類型

根據網路的規模大小及距離遠近，可將網路分為以下三類：

區域網路

區域網路 (Local Area Network, **LAN**) 的範圍大概是在一個辦公室、一層樓或鄰近幾棟大樓內 (10 公里以內)，通常是企業或組織自己建立的，是屬於一種內部專用的網路，該網路可以與其他網路隔絕，如圖 1-2 所示。

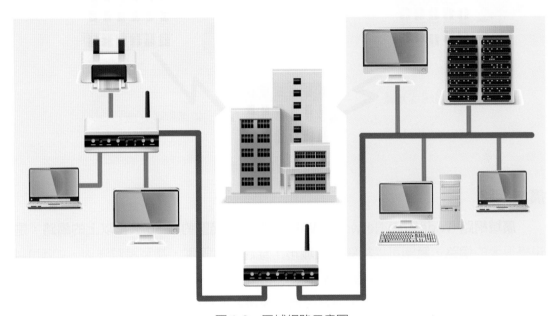

圖 1-2 區域網路示意圖

都會網路

都會網路 (Metropolitan Area Network, **MAN**) 是指**涵蓋範圍約在 50 公里之內的網路**，通常布建於一個城市或都會區的規模，都會網路也可以由數個區域網路相連而成，除了使用纜線，有的也利用光纖來連接。例如：一所大學的各個校區分散在城市裡，如果將這些校區的網路連結起來，便形成一個都會網路，如圖 1-3 所示。

在我們生活中的**有線電視網路就是都會網路最典型的例子**，現今的有線電視網路，除了可以傳輸影音節目訊號外，還可以傳輸電腦訊號。

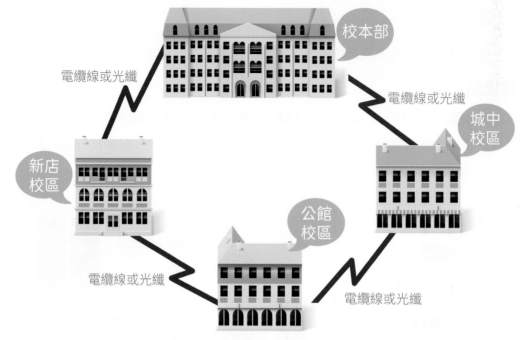

圖 1-3　都會網路示意圖

廣域網路

　　廣域網路 (Wide Area Network, **WAN**) 是**指涵蓋範圍約在 50 公里以上的網路**,是規模很大的網路,範圍可以橫跨數個城市,穿越多個國家,甚至跨越洋洲,如圖 1-4 所示。電信網路業者利用**電信網路** (Telecommunication Network) 的基礎架構,使用光纖、海底電纜、通訊衛星等傳輸設備,連接各區域網路、都會網路,形成廣域網路。**臺灣學術網路** (Taiwan Academic Network, **TANet**) 就是典型的廣域網路,它是由教育部所建立,連接全國各級學校的大型網路,也是目前國內最大的學術性網路。

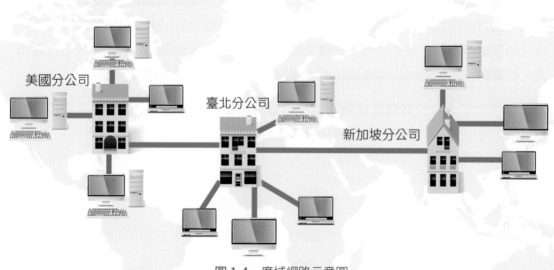

圖 1-4　廣域網路示意圖

除了 LAN、MAN、WAN 之外，**加值網路** (Value Added Network, **VAN**) 是另一種形態的通訊網路。所謂加值網路，是指在基本通訊網路上建構一個封閉型的商業化私有網路，藉此提供一些如電子郵件信箱、資料檢索、語音通訊等各種類型的附加資訊或服務，而使用者必須付費才得以使用 VAN 所提供的服務。例如：跨行提款連線系統就是 VAN 的應用之一，各金融業者之間透過 VAN 建立一個共同資訊網，各銀行便可在此進行資料交換的工作。

1-1-4　區域網路的拓樸

　　區域網路上節點的連結形狀，稱作**拓樸** (Topology)，拓樸結構會影響到傳輸的效能，以下介紹幾種常見的拓樸。

匯流排狀拓樸

　　匯流排狀拓樸 (Bus Topology) 是一種線狀的網路架構，如圖 1-5 所示，所有的電腦藉由一條通訊纜線作為主幹，而訊號在纜線中雙向傳送，達到相互連結通訊的功能。匯流排狀的網路拓樸雖然架構簡單、易於擴展，但是當網路流量很大，或是所連接的電腦數目增多時，會影響整體網路的效能。

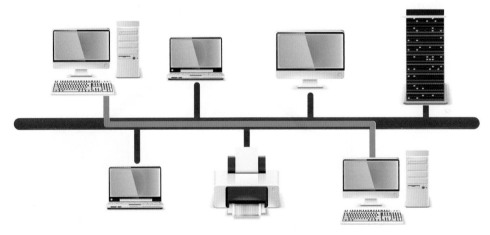

圖 1-5　匯流排狀拓樸示意圖

星狀拓樸

　　星狀拓樸 (Star Topology) 是所有節點都連接到中央的節點，形成一個星狀，如圖 1-6 所示。中央節點負責處理各節點之間的通訊要求，**每個節點都是透過中央節點來交換訊息**，是最普遍的架構。當某個節點故障時，並不會影響到其他節點的通訊；但當中央節點故障，其他節點就不能相通。學校電腦教室網路大多採用星狀拓樸。

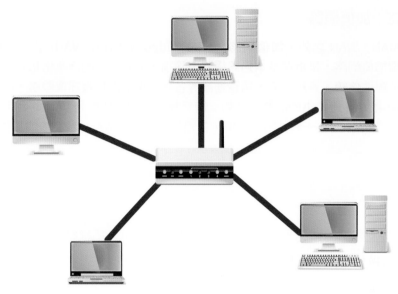

圖 1-6　星狀拓樸示意圖

環狀拓樸

　　環狀拓樸 (Ring Topology) 是將所有節點連接成一個環狀，如圖 1-7 所示，訊息沿著單一個方向，依序進行傳送。**權杖環狀** (Token Ring) 網路、**光纖分散數據介面** (Fiber Distributed Data Interface, **FDDI**) 等架構都是環狀網路的典型範例。

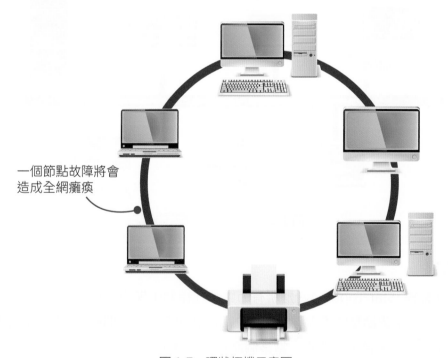

一個節點故障將會造成全網癱瘓

圖 1-7　環狀拓樸示意圖

權杖環狀網路又稱為**記號環網路**，是由 IBM 公司所提倡的網路規格。**權杖** (Token) 如同令牌，擁有權杖的電腦才具有使用網路的權利，即能將資料送到網路上，權杖會由一台電腦傳給另一台電腦，直到它到達一台有資料要傳送的電腦，此時發送電腦會修改權杖內容，再將此權杖放回資料上，然後將它傳送到環狀網路上。資料會通過每一台電腦，直到它到達一台與資料中地址相吻合之電腦。接受到資料的電腦會回送一個訊息給發送電腦，指示資料已收到了。在發送電腦確認後，它會重新建立一個權杖，並將它放回網路上。

FDDI 網路是美國國家標準局 (American National Standards Institute, ANSI) 在 1980 年所發表的 ANSI X3T9.5 標準。FDDI 是一個使用光纖傳輸的技術架構，主要使用在主幹上，它的傳輸速率有 100 Mbps，是採用雙環架構來克服網路斷線問題，其中一條是負責主要運作，另一條則是作為備用。FDDI 的優點是傳輸速率快、傳輸距離遠，還具有容錯性及頻寬分配之功能，適合使用在主幹上；缺點則是技術層次較高，且價格昂貴。

1-2 網路資源的分享架構

在前一小節所提的網路拓樸，是以網路實體布建的架構而言。若是以網路資源的分享架構來看，網路的架構則可區分為主從式網路及對等式網路兩種，分述如下：

1-2-1 主從式網路

主從式網路 (Client/Server Network) 會有一個節點為**伺服器** (Server)，其他節點為**用戶端** (Client)，如圖 1-8 所示。伺服器扮演著網路資源管理者的角色，並提供各項網路資源等服務給用戶端使用，而凡是向伺服器提出要求者，都可以算是用戶端電腦。

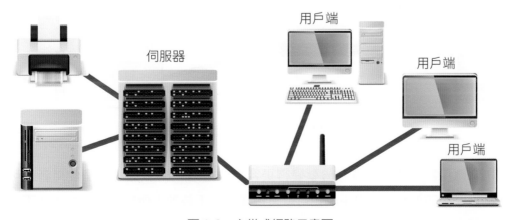

圖 1-8 主從式網路示意圖

伺服器是指可提供多部用戶端電腦同時使用某特定服務的網路主機,常見的網路伺服器種類有:

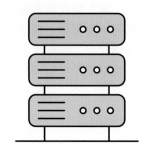

⊙ **檔案伺服器**:可用來建立一個共用的文件庫。只要將文件統一存放在檔案伺服器中,當使用者需要用到某個檔案時,可從檔案伺服器上開啟檔案,在自己的電腦上進行編輯,最後再把檔案存回伺服器即可。

⊙ **印表機伺服器**:管理印表機的列印工作,讓網路中的用戶端電腦可透過它使用一或多台印表機。

⊙ **郵件伺服器**:提供郵件接收、傳送與儲存的服務,負責傳送電子郵件到用戶端電腦,或是保留郵件讓遠端使用者存取。

⊙ **網頁伺服器**:當用戶端電腦向網頁伺服器提出網頁需求時,網頁伺服器便負責提供網頁給用戶端瀏覽器。

⊙ **應用程式伺服器**:主要是針對特殊網路服務而開發的伺服器。它負責將應用程式經由網路提供給多部電腦使用,會依據遠端用戶端電腦或其他應用程式透過網路而來的要求,對資料進行存取與處理,並傳回用戶端所要求的特定資料。

1-2-2 對等式網路

對等式網路 (Peer-to-Peer Network, **P2P**) 或稱**同儕網路**,P2P 上的每一個節點同時具有伺服器和用戶端的角色,可以分享資源給其他電腦,也可以存取其他電腦的資源,因此,彼此之間的關係是對等的,如圖 1-9 所示。

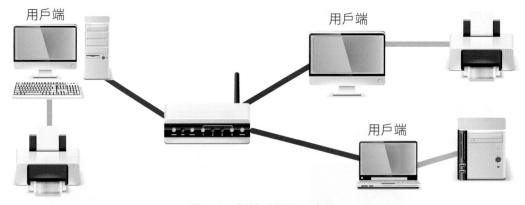

圖 1-9　對等式網路示意圖

　　P2P 應用讓網路上的資源分享變得更容易,透過 P2P 軟體,每個使用者都可以將自己電腦中的檔案分享出來,也可以直接讀取或下載他人所分享的檔案,而不必連接到網路主機去瀏覽與下載。

1-3 電腦通訊簡介

通訊是指透過管道傳遞和交換訊息，在日常生活中使用電話、手機交談便是一種通訊。通訊的方式從最早的電報、電話、電視、傳真，發展到現在的電腦網路，錯綜複雜的通訊管道形成一個**通訊網路** (Communication Network)，以下簡單說明電腦通訊的基本原理。

1-3-1 通訊傳輸方式

資料傳輸時，會因設備與傳輸環境而有不同的傳輸方式。分別說明如下：

依通道的特性分類

⊘ **單工 (Simplex)**：訊號的傳輸是**單向**的，只能從一端傳送到另外一端，電視、廣播都屬於這種傳輸，如圖 1-10 所示。

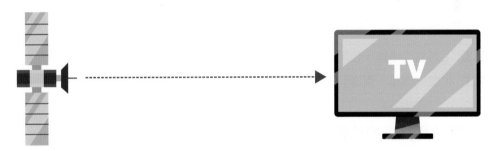

圖 1-10　將訊號單向傳送到收視戶的電視中

⊘ **半雙工 (Half-Duplex)**：訊號可進行**雙向傳輸**，但同一時間內只能單向從一端傳送到另一端，**不能兩端同時傳輸**，最明顯的例子就是無線電對講機，如圖 1-11 所示。

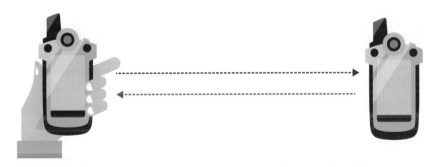

圖 1-11　無線電對講機同一時間內只能單向傳送資料

◎ **全雙工 (Full-Duplex)**：訊號的傳輸是**雙向**的，而且**兩端可以同時進行傳送與接收**，這種傳輸方式最具代表性的是電話，雙方可以同時進行通話，如圖 1-12 所示。而使用即時通訊軟體聊天也屬於全雙工。

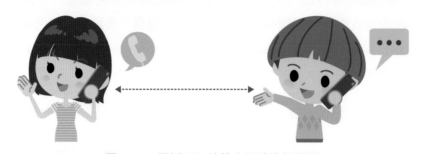

圖 1-12　電話可以讓雙方同時進行通話

表 1-1 所列為上述三種傳輸方式的比較。

表 1-1　單工、半雙工、全雙工的比較

傳輸方式	說明	應用
單工	單向傳輸	鍵盤、電視、廣播
半雙工	可雙向傳輸，但同一時間只能單向傳輸	無線對講機、傳真機的收發
全雙工	雙向傳輸，兩端可以同時進行傳送與接收	電話、即時通訊軟體

以一次傳送資料量的位元數分類

◎ **並列式 (Parallel Transmission)**：**一次傳送多個位元**，所以較適合短距離的傳輸，例如：電腦與印表機間資料傳輸，如圖 1-13 所示。

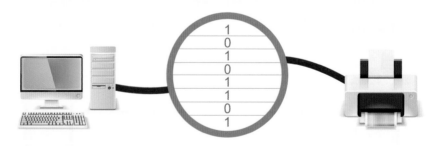

圖 1-13　電腦與印表機是以並列方式傳輸資料

◎ **序列式 (Serial Transmission)**：將要傳輸的資料排列成串，**一個位元接著一個位元逐一傳送**的方式稱為序列傳輸，如圖 1-14 所示。序列式傳輸只需一條通道即可，所需電路較少故成本低，早期規格的傳輸速度也比較緩慢。在電腦上使用序列傳輸的地方非常多，例如：SATA、RS-232、USB、IEEE 1394、紅外線等。

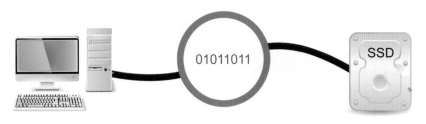

圖 1-14　電腦與 USB 連接裝置之間的資料傳輸是屬於序列傳輸

表 1-2 所列為上述二種傳輸方式的比較。

表 1-2　並列式及序列式的比較

傳輸方式	同一時間可傳輸的位元數	傳輸距離	個人電腦中的連接埠
並列式	數個	短距離	LPT、IDE
序列式	1 個	長、短距離	SATA、RS-232、USB、IEEE 1394、RJ-45

▓▓**知識補充：**同步傳輸與非同步傳輸

序列傳輸的傳輸方式又可分為同步傳輸與非同步傳輸，說明如下：

❖ **同步傳輸 (Synchronous Transmission)：**每次傳送以區塊為單位，並且在每個區塊的前後分別加上同步位元及錯誤偵測位元，以開始同步傳輸及防止資料遺失。較適用於主電腦之間資料的相互傳輸。

❖ **非同步傳輸 (Asynchronous Transmission)：**資料的傳輸每次以 8 位元為單位，每傳送一個位元組便要加上起始與結束位元。每傳送一個字元至少要傳送 10 個位元，例如：鍵盤輸入、RS-232C 等。

1-3-2　資料的交換技術

　　資料在網路傳輸的過程中，需要透過不同的節點 (指網路上的電話或周邊設備) 轉接。節點間交換資料，有以下三種技術：

電路交換

　　電路交換 (Circuit Switching) 是指在兩個節點交換資料前，需要先建立實體線路，才能開始傳送資料的技術，且在傳輸完成之前，其他節點無法使用這段線路。最明顯的例子就是電話，當兩方通話時，兩者間的線路是忙線的狀態，第三方無法撥打進來，如圖 1-15 所示。

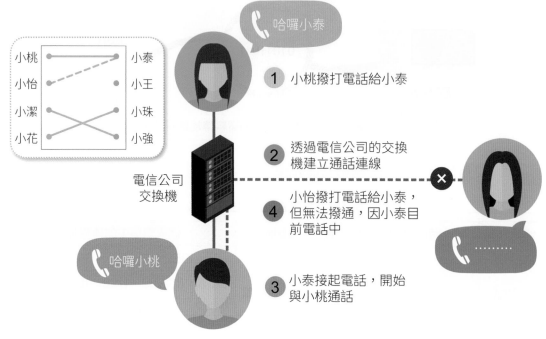

圖 1-15　電路交換示意圖

訊息交換

　　訊息交換 (Message Switching) 是在資料傳送過程中，利用多個節點來轉接傳送，是一種可以選擇不同傳輸路徑的資料交換技術。如圖 1-16 所示，當節點忙碌時，前一個節點會暫時將訊息儲存起來，等有空時再把訊息交給下個節點，這種交換方式會造成傳輸有延遲的現象。**電子郵件就是以訊息交換方式傳遞郵件。**

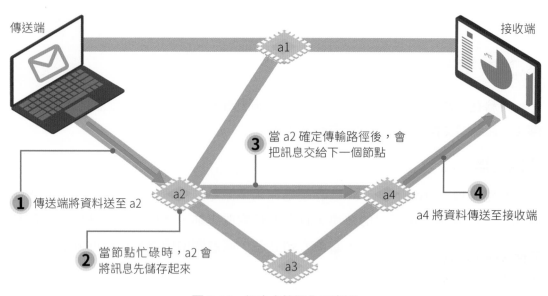

圖 1-16　訊息交換運作示意圖

分封交換

太長的訊息可能會超過節點所能儲存的容量，因此**分封交換** (Packet Switching) 會將訊息分割成更小的封包，透過不同的節點來傳輸，以加快資料的傳輸速度。傳送時則會根據網路流量的狀況，為不同的封包選擇合適的節點進行傳輸，每個封包經由不同的路徑來傳送，因此，封包可能會不按次序到達，接收端必須重新將封包組合起來，如圖 1-17 所示。

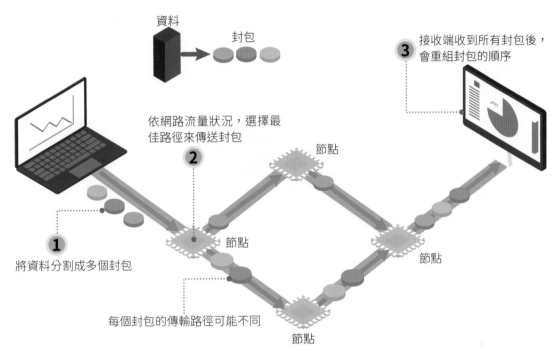

圖 1-17　分封交換運作示意圖

知識補充：封包

為了使網路上的資料傳送更有效率，要透過網路傳送資料時，會先將資料切割成許多較小區塊，而這區塊即稱為封包，每一個封包中除了資料外，還包含了記載來源、目的地、次序、錯誤控制等資訊的表頭與表尾資料。舉個例子來說，當某一位客戶（應用程式）將要托運的行李（資料）分為許多小包裹（封包），然後在每個小包裹上加上個人的名牌，以防止包裹遺失，這就要根據記載於名牌裡的負責運送者（通訊協定）來做運送的工作。

以上三種資料交換技術，**以電路交換的傳輸速度最快，而訊息交換則最慢；在可靠性方面，電路交換與分封交換的可靠性較高**；以連線方式而言，電路交換需要建立連線，訊息交換與分封交換則不需要建立連線。

1-4 網路傳輸媒介

網路中的設備要互相通訊時，必須藉由傳輸媒介才能達到資料傳輸的目的。傳輸媒介可分為有線傳輸媒介和無線傳輸媒介兩大類，有線傳輸媒介包括**雙絞線、光纖**等；無線傳輸媒介則包括**紅外線、雷射光、廣播無線電波、微波**等。

1-4-1 雙絞線

雙絞線 (Twisted Pair) 主要是由多條絕緣的銅線所組成，如圖 1-18 所示。雙絞線具有成本低、容易安裝等優點。雙絞線的**缺點為易受到電磁干擾，且傳輸距離短**，因此，常用於電話線路與區域網路。

每對雙絞線都是由二條
絕緣銅線扭在一起

圖 1-18 雙絞線外觀

一條雙絞線電纜可能含有多對的雙絞線，而目前在**電腦網路上所使用的雙絞線電纜為四對雙絞線組合而成**。雙絞線依有無細銅線與金屬箔，可分為以下二種：

⊙ **遮蔽式雙絞線 (Shield Twisted Pair, STP)**：通常用於權杖環狀網路，但因為成本較高，所以使用者較少。外殼因有銅網或銅箔環繞保護，較不易受外來電磁波干擾，同時也較不容易布線，且價格比較昂貴。

⊙ **無遮蔽式雙絞線 (Unshield Twisted Pair, UTP)**：此種雙絞線**較常應用於網路布線**。此種雙絞線沒有銅網保護，同一電纜內可包裝較多對雙絞線，布線較容易，且價格便宜，所以一般區域網路大都使用 UTP 來布線。

美國 EIA/TIA(電子工業協會 / 電訊工業協會) 將 UTP 依照傳輸速度分成八種等級，分別為 Category1-8。其中 Category1(簡稱 Cat1)、Cat2 這二種線材一般是用於普通電話，而 Cat3、Cat4 則應用於 10Mbps 與 16Mbps 的網路下，Cat5 則應用於 100Mbps 的網路。表 1-3 所列為 Cat1 ～ Cat8 的傳輸速度與距離比較。

表 1-3　UTP 的等級

等級	傳輸頻率	傳輸速率	應用範圍
Cat1	1~2MHz	2Mbps	語音通訊 (傳統電話)
Cat2	4MHz	4Mbps	4Mbps 權杖環狀網路
Cat3	16MHz	16Mbps	10Bases 網路
Cat4	20MHz	20Mbps	16Mbps 權杖環狀網路
Cat5	100MHz	100Mbps	100BaseTX 的高速乙太網路
Cat5e	100MHz	1Gbps	1Gbit/s 乙太網路
Cat6	250MHz	2.4Gbps	1Gbit/s 乙太網路
Cat6a	500MHz 以上	10Gbps 以上	10Gbit/s 乙太網路
Cat7	600MHz 以上	10Gbps 以上	ISO/IEC 11801 Class F 纜線使用
Cat8	2000MHz	40Gbps	40Gbit/s 乙太網路

知識補充：傳輸媒介單位

傳輸媒介在單位時間內所能傳輸的最大資料量，稱為**頻寬** (Bandwidth)。常用單位如下：

bps (bits per second)	每秒傳輸位元數	
Kbps (Kilobits per second)	每秒傳輸仟位元數	1 Kbps = 2^{10} bps
Mbps (Megabits per second)	每秒傳輸百萬位元數	1 Mbps = 2^{20} bps
Gbps (Gigabits per second)	每秒傳輸十億位元數	1 Gbps = 2^{30} bps
Tbps (Terabits per second)	每秒傳輸兆位元數	1 Tbps = 2^{40} bps

1-4-2　同軸電纜

　　同軸電纜 (Coaxial Cable) 中心為單芯或多芯的金屬導線，包裹著絕緣體，再覆蓋一層金屬網狀導體，最外層有保護用的外皮，如圖 1-19 所示。金屬導線是真正用於傳輸訊號的，網狀導體則可以抵擋電磁波的影響。**同軸電纜一般應用於傳輸距離為 200 ～ 500 公尺，且傳輸速度為 10Mbps 的區域網路中。**

網狀導體可以抵擋電磁波

金屬導線

最外層為保護用的外皮

BNC 接頭

圖片來源：wikipedia

圖 1-19　同軸電纜的內部結構圖

同軸電纜依直徑大小，又可分為**粗同軸電纜** (Thick Coaxial Cable) 及**細同軸電纜** (Thin Coaxial Cable) 二種。其中**粗同軸電纜 (75 歐姆型) 通常應用於有線電視**；而**細同軸電纜 (50 歐姆型) 則應用於乙太網路**中。

1-4-3 光纖

光纖 (Fiber Optical Cable) 以頭髮般纖細的玻璃纖維為光纖核心，包裹一層材質，再加上外皮，如圖 1-20 所示。

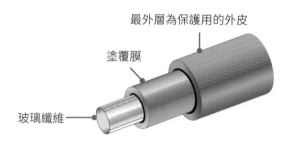

圖 1-20　光纖核心的玻璃纖維

光波的行進是直線的，很容易被障礙物阻擋，因此須透過光纖纜線來傳送光波。而光纖是根據光的反射原理來傳輸光波，整條光纖就像一條周圍都是鏡子的管線，將資料轉換成光波後，射入光纖的軸芯，透過不斷地反射，而達成訊號傳送的目的，如圖 1-21 所示。

圖 1-21　光纖的傳送

光纖具有**體積小、重量輕、頻寬大、傳輸速率快、傳輸距離長、安全性高、且不受電磁干擾等特性**，與其他傳輸媒介相較下明顯具有優勢，所以在寬頻應用需求急遽增加的同時，逐漸取代傳統的銅線傳輸模式，而成為未來寬頻網路布建的趨勢。中華電信網路 HiNet 以及台灣學術網路就是使用光纖為主幹。但由於光纖的布設需要特殊的設備與技術，且原料較昂貴，所以成本比較高。

在成本效益考量下，目前市場上主要的家用光纖網路服務大多非全線光纖，而是光纖加上 **VDSL**(Very high bit-rate Digital Subscriber Line, **超高位元傳輸數位用戶線路**) 作為終端連網技術。將光纖從機房端鋪到光纖交接箱，再利用 VDSL 拉銅線到大樓用戶的電信室及用戶住家。

表 1-4 所列為雙絞線、同軸電纜及光纖的比較。

表 1-4　雙絞線、同軸電纜及光纖的比較

傳輸媒介	使用接頭	傳輸速度	傳輸距離	受外界干擾	價格
雙絞線	RJ-45	100 Mbps~10 Gbps	15~100 公尺	易	低
同軸電纜	BNC	10 Mbps	200~500 公尺	中	中
光纖	ST	100 Mbps~10 Gbps	100 公里內	不易	高

1-4-4　紅外線

紅外線 (Infrared, IR) 是一種可視紅光光譜之外的不可視光，利用紅外線光束來傳送訊號，其頻率可達 300 GHz ～ 2×10^5 GHz，適用於室內或是鄰近建築物之間等較短程的距離。紅外線傳輸既然是透過光來傳送訊息，所以它無法穿越不透光的物體，在傳輸時收訊端必須對準發訊端，且收發端中間不能有任何障礙物。

圖 1-22　電視遙控器利用紅外線選擇電視選項
(Photo by freestocks.org on Unsplash)

紅外線傳輸的應用多用於電視遙控器 (圖 1-22)、無線鍵盤與滑鼠的接收、筆記型電腦間的傳輸及手機間的傳輸等，另外有些印表機也能接收紅外線所傳來的資料，以直接進行文件列印。

1-4-5　雷射光

雷射光 (Laser) 傳輸是以光線為傳輸媒介，透過極細小的雷射光束，以光束能量集中的方式將訊號射出，藉此傳輸資料。由於雷射不易散射的特性，因此其傳輸距離較紅外線長，傳輸頻寬也較無線電波來得大。

因為是以光線為傳輸媒介，所以其特質是無法穿透大多數的障礙物，且傳輸路徑必須是直線，因此較適用於空曠處或制高點。

1-4-6 廣播無線電波

廣播無線電波 (Broadcast Radio) 一般用於收音機與電視節目的廣播,特殊設計的天線是傳送器也是接收器。因為無線電訊號是以電波形式在空中傳播,所以使用無線電傳輸時不需要導線,且無線電波的穿透力較紅外線佳,因此非常適合沙漠、戰場等布線困難的場合。無線電的通訊距離和電波強度有很大的關係,電波較強,波長較長,傳輸距離則越遠。目前常見的無線傳輸方式,如:藍牙、Wi-Fi、行動電話系統等,皆以無線電波作為傳輸媒介。

1-4-7 微波

微波 (Microwave) 的頻率為 300 MHz ～ 300 GHz,只能進行**直線傳輸**,所以收發端之間同樣不能有障礙物阻隔,因此,微波基地台大多設置在高山上或高樓上。由於直線傳輸的特性,所以微波傳輸易受到地表曲面以及天候不佳的影響,為了避免地形及障礙物的干擾,通常可以設置微波中繼站來改變微波的行進方向,同時也擴大傳輸的範圍。

無線電視台的節目,就是透過微波傳輸,傳送至家家戶戶所設置的接收天線。衛星傳輸也是利用微波方式來進行傳輸的。

通訊衛星 (Communication Satellites) 被安置在與地球同步運行的軌道上,作為地面微波基地台的轉播站,透過衛星頻道接收地面發出的訊號,再發射到地表的另一端,以進行長距離的傳輸,如圖 1-23 所示。由於收發端都是向上透過衛星傳輸,所以超越了地面微波地形上的限制。只要結合衛星系統以及其他的通訊媒介,就能夠提供全球性的服務。

圖 1-23 通訊衛星示意圖

衛星微波傳輸常見的應用有電視台的 **SNG** (Satellite News Gathering, **衛星新聞採集**) 即時轉播,以及交通工具的 **GPS** (Global Positioning System, **全球定位系統**) 應用,使用者只要加裝一個碟形天線或者接收器,就能夠透過衛星接收或傳送訊號。

1-5 網路傳輸設備

除了傳輸媒介，網路還需要傳輸設備進行傳輸的處理，以下介紹幾種常見的網路傳輸設備。

1-5-1 網路介面卡

網路介面卡 (Network Interface Card, **NIC**) 是電腦與網路溝通的橋樑，網路卡的主要功能之一，是**將電腦內原本平行的資料轉換為串列的形式。**因為在電腦內的資料傳輸，可能是使用 32 或 64 位元的匯流排，但在將資料傳送到網路前，就必須透過網路卡先將資料封裝為一個個資料封包，再以串列的方式傳到網路上。

因此，網路卡包含一個收發器，負責將資料轉換為電子訊號。另外，網路卡還負責接收網路上傳送的封包，並判斷是否為該電腦的封包，如果是的話，就將這些資料轉換成電腦所需的平行資料；如果不是的話，就捨棄這個封包。

目前市面上的主機板皆已內建網路卡的連接埠，而由於無線網路連線方式的需求日增，無線網路卡的使用也日益普及，無線網路卡主要有 PCMCIA、PCI、MiniPCI、USB、CF/SD 等介面。圖 1-24 所示為各種規格的網路介面卡。

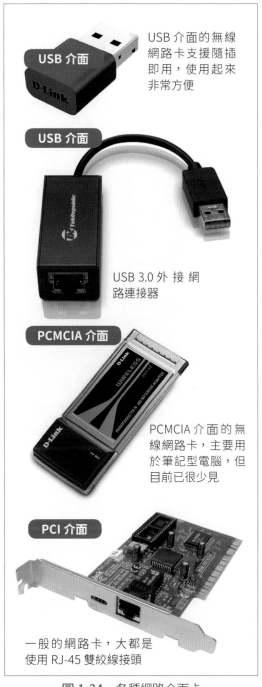

USB 介面

USB 介面的無線網路卡支援隨插即用，使用起來非常方便

USB 介面

USB 3.0 外接網路連接器

PCMCIA 介面

PCMCIA 介面的無線網路卡，主要用於筆記型電腦，但目前已很少見

PCI 介面

一般的網路卡，大都是使用 RJ-45 雙絞線接頭

圖 1-24　各種網路介面卡

　　美國電機電子工程師協會 (Institute of Electricals and Electronics Engineers, **IEEE**) 制定了區域網路設定位址的方式，讓每一家網路卡製造商在製造網路卡時，可將所分配到的位址燒錄在網路卡晶片上。**每一張網路卡都有唯一的一組位址號碼**，稱為**實體位址** (Physical Address)，或稱為 **MAC** (Media Access Control, **媒體存取控制**) 位址，指的是網路卡的位址，其長度為 6Bytes，通常以十六進位的數字表示，例如：00-80-C8-3F-E3-B5。

上 機 實 作　查詢MAC位址

1　開啟 Windows 作業系統的「**命令提示字元**」應用程式。

2　輸入「**ipconfig/all**」指令，按下 **Enter** 鍵。

3　「**實體位址**」右邊 6 組 16 進位的數字即為 MAC 位址。

圖 1-25　RJ-45 接頭的網路線

　　若要使用區域網路或 ADSL 上網時，那麼一定要有網路介面卡，一般的網路卡依速度可分為 10Mbps、100Mbps 等，而依使用線材不同，則包括 RJ-45 雙絞線、RG-58 同軸電纜接頭。目前**一般電腦中所使用的網路卡，大部分都是速度 100Mbps、RJ-45 雙絞線接頭的網路卡**，圖 1-25 所示為 RJ-45 接頭的網路線。

1-5-2　中繼器

　　中繼器 (Repeater) 主要**用來將衰減的訊號增強後再送出**。因為隨著纜線變長，而訊號經過一段距離的傳輸會不斷地衰減，最後會變成無法解讀的訊號，所以可使用中繼器來增強訊號。圖 1-26 所示為中繼器運作示意圖。

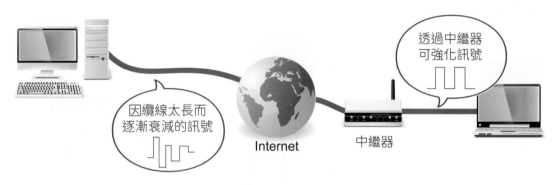

圖 1-26　中繼器運作示意圖

1-5-3　集線器

　　集線器 (Hub) 是一種**用來連接多個網路線的裝置**。集線器中有好幾個輸入埠，讓連接的每台電腦都能夠連上網路，它就好比是一個多輸入埠的中繼器。圖 1-27 所示為集線器運作示意圖。

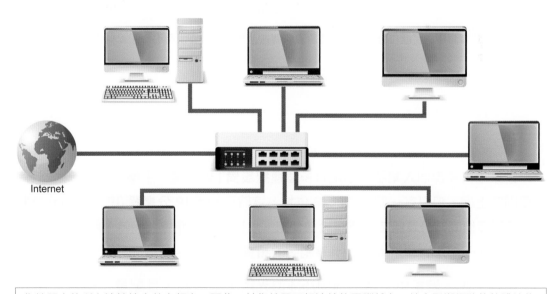

集線器中的所有連接埠會共享頻寬，因此，若集線器互相連結的電腦越多，就會影響網路的整體效能

圖 1-27　集線器運作示意圖

1-5-4 交換器

　　交換器 (Switch) 的功能與集線器類似,同樣**具有多個連接埠以連結多個網路節點**。但交換器會依據資料中的實體位址連接實際發生的通訊埠,而不會對其他通訊埠發出不必要的封包,因此,**使用交換器可以減少不必要的資料傳送,讓網路的整體效能比較好**。圖 1-28 所示為交換器的運作示意圖。

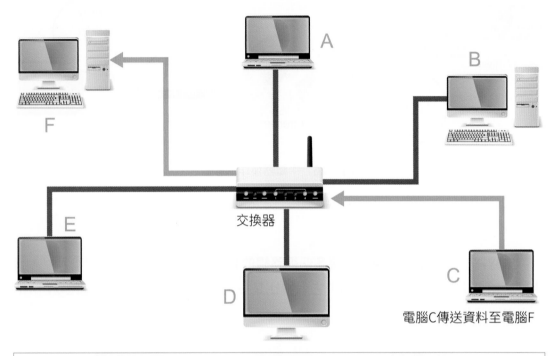

> 交換器會依據資料中的實體位址,來決定要將資料傳送至哪個連接埠,而不會把資料傳送給所有的連接設備

圖 1-28　交換器運作示意圖

1-5-5　IP分享器

　　當家中有多部個人電腦,或是有多個連線設備 (如筆電、手機、電視遊樂器等) 想要同時上網,但只有一個合法的 IP 位址,這時可利用 **IP 分享器** (IP Sharing) 來**將單一網路連線同時分享給多個連線設備使用**。以這種方式連線上網時,所有的連線設備是共用此一合法的 IP 位址,也共享相同的頻寬。

　　舉例來說,若家中申請了 50M/5M 的光纖上網服務,且配發一組合法 IP 位址,則同一時間所有的電腦不但共用這個 IP 位址,也一起共用 50M/5M 的頻寬。圖 1-29 所示為 IP 分享器的運作示意圖。

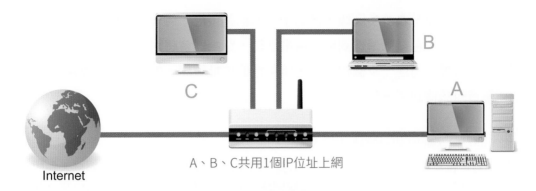

A、B、C共用1個IP位址上網

圖 1-29　IP 分享器運作示意圖

1-5-6　路由器

　　路由器 (Router) 是一種**提供資料傳輸路徑選擇的裝置**，它可以連接多個不同網路拓樸的網路，並根據路由表決定封包的最佳傳送路徑，再將資料傳送到網路上，圖 1-30 所示為無線寬頻路由器實體外觀；圖 1-31 所示為路由器運作示意圖。

圖 1-30　路由器外觀 (圖片來源：華碩)

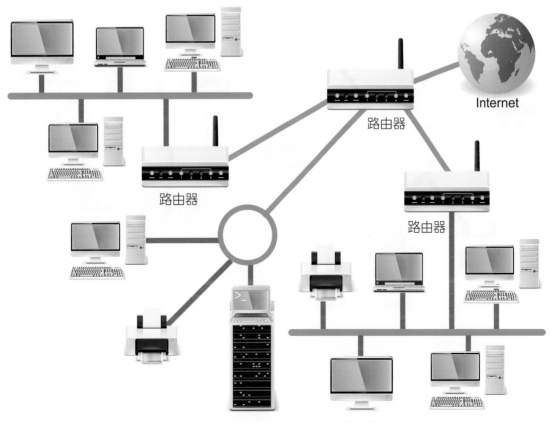

圖 1-31　路由器可以彼此交換資訊，找出最適合傳遞封包的路徑

路由器將網路分為許多區段，各給予一個網路位址，每一台電腦也給一個特定的位址。當封包由一台電腦傳送到另一台電腦時，路由器會將附加在封包上屬於資料鏈結層的資訊拆掉，再進一步檢視網路層所包含的位址資訊。如此一來，路由器就可以判別這筆資料該傳到哪一台電腦。

▨ 知識補充：邊緣路由器(Edge Router)

邊緣路由器是位於網路外圍 (邊緣) 的路由器，常用於連接兩個不同環境的網路。例如：在家庭或辦公室的小型網路中，用於分開區域網路與廣域網路。邊緣路由器通常會整合在防火牆功能中。

1-5-7 閘道器

閘道器 (Gateway) 可以**連接兩個通訊協定完全不同的網路**，根據目的地網路系統的通訊協定，將所傳輸的封包轉換成對方可以理解的通訊協定之格式，如圖 1-32 所示。例如：行動電話所發出來的電子郵件與網際網路的電子郵件之間，就是因為有郵件閘道這種系統存在，所以才能相互傳送訊息。

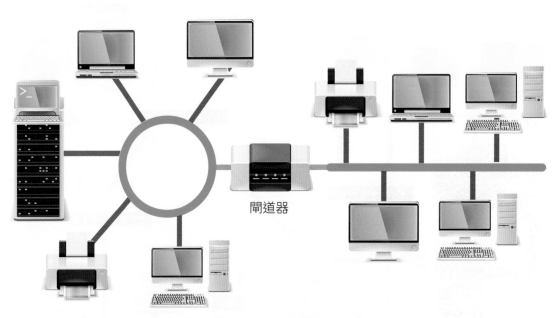

圖 1-32　閘道器可以連接兩個不同型態的網路

1-6 網路參考模型

由於網路通訊系統中涉及複雜的軟體與硬體組織，如果沒有可以共同依循的標準，要成功達成網路的互連與分享，勢必會遭遇許多軟硬體與介面之間不相容以及衝突的考驗。網路參考模型的意義就在於規範網路環境中的各種軟硬體設備、通訊協定與操作介面，以達成不同電腦系統間相互進行通訊的目的。

1-6-1 OSI參考模型

國際標準組織 (International Organization for Standardization, **ISO**) 訂定了**開放式系統互連模型** (Open System Interconnection, **OSI**)，用來規範不同電腦系統進行通訊的原則。

OSI 參考模型分為 7 層，每一層分別負責特定的功能，每一層只能跟上下兩層進行通訊，在發送端將資料從上層傳送至下層時，會將該層的相關資料加到資料的**表頭** (Header)，在接收端將資料從下層傳送到上層時，則會根據表頭裡的資料進行處理，並將表頭去除，繼續往上傳送。圖 1-33 所示為 OSI 的運作示意圖；表 1-5 所列為每一層所負責的工作說明。

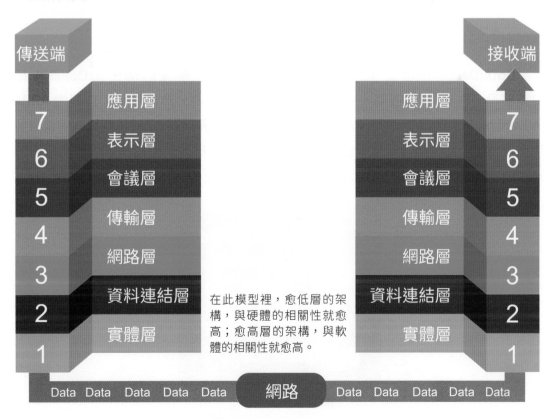

在此模型裡，愈低層的架構，與硬體的相關性就愈高；愈高層的架構，與軟體的相關性就愈高。

圖 1-33　OSI 運作示意圖

表 1-5　OSI 參考模型每一層所負責的工作說明

層別	名稱	負責工作	相對應硬體設備
1	**實體層** (Physical Layer)	將傳輸的資料轉換成傳輸媒介所能負載傳輸的訊號。	各種傳輸媒介、中繼器、一般型集線器
2	**資料連結層** (Data Link Layer)	主要負責流量控制、錯誤偵測及更正。	交換器、網路卡、交換式集線器
3	**網路層** (Network Layer)	決定封包傳送的最佳傳輸路徑。	路由器、IP 分享器、IPX
4	**傳輸層** (Transport Layer)	確保所有的資料單元正確無誤的抵達另一端。	TCP、UDP、SPX
5	**會議層** (Session Layer)	建立、管理連線的傳輸方式、安全機制。	
6	**表示層** (Presentation Layer)	負責處理資料的轉換,將資料編碼、壓縮、解壓縮、加密、解密,建立上層可以使用的格式。	壓縮及解密資料的軟體
7	**應用層** (Application Layer)	提供應用程式和網路之間溝通的介面,規範應用程式如何提出需求,及另一端的電腦如何回應。	各網路應用程式、閘道器

1-6-2　DoD參考模型

DoD (Department of Defense, **美國國防部**) 參考模型的誕生比 OSI 參考模型還要早,在 60 年代後期,美國國防部為了連接各地分散的網路,於是由 **ARPA** (Advanced Research Projects Agency, **先進研究計劃署**) 設計了一個四層的網路模型架構,並建立起一組通訊標準協定,其中最廣為人知的就是目前網際網路所採用的 TCP/IP 通訊協定。圖 1-34 所示為 DoD 模型;表 1-6 所列為 DoD 各層說明。

圖 1-34　DoD 模型

表 1-6　DoD 模型每一層所負責的工作說明

層別	名稱	負責工作
1	網路存取層 (Network Access Layer)	主要負責與硬體相關的基本通訊。
2	網際網路層 (Internet Layer)	等同於 OSI 架構中的網路層，主要為決定封包由發送端傳送到接收端的最佳傳輸路徑。
3	傳輸層 (Host to Host Layer)	等同於 OSI 架構中的傳輸層，主要負責資料連線時的傳輸錯誤處理與修正，並負責將資料分段或重組。
4	應用層 (Application Layer)	應用層是為了實現各種應用程式在不同主機上相互運作且通訊的多種協定，例如：HTTP、FTP、SNMP、SMTP、POP3、DNS 等協定。

1-7　網路通訊協定

協定 (Protocol) 是一套供溝通雙方共同遵循以進行通訊的規則，透過相同的**通訊協定** (Communication Protocol)，就能使不同廠牌、不同系統的電腦相互通訊。例如：在 Internet 上所遵循使用 TCP/IP 協定、Novell 公司的 IPX/SPX 協定、HTTP 通訊協定等均屬之。

現行的網路模式是可以支援多個傳輸協定的，又稱為**協定堆疊** (Protocol Stack)。例如：Windows 作業系統就可以支援多種通訊協定，比較常用的有 TCP/IP、IPX/SPX、NetBEUI 等協定。

1-7-1　TCP/IP協定

傳 輸 控 制 協 定 / 網 際 網 路 協 定 (Transmission Control Protocol / Internet Protocol, **TCP/IP**) 是網際網路廣泛使用的通訊協定的統稱，主要包含 **TCP**、**UDP** (User Datagram Protocol, **用戶數據報協定**)、**IP 協定**，其各自的內涵如表 1-7 所列。

表 1-7　TCP/IP 各通訊協定說明

通訊協定	所屬層別	說明
傳輸控制協定 TCP	傳輸層	在傳送前需先與接收端設備建立連線，待連線建立後才可進行資料傳送。傳送過程中如果發生錯誤，會要求重新進行傳送。TCP 協定經由控制資料流量、檢測，確保資料能夠準確傳送到目的地。

通訊協定	所屬層別	說明
用戶數據報協定 UDP	傳輸層	與 TCP 協定不同之處在於：UDP 在傳送資料前不需先建立連線，UDP 協定只負責把資料傳送出去，不會檢查資料是否正確無誤地被送達到目的地。
網際網路協定 IP	網路層	負責在封包上加上 IP 表頭，表頭內含位址資訊，以便將封包傳送到目的地位址。

TCP/IP 除了上述三種協定外，還包含了數種網際網路服務需使用的通訊協定，表 1-8 所列為這些協定的簡單說明。

表 1-8　各種通訊協定說明

通訊協定	說明
HTTP(Hypertext Transfer Protocol, 超文件傳輸協定)	瀏覽器與 WWW 伺服器之間傳輸資料的通訊協定。
FTP(File Transfer Protocol, 檔案傳輸協定)	提供檔案傳輸服務的通訊協定。
SMTP(Simple Mail Transfer Protocol, 簡單郵件傳輸協定)	提供電子郵件傳送服務的通訊協定。
POP3(Post Office Protocol version3, 郵局傳輸協定)	提供電子郵件接收服務的通訊協定。
IMAP(Internet Message Access Protocol, 網際網路訊息存取協定)	提供電子郵件接收服務的通訊協定。
Telnet(遠端登錄協定)	提供用戶端以模擬終端機方式，登入遠端主機的通訊協定。
DHCP(Dynamic Host Configuration Protocol, 動態主機設定協定)	提供動態分配 IP 位址服務的通訊協定。
SCTP(Stream Control Transmission Protocol, 串流控制傳輸協定)	可改善 TCP/IP 協定使用單一網路介面的新通訊協定。它除了能提供可靠、有序的發送數據功能，還支援端點間可使用多個網路介面的功能，以提高網路穩定性。
ARP(Address Resolution Protocol, 位址求解協定)	於區域網路中，負責將 IP 位址轉換成實體位址的通訊協定。
DNS(Domain Name System, 網域名稱系統)	互轉網域名稱與 IP 位址。

1-7-2 TCP/IP與OSI對照

事實上，OSI 模型的出現時間較 TCP/IP 晚，OSI 模型的架構也參考了 TCP/IP 協定的內涵，圖 1-35 所示為 OSI 模型、TCP/IP 協定集與 DoD 四層模型關係圖。

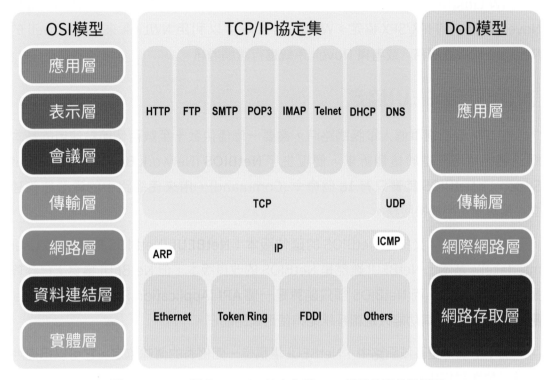

圖 1-35　OSI 模型、TCP/IP 協定集與 DoD 模型的關係對照圖

1-7-3 IPX/SPX協定

IPX/SPX(Internet Packet eXchange/Sequenced Packet eXchange, **網際網路封包交換 / 循序封包交換**) 是一個由 Novell 公司以全錄 (Xerox) 網路系統的 **XNS**(Xerox Network System) 通訊協定組為基礎，所發展出來的專屬通訊協定，負責在 LAN 中的各網路設備之間建立連線。

IPX協定

IPX 協定所處理的工作屬於 OSI 架構中的網路層，主要負責在網路設備之間建立、維護和終止通訊的連線。當資料傳入的時候，IPX 會讀取資料的位址，並將資料傳送至網路伺服器或工作站的正確位址；當資料欲送出時，IPX 則必須決定資料封包的位址及傳送路徑，再將資料透過網路傳送出去。

SPX協定

SPX 協定則為 OSI 架構中的傳輸層協定，主要負責控制網路處理過程的錯誤檢查、處理與修正，例如丟失封包等狀況，以確保資料能夠正確無誤的送達。

NW Link(NetWare Link) 則是 Microsoft 所發展出來的傳輸協定，其作用就等於 Novell 系統中的 IPX/SPX 協定。Windows 系統可以利用 NWLink 來取得 Novell 的 Netware 伺服器服務，或者與 Novell 系統進行跨網通訊。

1-7-4 NetBEUI協定

在 IBM 最初進軍個人電腦網路時，需要一個僅供數十至數百個節點使用的基本網路通訊協定，基於這個訴求，便誕生了 **NetBIOS** (Network Basic Input/Output System)。NetBIOS 其實只有 18 個命令 (Command)，用來使網路中的電腦能夠建立、維護並使用連接服務。

不久後，IBM 又推出 NetBIOS 的延伸版本：**NetBEUI** (NetBIOS Extended User Interface)。基本上 NetBEUI 雖然是 NetBIOS 的改良版本，但 NetBEUI 事實上已經算是一個傳輸協定，而 NetBIOS 卻只能算是一個 **API** (Application Program Interface, **應用程式介面**)，其功能只是讓系統能夠使用網路而已。

在小型或中型區域網路中，NetBEUI 堪稱是一個優秀的傳輸協定，它可以迅速地將資料放進封包中傳送，接收到資料後，也同樣能夠迅速解讀內容。但 NetBEUI 的最大缺點是無法安排路由，電腦必須加裝其他如 TCP/IP、IPX/SPX 等協定，才能與其他網路下的伺服器或網路設備連接。

1-8 區域網路通訊協定

在區域網路中常使用的架構有**乙太網路** (Ethernet)、記號環網路及分散式光纖資料介面等三種，其中乙太網路使用了**載波感應多重存取 / 碰撞偵測** (Carrier Sense Multiple Access/Collision Detection, **CSMA/CD**) 協定；權杖環狀網路與分散式光纖資料介面則使用了**記號傳遞** (Token Passing) 協定，這節就來認識這些協定吧！

1-8-1 乙太網路

　　乙太網路是各種網路架構中使用最為普遍的一種，是由全錄公司所制定的區域網路架構，**其傳輸速度為 10Mbps**，而一般所說的區域網路架設，絕大多數都是使用乙太網路架構。乙太網路的普遍，主要是因為架構簡單及價格便宜的關係。表 1-9 列為乙太網路的各種規格說明；表 1-10 所列為乙太網路的演進和所使用的技術。

表 1-9　乙太網路各種規格

乙太網路	傳輸速率	使用線材	最遠傳送距離	網路拓樸
10Base2	10Mbps	細同軸電纜 RG-58	185 公尺	匯流排
10Base5	10Mbps	粗同軸電纜 RG-11	500 公尺	匯流排
10BaseT	10Mbps	雙絞線	100 公尺	星狀
100BaseTx 100BaseT2 100BaseT4	100Mbps	雙絞線	100 公尺	星狀
100BaseFx	100Mbps	光纖	412 公尺	星狀
1000BaseSX	1000 Mbps	光纖	550 公尺	星狀
1000BaseLX	1000 Mbps	光纖	5 公里	星狀
10GBase SX	10 Gbps	光纖	550 公尺	星狀
1000BaseT	1000Mbps	雙絞線	100 公尺	星狀
10GBaseT	10Gbps	雙絞線	56 公尺	星狀

註：10Base2：「10」代表資料的傳輸速率，單位為 Mbps；「Base」代表所採用的通訊傳輸技術，通常有基頻和寬頻兩種，Base 代表基頻、Broad 代表寬頻；「2」代表每一段纜線的最長傳輸距離，若為英文則代表所採用的線材種類。

表 1-10　乙太網路的演進和所使用的相關技術

規格	傳輸速率	標準
乙太網路 (Ethernet)	10Mbps	IEEE 802.3
高速乙太網路 (Fast Ethernet)	100Mbps	IEEE 802.3u
超高速乙太網路 (Gigabit Ethernet)	1000Mbps	IEEE 802.3z
10G 超高速乙太網路 (10Gigabit Ethernet)	10Gbps	IEEE 802.3ae
40G 超高速乙太網路 (40Gigabit Ethernet)	40Gbps	IEEE 802.3ba
100G 超高速乙太網路 (100Gigabit Ethernet)	100Gbps	IEEE 802.3ba

1-8-2 載波感應多重存取/碰撞偵測協定(CSMA/CD)

CSMA/CD 協定應用於乙太網路架構上，它是由 IEEE 802.3 標準所定義。CSMA/CD 是當區域網路上每個節點要傳送資料時，會先偵測網路傳輸通道內是否有其他的資料正在進行傳輸，當偵測到傳輸通道是閒置狀態時，各個節點才可以將資料送出。

由於二台電腦同時傳遞資料時，會導致資料**碰撞** (Collision) 的發生，因此 CSMA/CD 感應到碰撞時，碰撞的雙方節點暫停送出資料，此時二台電腦都會各自等待一段隨機亂數產生的時間，然後再重新偵測網路狀態後，嘗試傳遞資料，這樣有助於降低資料碰撞的機率，而大幅提高網路效率。不過，應用此協定時也可能會因為使用者增加，而導致資料碰撞的機率大大的增加。此外，電纜的長度也會受限制。

1-8-3 權杖環狀網路

權杖環狀網路也有人稱為記號環網路，是 IBM 於 1970 年發展的區域網路架構，權杖環狀網路是利用記號傳遞來做媒介存取控制，在不同電腦間連線傳遞資料，而**資料的傳遞是單向的**，**此種網路適用於「環狀」架構中**。權杖環狀網路傳遞資料的方式，如圖 1-36 所示。

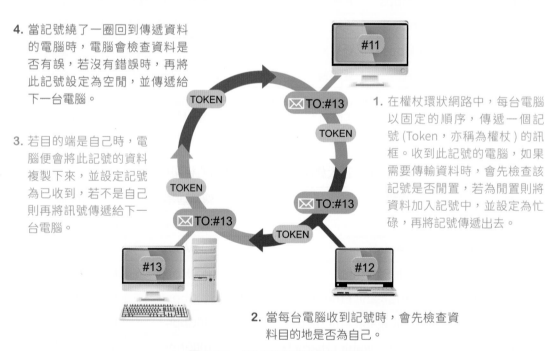

4. 當記號繞了一圈回到傳遞資料的電腦時，電腦會檢查資料是否有誤，若沒有錯誤時，再將此記號設定為空閒，並傳遞給下一台電腦。

3. 若目的端是自己時，電腦便會將此記號的資料複製下來，並設定記號為已收到，若不是自己則再將訊號傳遞給下一台電腦。

1. 在權杖環狀網路中，每台電腦以固定的順序，傳遞一個記號 (Token，亦稱為權杖) 的訊框。收到此記號的電腦，如果需要傳輸資料時，會先檢查該記號是否閒置，若為閒置則將資料加入記號中，並設定為忙碌，再將記號傳遞出去。

2. 當每台電腦收到記號時，會先檢查資料目的地是否為自己。

圖 1-36　權杖環狀網路運作流程

1-8-4　分散式光纖資料介面

　　分散式光纖資料介面 (FDDI) 是由美國國家標準協會所制定的區域網路架構。它改良了記號環中若某個節點故障，整個網路就癱瘓的缺點，它的通訊媒體是**光纖電纜，傳輸速度可達 100Mbps**，使用兩條環狀網路，傳輸方向是相反的，而平時只使用其中一條環狀網路，另一條則為備用，在環狀網路故障時才會使用到，如圖 1-37 所示。

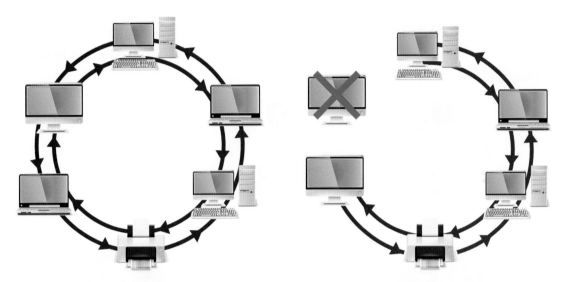

(a) 在正常情況下使用外環進行資料傳輸，內環為備用傳輸線路。

(b) 若某一節點故障，則鄰近節點會利用內環反向傳送，而不致影響其他節點的傳輸。

圖 1-37　FDDI 運作示意圖

1-8-5　記號傳遞協定

　　記號傳遞為**區域網路的一種通訊協定**，每一部工作站都會監視網路上的記號狀態，當網路上的記號在閒置狀態時，工作站便能得到網路的使用權，直到網路回覆之後才釋放使用權，於是此記號又成為閒置狀態，可在網路上巡迴，讓其他的工作站可取得其使用權。

　　記號傳遞協定與 CSMA/CD 最大的不同在於：記號傳遞不會發生碰撞的情形，因此，此種協定較適合傳輸大封包時使用。

全球網路自由度調查報告

美國非政府組織自由之家（Freedom House）公布 2022 年全球網路自由報告（Freedom on the Net），針對全球 70 個國家或地區網路自由進行調查，評估的三大指標為：使用者存取網路是否有障礙、政府是否限制了網路上的內容，以及政府是否企圖侵犯人權，分數愈高代表愈自由。

報告指出 17 國評為自由、32 國部分自由，另有 21 國是網路不自由國家。俄羅斯、緬甸、蘇丹與利比亞是下降最嚴重的國家，臺灣以 79 分與英國並列第 5，網路最不自由的國家第一名是中國。

① 冰島 95	② 愛沙尼亞 93	③ 哥斯大黎加 88
④ 加拿大 87	⑤ 臺灣 79	⑤ 英國 79
⑦ 喬治亞共和國 78	⑧ 德國 77	⑧ 日本 77
-3 伊朗 16	-2 緬甸 12	-1 中國 10

https://freedomhouse.org/report/freedom-net/2022/countering-authoritarian-overhaul-internet

||NTERNET 自我評量

▲⁺ 選擇題

(　) 1. 下列何者是指廣域網路？ (A) WAN　(B) LAN　(C) EDI　(D) MAN。

(　) 2. 嘉哲一家人搬進了一棟新蓋的大樓中，這棟大樓備有高速的社區網路，請問這種社區網路應歸屬於下列哪一種類型的電腦網路？ (A) 都會網路　(B) 廣域網路　(C) 區域網路　(D) 學術網路。

(　) 3. 下列關於網路拓撲的敘述，何者正確？ (A) 以一條纜線當主幹，連接至所有節點的是匯流排拓撲　(B) FDDI 屬於匯流排狀拓撲　(C) 星狀拓撲的中央節點故障，其他節點仍能相通，不受影響　(D) 星狀拓撲與匯流排拓撲都是屬於廣播拓撲的類型。

(　) 4. 下列關於環狀 (Ring) 拓撲的敘述，何者正確？ (A) 是一種線狀的網路架構　(B) 一個節點故障將會造成全網癱瘓　(C) 每個節點都是透過中央節點來交換訊息　(D) 資料在傳輸媒介上傳遞時，是雙向傳送。

(　) 5. 下列關於序列式傳輸的敘述，何者不正確？ (A) 將要傳輸的資料排列成串，一個位元接著一個位元逐一傳送　(B) SATA 連接埠屬於序列式傳輸　(C) 電腦與 USB 連接裝置之間的資料傳輸是屬於序列式傳輸　(D) IDE 連接埠屬於序列式傳輸。

(　) 6. 電子郵件是下列哪種資料交換技術來傳遞郵件？ (A) 分封交換　(B) 非同步傳傳送　(C) 電路交換　(D) 訊息交換。

(　) 7. 依照傳輸媒介的傳輸速率來比較，下列哪一個排列才是正確的？ (A) 同軸電纜＞雙絞線＞光纖　(B) 雙絞線＞同軸電纜＞光纖　(C) 光纖＞同軸電纜＞雙絞線　(D) 光纖＞雙絞線＞同軸電纜。

(　) 8. 下列各種有線傳輸媒介中，何者較易受電子的干擾？ (A) 同軸電纜　(B) 雙絞線　(C) 光纖　(D) 同步電纜。

(　) 9. 下列關於光纖的敘述，何者不正確？ (A) 只適於傳送數位化的信號　(B) 可使用的頻寬，比同軸電纜高出許多　(C) 由玻璃纖維所組成，不受電磁波干擾　(D) 傳輸速率高，體積細小。

(　) 10. 電視新聞台所使用的 SNG 連線，是運用下列何種傳輸媒介？ (A) 藍牙　(B) 衛星微波　(C) 紅外線　(D) 光纖。

(　) 11. 全球定位系統 (GPS) 主要是利用下列哪一項網路傳輸媒介？ (A) 衛星微波　(B) 光纖　(C) 同軸電纜　(D) 紅外線。

( ) 12. 下列哪一項代表網路卡實體位址 (MAC Address)？ (A) https://tw.yahoo.com　(B) 00:16:E6:5B:58:60　(C) 140.111.34.147　(D) 2001:DB8:2DE::E13。

( ) 13. 下列關於網路傳輸設備的敘述，何者不正確？ (A) 集線器是用來連接多個網路線的裝置　(B) 交換器可以減少不必要的資料傳送，讓網路的整體效能比較好　(C) 交換器可以連接兩個通訊協定完全不同的網路　(D) 中繼器主要用來將衰減的訊號增強後再送出。

( ) 14. 在 OSI 參考模型中，下列哪一層最靠近應用層？ (A) 網路層　(B) 表示層　(C) 傳輸層　(D) 會議層。

( ) 15. 在 OSI 參考模型中，是由哪一層將傳輸的資料轉換成傳輸媒介所能負載傳輸的訊號？ (A) 實體層　(B) 資料連結層　(C) 網路層　(D) 傳輸層。

( ) 16. 下列關於 OSI 參考模型的敘述，何者不正確？ (A) 最上層為應用層　(B) 一共有七層　(C) 表示層提供資料的加密、壓縮服務　(D) 最底層為網路層。

( ) 17. TCP/IP 協定中的 IP 協定，是屬於 DoD 參考模型中的哪一層？ (A) 應用層　(B) 傳輸層　(C) 網際網路層　(D) 網路存取層。

( ) 18. 在「IMAP、HTML、SMTP、FTP、POP3」中有幾項與傳送郵件伺服器通訊協定有關？ (A) 4　(B) 3　(C) 2　(D) 1。

( ) 19. 乙太網路 (Ethernet) 使用了下列何種協定？ (A) CSMA/CD　(B) CSMA/CA　(C) TCP/IP　(D) CDMA。

( ) 20. 在乙太網路 (Ethernet) 使中，如果使用的是 100BaseF，則使用的線材應為？ (A) 雙絞線　(B) 光纖　(C) RG-11　(D) RG-58。

▲ 問題與討論

1. 資料傳輸依傳輸方式來分類，可分成哪三種？並舉例說明之。

2. 請依照網路的規模與距離遠近，說明網路的類型。

3. 請說明 OSI 參考模式的網路架構，並簡述各層的功能。

CHAPTER 02
無線網路與行動通訊

INTERNET

2-1 無線網路類型

　　無線網路(Wireless Network)就是不需要實體的有線傳輸線材,而是透過無線電波為傳輸媒介。依照無線網路通訊範圍的大小,主要可以區分為**無線廣域網路、無線都會網路、無線區域網路、無線個人網路**等。

2-1-1 無線廣域網路

　　無線廣域網路(Wireless Wide Area Network, **WWAN**)是指傳輸範圍可跨越國家或城市的無線網路。無線廣域網路可以分為蜂巢式電話系統(如GSM)及衛星網路,而臺灣地區行動電話所使用的**GSM** (Global System for Mobile Communication, **全球行動通訊系統**)及4G LTE就是典型的無線廣域網路,如圖2-1所示。

圖2-1　行動電話通訊系統,就是典型的無線廣域網路

2-1-2 無線都會網路

無線都會網路(Wireless Metropolitan Area Network, **WMAN**)是指傳輸範圍涵蓋整個城市或鄉鎮的網路。無線都會網路所採行的傳輸標準為**IEEE 802.16**，該標準主要是針對微波和毫米波頻段所提出的無線通訊標準，其作用在提供高頻寬(約75Mbps)、長距離(約50公里)傳輸的跨都會區域無線網路。

WiMAX(Worldwide Interoperability for Microwave Access, **全球微波存取互通**)便是屬於無線都會網路。WiMAX是由Intel、Nokia、Fujitsu Microelectronics America等公司於2003年所共同籌畫，並根據802.16發表WiMAX認證(圖2-2)，凡通過WiMAX認證的產品，表示能夠互通，不會發生不相容的問題。

圖2-2　WiMAX認證標章

WiMAX具有高傳輸速度(最高70 Mbps)、傳輸距離長(可達30到50公尺)、網路涵蓋範圍廣(超過現行無線電話基地台、無線網路訊號)、支援影音及影像服務等特性。

WiMAX技術適合沒有ADSL或纜線網路的偏遠地區中，欲提供數據服務的設備商、服務業者，或跨都會區的遠距離企業。由於WiMAX產業萎縮，2015年12月10日停止WiMAX服務，臺灣WiMAX服務也正式走入歷史。

2-1-3 無線區域網路

無線區域網路(Wireless Local Area Network, **WLAN**)是藉由**無線射頻**(Radio Frequency)銜接各種區域網路設備(例如：個人電腦、集線器、交換器等)，或是提供不同區域網路彼此之間資料分享的網路系統，免除布線困擾，克服環境上的障礙。

無線區域網路傳輸技術大約可分為微波、**展頻**(Spread Spectrum)及紅外線等三種方式，其中以展頻為目前無線區域網路使用最廣泛的傳輸技術，它原先是由軍方發展出來，用來避免信號的擁擠與被監聽。

無線區域網路有別於傳統的區域網路，它需要特別的MAC子層協定，是依據**IEEE 802.11**標準所發展的，以這個標準為基礎的無線區域網路又稱為「**Wi-Fi**(Wireless Fidelity)」。

無線區域網路能快速發展，主要是因為它只需要架設一個無線基地台，以及在每台電腦裡安裝無線網路卡，即可無線上網，所以常應用在不易布線的地區、樓與樓之間、大型展覽會場、醫療院所、百貨賣場、倉儲業等。

Wi-Fi

Wi-Fi是基於IEEE 802.11系列標準的無線網路通訊技術的品牌,目的是改善無線網路產品之間的互通性,由**Wi-Fi聯盟**(Wi-Fi Alliance, WFA)建立及執行標準,制定全球通用的規範,並提供相關設備、產品的檢測,通過後進行Wi-Fi商業認證和商標授權,以保障使用該商標的商品間可以相互連接。

現在市面上有許多的無線設備也都有Wi-Fi的認證,有了認證後可以確保不同產品都能符合標準,而取得認證的產品都可以互相搭配使用,通常可以在產品的本身或外盒上看到該認證標章,如圖2-3所示。

圖2-3　Wi-Fi認證標章

知識補充:無線網狀網路 (Wireless Mesh Network, WMN)

無線網狀網路由節點組成,利用多對多的方式連結周邊裝置,每個裝置都可充當節點,在網路節點間透過動態路由的方式來進行資料與控制指令的傳送。無線網狀網路也是一種自我組織與自我設定的動態網路系統,在無線多重跳躍的傳輸環境下,每一節點皆可依照路由機制,將同一網路中的其他節點視為中繼點,進行資料傳送與接收動作。

無線網狀網路應用範圍包括城市網路、辦公室設備聯網、家庭設備聯網、智慧型運輸系統及環境感知網路等。

Wi-Fi Direct

Wi-Fi Direct是Wi-Fi無線連接技術,以Wi-Fi既有技術為基礎,最主要的應用在於可以讓具有Wi-Fi功能的裝置,不必透過無線網路基地台,以點對點的方式,直接與另一個也具有Wi-Fi功能的裝置連線,進行資料傳輸,傳輸速度最高為250Mbps,最遠距離約為300公尺,只要具備Wi-Fi Direct認證的產品皆可進行連線。

知識補充:LiFi開燈就能上網

LiFi (Light Fidelity, LiFi)也可稱為**可見光通訊**(Visible Light Communications, **VLC**),是一種透過LED燈的光線,將光源轉換成網路訊號來傳遞資料。

LiFi運作原理是將資料轉換至一盞LED燈泡中,燈泡以每秒上億次的速度閃爍傳輸訊號,電腦或智慧型手機等行動裝置上的感測器抓到此訊號後,便可對原本存在LED燈泡中的資料進行解碼,LiFi無線網路的速率,較Wi-Fi快上10倍。

2-1-4　無線個人網路

　　無線個人網路(Wireless Personal Area Network, **WPAN**)位於整個網路的末端，主要目的是讓資訊設備之間能以無線的方式傳輸資料。WPAN所使用的標準為IEEE 802.15，常見的技術有**藍牙**、**UWB**、**ZigBee**、**NFC**等(此部分2-2節說明)。

2-2　WPAN技術規格

　　無線個人網路技術主要用途是讓個人使用的裝置，例如：手機、平板、筆記型電腦等可互相通訊，以達到交換資料的目的，本節將介紹幾種常見的WPAN技術規格。

2-2-1　藍牙

　　藍牙最早是被譯為「藍芽」，不過，在2006年**藍牙技術聯盟組織**(Bluetooth Special Interest Group, **SIG**)已將全球中文譯名統一改採為「藍牙」，並註冊為該組織的註冊商標。藍牙所採行的無線通訊標準為**IEEE 802.15.1**，以**無線電波**為傳輸媒介，常用於短距離的無線資料傳輸，裝置與裝置之間透過藍牙晶片就可以互相溝通，而不需透過實體線路傳輸。

藍牙的規格

　　藍牙的規格從最初的1.0，到現在已經出到5.4，表2-1所列為各種規格的說明。

表2-1　藍牙規格說明

規格	年份	說明
Bluetooth V1.0	1999	正式公布1.0版，使用2.4GHz頻譜，最高資料傳輸速率為1 Mbps。
Bluetooth V1.1	2002	正式列入IEEE 802.15.1標準。
Bluetooth V1.2	2003	加快了搜尋及建立連線的速度，並小小的提升傳輸速率。
Bluetooth V2.0 + EDR	2004	加入Enhanced Data Rate(EDR)的選用規格，且傳輸率提升至2~3 Mbps。
Bluetooth V2.1 + EDR	2007	增強了簡單安全配對機制及省電功能。
Bluetooth V3.0 + HS	2009	提高了資料傳輸速率，加入使用802.11技術的AMP規格。
Bluetooth V4.0	2010	為低耗電規格，包含高速藍牙、經典藍牙和低功耗藍牙三種模式。

規格	年份	說明
Bluetooth V4.2	2014	導入更多 IP 位址，一個行動裝置至少可以連結 10 到 15 個藍牙設備，資料傳輸速度比前一版快上 2.5 倍，並加入 128 位元 AES 加密，提升安全性與隱私性。主要應用於物聯網，要讓所有物品都能輕鬆連上網，達到萬物皆連網的境界。
Bluetooth 5	2016	依舊保持低功耗的特性，並可與舊的藍牙版本相容。 支援室內定位導航功能，結合 Wi-Fi 使用則可令準確度少於 1 米的誤差。廣泛應用於物聯網智慧城市建設、智慧醫療安全保障等領域。
Bluetooth 5.1	2019	新增**尋向**(Direction Finding) 功能，可讓裝置更容易被偵測，而且能將位置的準確範圍從公尺縮小到公分等級。
Bluetooth 5.2	2020	採用增強屬性協議(EATT)，可以在藍牙低功率音訊的客戶端和伺服器之間同時執行。內建「低功率音訊」(LE Audio) 新功能，將可利用更省電的低功耗藍牙無線電波來傳輸音訊。導入多重串流音訊及廣播音訊等功能。
Bluetooth 5.3	2021	增加低速連線(Subrated Connections)，提高安全性、質量和功率，並減少干擾。
Bluetooth 5.4	2023	支援無線接入點(AP)與數千個極低功耗終端節點之間的安全雙向通信。

　　藍牙是智慧穿戴裝置、智慧家庭、手機以及車用裝置最常使用的連接技術，應用範圍如圖 2-4 所示。

圖2-4　藍牙的應用

2-2-2 超寬頻

超寬頻(Ultra Wide Band, **UWB**)是一種無線載波技術,利用奈秒(ns)至披秒(ps)級的非正弦波窄脈衝傳輸資料,最早應用在軍事通訊上,到2000年,各國政府才重新制定基於802.15.3a標準的舊UWB規格,隨後於2004年,各國又制定了基於802.15.4a/z標準的新UWB規格,並一直沿用到現在。

UWB具有高速傳輸、低功率消耗、低成本、高度安全性、干擾性低及精準的定位功能等特色,使用3.1GHz到10.6GHz頻段,傳輸速率高達480Mbps,可安全精確地計算其它支援UWB裝置的相對位置,距離可達100公尺,精確度達10毫米,被視為一種安全精準的測距技術,支援多種創新定位使用體驗和服務。

UWB技術可應用在許多場景中,例如:室內定位、距離測量、智慧型手機和消費性電子產品的無線連接、數位汽車鑰匙、物聯網等。UWB精準的內定位系統可精確測量兩個裝置(如:智慧型手機、穿戴式裝置、鑰匙、標籤、門鎖等)間的**飛時測距**(Time of Fly, **ToF**)。例如:Apple推出的AirTag追蹤裝置(圖2-5),透過UWB技術,就能精準地定位尋找AirTag裝置。

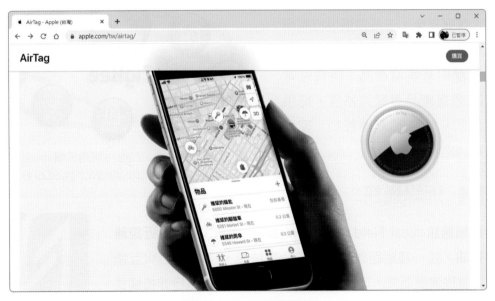

圖2-5 AirTag追蹤裝置

▨ 知識補充:飛時測距 (Time of Fly, ToF)

飛時測距是一種用於測量距離的技術,它基於光或其他訊號在空間中的傳播速度來計算物體到發射源或接收源之間的距離。

2-2-3 ZigBee

ZigBee所採行的無線通訊標準為**IEEE 802.15.4**，使用2.4 GHz、868 MHz或915MHz頻段，具有短距離、低速率、低成本、支援大量網路節點(單一個網路內最高可以有65,535個節點)、可靠、安全等特色，專為物聯網及無線感測網路等應用而設計，表2-2所列為ZigBee發展過程。

表2-2　ZigBee發展過程

年份	說明
1998	開始發展。
2003	向IEEE提案納入IEEE 802.15.4標準規範之中。
2005	正式發布ZigBee 1.0(又稱ZigBee 2004)的工業規範，從此ZigBee漸漸成為各業界共通的低速短距無線通訊技術之一。
2015	推出3.0版，將過去各裝置的不同ZigBee標準統一，讓應用之間具備高度互通性、傳輸安全。

ZigBee主要應用領域有家庭自動化、家庭安全、工業與環境控制與個人醫療照護等(圖2-6)，可搭配之應用產品則有家電產品、消費性電子、PC週邊產品與感測器等，提供家電感測、無線PC周邊控制、家電遙控等功能。

圖2-6　ZigBee應用架構
(圖片來源：http://www.zigbee.org)

2-2-4 近場通訊

近場通訊(Near Field Communication, **NFC**)又稱為**近距離無線通訊**，是一種短距離的無線電通訊技術，是由RFID與互連技術的基礎演變而來，可在不同的電子裝置之間，進行非接觸式的點對點資料傳輸。

NFC技術最初是由飛利浦(Philips)與索尼(Sony)於2002年9月聯合開發的無線電通訊技術，並於2004年正式宣布成立NFC論壇(NFC Forum)，共同推廣近場通訊技術。**NFC所使用的頻率為13.56 MHz，傳輸距離為20公分內，資料傳輸速率有106 Kbps、212 Kbps及424 Kbps三種**。目前近場通訊已通過成為ISO/IEC IS 18092國際標準、EMCA-340標準與ETSI TS 102 190標準。

卡片模擬模式

　　卡片模擬模式是RFID與智慧卡技術的延伸，裝置與接收器連結後，藉由近距離的感應動作，可以模擬多種實體卡片功能，如電子錢包、信用卡、門禁卡、優惠券、會員卡、車票、門票等。例如：配備有NFC元件的手機，可以進行感應扣款（圖2-7），也可記錄銀行帳戶資訊。

圖2-7　配備有NFC元件的手機，可以進行感應扣款（圖片來源：Samsung Pay網站）

　　運用卡片模擬模式時，必須採用內建**安全元件**（Security Element, **SE**）的晶片。安全元件是存放資料的空間，包含信用卡資料、用戶資訊等，取得合法授權者，才能進入該區域存取資料，可有效防止個人信用資料遭到竄改。

　　SE可以整合在手機的SIM卡裡（標準是SWP-SIM），也可以整合在手機的主機板上，或是放在手機以外的周邊裝置中，例如：SD卡、NFC收發器、Micro SD卡。

知識補充：SWP (Single Wire Protocol, 單線協定)

SWP是國際組織GSM所制定的單線協定，是連接手機SIM卡到NFC之晶片間的通訊協定。

讀寫模式

　　讀寫模式讓手機具備讀寫功能，透過NFC手機上的晶片、電源及感應天線，即可讓手機變成可以讀寫其他智慧卡的無線讀卡機。

　　讀寫模式常應用於：讀取展覽資訊、將智慧型廣告中的時間表存入NFC手機、將停車位置存入NFC手機、優惠券下載、電子資源下載，或是將各種票券存入NFC手機等。

點對點模式

　　點對點模式概念有點類似紅外線傳輸，依循 ISO/IEC 18092 標準，可以進行資料傳輸、名片交換等。例如：兩台裝置彼此靠近便能傳輸照片、影音或者同步裝置，如圖2-8所示。

圖2-8　兩台裝置彼此靠近便能傳輸資料(圖片來源：Image by bohed from Pixabay)

2-3　IEEE 802網路標準

　　IEEE 802是**電機電子工程師協會**(Institute of Electrical and Electronics Engineers, **IEEE**)所推動的標準，此標準是定義區域網路中的實體層及資料連結層在網路上資料存取的方法。

2-3-1　IEEE 802標準規範內容

　　IEEE 擁有860個以上的標準及上百個正在討論中的標準，而每一個標準都會有一個專門的委員會來負責。IEEE 802委員會成立於1980年2月，主要負責都會網路、區域網路及高速網路等介面與協定的制定。這些標準有時會做修訂，詳細的資訊可以至「https://www.ieee.org」網站中查詢。表2-3列出IEEE 802的標準規範內容。

表 2-3　IEEE 802 標準規範內容

標準	規範內容	目前狀態
802.1	屬於 OSI 第二層以上之高階層介面標準。	運作中
802.2	屬於 OSI 參考模式第二層之邏輯連結控制標準。	暫停運作
802.3	規範乙太網路的運作。	運作中
802.4	規範記號匯流排網路的運作。	解散
802.5	規範記號環網路的運作。	暫停運作
802.6	規範都會網路 (MAN) 的運作。	解散
802.7	屬於 OSI 第一層相關寬頻傳輸標準及其對 802.3 與 802.4 的技術支援。	解散
802.8	屬於 OSI 第一層相關光纖傳輸標準及其對 802.3 與 802.4 的技術支援。	解散
802.9	規範相關聲音 / 資料整合傳輸標準。	解散
802.10	規範相關 LAN 的安全問題及其相關標準的制定。	解散
802.11	規範無線區域網路的運作。	運作中
802.12	相關 100VG-AnyLAN 區域網路標準的制定。	解散
802.14	纜線數據機標準的制定。	解散
802.15	無線個人區域網路標準的制定。	運作中
802.15.1	藍牙技術。	運作中
802.15.4	ZigBee 無線網路技術。	運作中
802.16	相關寬頻無線標準的制定。	運作中
802.16.e	無線寬頻網路 - 行動通訊相關。	運作中
802.17	規範彈性封包環傳輸技術 (Resilient packet ring) 的存取技術。	運作中
802.18	無線電管制技術 (Radio Regulatory TAG)。	運作中
802.19	共存標籤 (Coexistence TAG)，相關系統間共存技術。	運作中
802.20	行動寬頻無線存取技術 (Mobile Broadband Wireless Access)。	運作中
802.21	異質網路自動交換技術 (Media Independent Handover)，制定通訊設備如何漫遊於異質網路。	運作中
802.22	為使用電視頻譜閒置空間的無線區域網路標準，具備各種先進的感知無線電能力。	運作中
802.23	緊急服務工作群組 (Emergency Services Working Group)。	運作中

2-3-2 IEEE 802.11

IEEE 802.11主要是制訂無線技術。1997年IEEE 802.11委員會發表了第一個版本，在這個版本中，定義了媒體存取控制層(MAC層)和實體層之規範。最初傳輸率只有2 Mbps，而在1999年又相繼推出了802.11b及802.11a標準。

早期Wi-Fi是使用a、b、g、n等英文字母來命名，在2019年，Wi-Fi聯盟為簡化複雜的Wi-Fi命名，改以數字取代英文字母，例如：802.11ax為Wi-Fi 6；802.11ac為Wi-Fi 5；802.11n為Wi-Fi 4等。表2-4所列為IEEE 802.11標準各版本的說明。

表2-4 常見的IEEE 802.11標準

標準	說明	使用頻率	傳輸率	傳輸距離
802.11b (Wi-Fi 1)	無線區域網路標準。	2.4 GHz	11 Mbps	約100公尺
802.11a (Wi-Fi 2)	原始標準。	5 GHz	54 Mbps	約50公尺
802.11g (Wi-Fi 3)	是IEEE 802.11b的後繼標準。	2.4 GHz	54 Mbps	約100公尺
802.11n (Wi-Fi 4)	改善傳輸速率，支援**多輸入多輸出**(Multi-input Multi-output, **MIMO**)技術。	2.4、5 GHz	600 Mbps	約250公尺
802.11ac (Wi-Fi 5)	定義使用的頻段提高、增加新的調變技術、波束技術的標準化、支援的天線數增加及多重裝置同步存取的新規格技術。	5 GHz	1 Gbps	約35公尺
802.11ax (Wi-Fi 6)	具有低延遲性、傳輸更快、可處理多人、多工需求、功耗低、更省電、訊號涵蓋範圍更遠等特色。	2.4、5 GHz	9.6 Gbps	10~100公尺
802.11be (Wi-Fi 7)	更大傳輸量，更低延遲效果來輔助更強大的擴增實境，或者是提供完全沉浸式的虛擬實境應用。	2.4 GHz 5 GHz 6 GHz	30 Gbps	1公里以上
802.11p	以802.11a為基礎所制定，又稱為**車用環境無線存取**(WAVE)，使用在車對車、車對交通基礎設施的無線通訊標準，且支援**智慧型運輸系統**(ITS)的相關應用。也應用於**車載通訊**(DSRC)系統中。	5.9 GHz	27 Mbps	約1公里
802.11ah	支援**無線感測器網路**(WSN)、**物聯網**(IoT)、智慧型電網(Smart Grid)、**智慧手錶**(Smart Meter)等應用。	低於1 GHz	100 Kbps	1公里以上

標準	說明	使用頻率	傳輸率	傳輸距離
802.11ad (WiGig)	適用於擴增實境(AR)、4K以上超高解析度影像內容串流播放,甚至對應大型檔案無線傳輸交換使用等。	60MHz	7 Gbps	約10公尺

2-3-3 IEEE 802.15

IEEE 802.15為規範無線個人區域網路的一系列標準,其下分為七個工作小組,以及一個委員會。IEEE 802.15根據省電、傳輸速率及多媒體應用的需要,又可細分為下列幾個標準,分別說明如下:

IEEE 802.15.1

IEEE 802.15.1是針對藍牙無線技術所提出的通訊標準。

IEEE 802.15.2

IEEE 802.15.2解決IEEE 802.15系列與其他無線通訊技術互通性的問題。

IEEE 802.15.3

IEEE 802.15.3為針對隨身攜帶、穿戴式或是鄰近身體等具通訊能力的電子產品,例如:筆記型電腦、平板電腦、數位式攝影機、藍牙耳機、手機及個人電腦等裝置,在短距離內提供高速寬頻的無線傳輸服務。傳輸距離約10~100公尺。

IEEE 802.15.4

IEEE 802.15.4又稱為**ZigBee**,主要由IEEE 802.15.4小組與ZigBee Alliance組織,分別制訂硬體與軟體標準,成員包括飛利浦、華為、Amazon、Comcast、Somfy、英特爾、IKEA、諾基亞、三星 SmartThings 等。

IEEE 802.15.6

IEEE 802.15.6為針對短距離**人體區域網路**(Body Area Networks)的新標準。IEEE 802.15.6能夠在3公尺的範圍內提供10 Mbps的傳輸率,可廣泛應用在人體穿戴式感測器、植入裝置,以及健身醫療設備中。

2-4 無線射頻辨識

無線射頻辨識(Radio Frequency Identification, **RFID**)系統是一項重要的技術，本節將介紹什麼是RFID及其應用。

2-4-1 認識RFID

RFID系統是一種運用無線電波傳輸訊息的識別技術，此技術可以運用於產品條碼上，在產品上會有一個像米粒般大小的電子標籤，此標籤透過**讀取器**(Reader)偵測，將標籤的資料送到後端電腦上整合運用，如圖2-9所示。

圖2-9 電子標籤及電子標籤讀取器

RFID具有以下優點：

◎ 無方向性限制讀取資料。

◎ 辨識距離長。

◎ 辨識速度快。

◎ 辨識正確性高。

◎ 讀/寫功能，資料記憶量大。

◎ 安全性高。

◎ 壽命長。

◎ 標籤穿透性佳與可在惡劣環境操作。

2-4-2 電子標籤與讀取器

電子標籤

電子標籤是資料的存放元件，可以儲存產品的價格、基本特徵、組裝日期、出貨工廠、目前位置及其他數據等，內含微細的晶片及天線，通常以電池的有無區分為主動式、半主動式及被動式等類型，說明如下：

⊘ **主動式 (Active)**：內置電池，會週期性發射識別訊號，且具有體積小、價格便宜、壽命長及數位資料可攜性等優點。

⊘ **半被動式 (Semi-Passive)**：內置一個小型電池，只有在閱讀器附近才會觸發，跟被動式比起來，半主動式有更快的反應速度及更好的效率。

⊘ **被動式 (Passive)**：標籤本身不帶任何電池，是用閱讀器傳出來的無線電波能量來供給自身電力。

讀取器

讀取器可從電子標籤中讀取資料並傳送至電腦系統中，或將資料存放到電子標籤內的工具。RFID是使用無線電波的方式來進行辨識的工作，辨識速度每秒可達50個以上，常用的工作頻段如表2-5所列。

表2-5　RFID電子標籤常用的工作頻段

	頻段範圍	讀取範圍	應用範圍
低頻	135 KHz	50公分	寵物晶片、門禁管理、汽車防盜器、玩具
高頻	13.56 MHz	1.5公尺內	圖書館管理、產品管理、悠遊卡、電子證件
超高頻	433 MHz	1~100公尺	定位服務、車輛管理、貨架及棧板管理、出貨管理、物流管理
	860~960 MHz	1~2公尺	倉儲管理、物流管理
微波	2.45 GHz 5.8 GHz	1~100公尺	自動收費系統、醫療管理、行李追蹤、物品管理、供應鏈管理

2-4-3 RFID的應用

RFID技術相較於現行商品上所使用的條碼，RFID標籤不但可以容納更多的資訊，也可以透過無線自動傳輸資訊，如此就不需要花時間掃描產品，以下簡單介紹幾種RFID的應用。

藥品管制

　　將藥品裝上電子標籤後(圖2-10)，便可利用藥品追蹤系統清楚掌握藥物的流通與使用過程。不但可辨別藥品內容和期限，連誰拿過都能清楚記錄，有效避免配藥疏失的情況發生。

圖2-10　醫療服務機構Asembia，使用RFID晶片，控管藥物的品質與使用

醫療照護

　　運用RFID技術可以進行藥物管理、病人辨識、疾病管理等，醫院可以即時追蹤病人，並偵測到病人目前的狀況。護理人員在治療前，只要掃描病人RFID標籤確認病人身分，並顯示病人的相關資訊，再即時傳回系統，再依據數據給予相關治療，便可大幅減少人工作業時間及錯誤率，提升護理作業效率及醫療安全，如圖2-11所示。

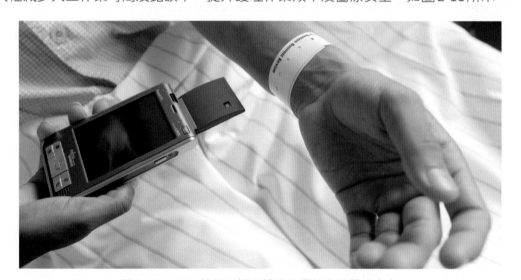

圖2-11　RFID技術可提升護理作業效率及醫療安全

電子學生證

　　內含RFID晶片的電子學生證中，內建學生姓名、照片、校徽、學號、註冊章等資料，並結合悠遊卡、門禁控管等功能，當學生進出校門或發生早退、遲到等情況，系統都會透過手機簡訊通知家長。

智慧商店

　　世界各地有許多零售通路導入科技化服務，讓傳統的商店逐漸轉型為智慧商店，改變過往消費者購物模式。例如：消費者進入商店，只要把商品放入購物籃，自動結帳台就會感應商品上的電子標籤，直接完成結帳，而從RFID取得的消費資訊，也會送到商品製造商和物流商手上，提升生產效率。

倉儲與物流管理

　　生產線的產品配合建置RFID晶片的智慧型紙箱包裝,將可優化配送程序。從產品製造完成,一直到送至銷售點,業主均可精準掌握產品的運送時間與存貨數量等資訊,如圖2-12所示。

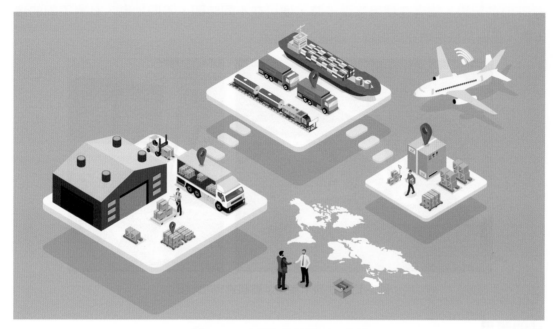

圖2-12　倉儲與物流管理示意圖

無人圖書館

　　有越來越多的圖書館藉由RFID系統,改造為無人圖書館,此系統主要是在書的封底貼上一張射頻辨識晶片,靠著射頻辨識晶片的自動掃描就可完成借書與還書的動作,不僅節省了人力成本,也提高了效率。

動物監控

　　透過RFID技術,可監控及觀察即時動物健康資訊,包含疾病爆發、治療、體重變化、動物數量、防止動物失竊等,讓整個過程自動化。除此之外,即時的動物健康、餵飼狀況、環境衛生、定位追蹤等資訊,將可提升管理的效率,並將資源做充分利用。

智慧卡

現在出門購物只要使用信用卡或嵌入IC晶片的**智慧卡**(Smart Card)，就可以輕鬆購物，或是搭乘交通工具。還有些智慧卡使用了被動式的RFID技術，只要將卡片靠近感應器就能快速的感應或扣款，「悠遊卡」及「一卡通」就是屬於此種智慧卡，透過RFID的記錄，旅客在使用悠遊卡時，便可在不同時間、不同地點、針對不同的讀卡機，正確且快速地完成扣款，如圖2-13所示。

圖2-13　悠遊卡使用了被動式RFID技術

其他應用

除了上述的應用外，事實上還有許多日常生活上的RFID應用，例如：小額電子錢包、門禁管理、電子票券、寵物晶片、護照、停車場、行李管理等。圖2-14所示為英國航空公司(British Airways)採用的RFID電子行李標籤(ViewTag)，乘客只要在前往機場之前，使用手機的應用程式將航班資訊傳輸到行李標籤，就不用再經過登機通道，行李也能夠順利進入託運。

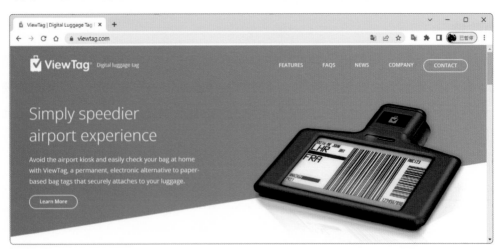

圖2-14　行李標籤

2-5 無線感測網路

無線感測網路(Wireless Sensor Network, **WSN**)是指由許多的**感測節點**(Sensor Node)、一或數個**無線資料收集器**(Wireless Data Collector),以及監控伺服器等設備所組成的無線網路系統,其基本架構如圖2-15所示。

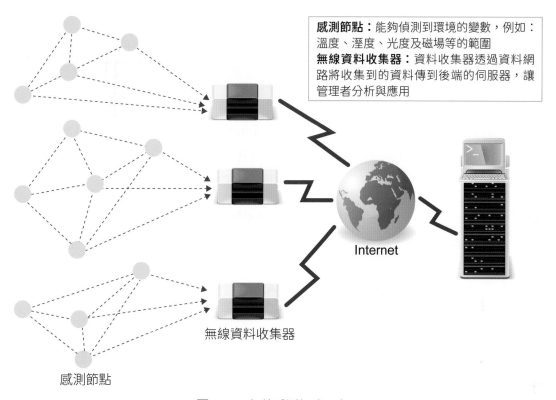

感測節點:能夠偵測到環境的變數,例如:溫度、溼度、光度及磁場等的範圍
無線資料收集器:資料收集器透過資料網路將收到的資料傳到後端的伺服器,讓管理者分析與應用

Internet

無線資料收集器

感測節點

圖2-15 無線感測網路示意圖

WSN最早是美國加州柏克萊大學David Culler教授主持的「**智慧灰塵**(Smart Dust)」計劃,由於這項計劃是由美國國防部研究計劃單位(DARPA)所資助,所以原先的構想是應用在軍事上,近年來已逐漸應用在環境監測、災害預警、智慧農業、健康監測、智慧城市、交通運輸、生物研究、居家照顧等領域。

架設無線感測網路時,必須先將大量的感測節點密集散布在需要進行感測的區域,偵測並感應各種環境資料後,再藉由網路將蒐集的資料經由無線資料收集器,傳回給監控伺服器或應用程式,進行進一步的分析與運算,以達成遠端監控的目的。目前無線感測網路主要仍屬於任務導向的應用網路型態,依照任務的不同,感測器所偵測的資料來源可以是溫度、溼度、動作、光線、氣體、壓力等環境訊息,所以應用層面十分廣泛。

2-6 行動通訊

無線通訊 (Wireless Communications) 是藉著電磁波經由空氣媒介傳送，來達到通訊的目的，而**行動通訊** (Mobile Communication) 就是屬於無線通訊的一種。

2-6-1 行動通訊的發展

1940年摩托羅拉 (Motorola) 為美軍製造手持式無線對講機，開啟了行動通訊，而行動通訊科技的快速發展，也帶動了新應用及新服務，並改變了人與人之間互動聯繫的模式與習慣。

行動通訊系統一路從**1G** (1st Generation)、**2G** (2nd Generation)、**3G** (3rd Generation)、**4G** (4th Generation)，發展到現在的**5G** (5th Generation)，發展狀況如表2-6所列。

表2-6　行動通訊技術發展狀況

	1G	2G	3G	4G	5G
技術	AMPS	GSM CDMA	W-CDMA CDMA2000 TDS-CDMA	LTE LTE-A	5G NR
類別	類比通訊	數位通訊	數位通訊	數位通訊	數位通訊
服務	語音	語音/簡訊	語音/簡訊 影像/視訊 多媒體	語音/簡訊 影像/視訊 多媒體	4K影片串流 VR直播 自駕車/物聯網 遠距手術
峰值速率	2 Kbps	10 Kbps	3.8 Mbps	0.1~1 Gbps	1~10 Gbps

峰值速率：最高理論值。

行動通訊系統建設是使用**蜂巢式網路** (Cellular Network) 架構，該架構在設置基地台時，相鄰的基地台收發無線電波的範圍彼此是重疊且近似圓形，但概念上每一個基地台的電磁波範圍是以不重疊的六角形表示，此範圍稱為**細胞** (Cell)，多個小細胞彼此相連形狀就像蜂巢一樣，故稱為蜂巢式網路。

目前世界的主流蜂巢式網路類型有：GSM、WCDMA / CDMA2000(3G)、LTE / LTE-A(4G) 等。蜂巢式網路包含了**行動台** (Mobil Station, **MB**)、**基地台** (Base Station, **BS**) 及**行動交換中心** (Mobil Switching Center, **MSC**) 等部分。

行動台

行動台就是我們的網路終端設備,主要功能為收發信號,例如:手機,就是最常使用的行動台。

基地台

基地台是**行動台**(MS)與**行動交換中心**(MSC)之間的橋樑,基地台如同一格一格的細胞,分區負責訊號的傳輸,所以每一個基地台都有自己的無線電波涵蓋的範圍。基地台(圖2-16)包含了無線電收發機及天線(通常放置在較高的位置,才會有良好的電波收發效果)等設備,提供後端網路與使用者行動電話間的溝通管道。

圖2-16　基地台
(圖片來源:Caleb Ooquendo/Pexels)

行動交換中心

行動交換中心(MSC)功能是在無線系統間、電信網路間或其他資料網路進行訊號的交換。透過基地台取得與行動台的聯繫後,根據行動台用戶的需求,與其他網內或網外的行動交換中心,或是固定式網路的用戶進行通訊,以執行行動電話的搜尋、傳送與通話等處理。

2-6-2　4G

根據國際電信聯盟對4G定義的IMT-Advanced規範,用戶在高速移動時,其資料傳輸能達到每秒100 Mbps,而在靜止狀態下,傳輸速率達到每秒1 Gbps的超高速度,能提供到這樣的速度,皆可稱之為4G。

4G是使用**LTE** (Long Term Evolution, **長期演進**)及**LTE-Advanced** (LTE-A)為行動通訊標準,LTE是由**歐洲電信標準協會**(European Telecommunications Standards Institute, **ETSI**)所主導,傳輸距離最遠可達100公里,傳輸速率最高可達**300Mbps**。下載1GB影片,使用3G需要約10分鐘,但若使用4G LTE則不用1分鐘即可下載完成。

4G LTE常用的頻段多集中於450MHz ～ 3,800MHz區間,而臺灣使用的是700MHz ～ 2600MHz,為較「低頻」的訊號,低頻訊號具有沒有方向性、低功耗、繞射能力比較強等特性,在障礙物多、大樓林立的地方,也能接收到4G LTE的訊號。

4G採用**多重輸入多重輸出天線**(Multi-input Multi-output, **MIMO Antennas**)技術,提升了訊號傳輸量,減少因基地台容量不足而產生的斷訊現象。4G除了提供手機、平板電腦等行動裝置上網外,一般的個人電腦、筆記型電腦、輕省筆電等,也都可以透過支援4G的無線網卡連接到網路。

知識補充:4G+

4G+是4G的升級版,當手機顯示「4G+」時,表示**載波聚合**(Carrier Aggregation, **CA**)為啟用狀態。CA是LTE-Advanced的主要技術,可以將一些不連續分散的頻段整合起來,有效地提高傳輸的效率、速度及增加穩定性,例如:原本兩條都是50Mbps的速度,透過CA技術,最高可達100Mbps,讓使用者可以享受更大的頻寬。不過,必須電信公司有提供CA的服務及使用的手機也要支援CA的服務,才能提升上網速度。

2-6-3 5G

行動寬頻快速的發展下,來到了5G時代。由歐盟成立的5G研究專案大會**METIS** (Mobile and Wireless Communications Enablers for 2020 Information Society) 在2012年11月正式啟動。國際電訊聯盟(ITU)於2017年釋出5G規格草案,2018年6月,國際標準組織**3GPP** (3rd Generation Partnership Project)公布第一版5G標準 Release 15,全球也啟動了5G布局。

5G的傳輸速率及頻段

根據國際電信聯盟的IMT-2020規範,**5G的資料傳輸速率需達到10 Gbps以上,且傳輸的延遲性要低於1ms以下**,比4G高出10到100倍。例如:下載2小時的4K影片,3G所需時間為3.4小時,4G需要7.3分鐘,而5G則不到4.4秒。

目前5G頻段可分為sub 6GHz (6GHz以下) 及24GHz以上**毫米波** (mmWave) 兩種類型。Sub-6GHz的傳輸速率、低延遲及頻寬上都不及毫米波,不過,毫米波具有訊號覆蓋範圍小、繞射能力低、覆蓋能力低等缺點,因此必須建設更多的**小細胞基地台** (Small Cell) 來增加整體訊號的覆蓋面積。

5G的特色

5G具有**高速率、大連結**及**低延遲**等三大特性,如圖2-17所示。5G將有利於大數據、人工智慧、物聯網、工業4.0、智慧住宅、自駕車、智慧城市、智慧醫療、VR、AR等應用。

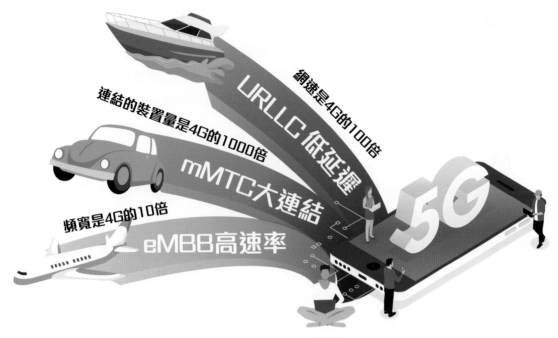

圖 2-17　5G 三大特性

⊙ **增強型行動寬頻 (Enhanced Mobile Broadband, eMBB)**：支援 10 Gbps 以上的資料傳輸率，將提供 4K 或 8K 超高畫質內容，可應用在**全息影像** (Holography)、**虛擬實境** (Virtual Reality, **VR**)、**擴增實境** (Augmented Reality, **AR**) 等，為使用者提供身歷其境的體驗。

⊙ **高可靠度和低時延通訊 (Ultra-reliable and Low Latency Communications, uRLLC)**：5G 的時間延遲比 4G 少 10 分之 1 以上，可達到 0.001 秒，可應用在串流遊戲、智慧工廠、智慧交通、遠距醫療、公共安全監控、**車聯網** (Internet of Vehicles, **IoV**) 等。

⊙ **大規模機器型通訊 (Massive Machine Type Communications, mMTC)**：5G 每平方公里預估可支援上百萬個裝置，讓應用可更加多元，達到萬物聯網的境界，將應用在智慧城市、建築測量、農業物流等小量資料訊號傳輸。

2-6-4　5G 的應用

　　5G 改變了你我的生活模式，早晨起床，居家機器人自動端上熱騰騰的咖啡；在家只要使用手機，就可以監控工廠的攝影機，輕鬆遠距操作機台，分析生產大數據；路上行駛的自駕車，能夠即時判斷交通號誌、分析汽車行駛的速度，以及周邊道路的狀況，偵測到有障礙物或碰撞風險時，會自動採下煞車，提升交通安全，能有這樣的場景都是因為 5G **高速率**、**大連結**及**低延遲**的特性加持。

醫療保健

　　工研院與三軍總醫院合作研擬打造5G行動醫療實驗場域，利用5G低延遲技術，進行遠距復健、手術會診與互動教學等，為民眾提供更便利的智慧醫療解決方案。病人不用出門，即可在家進行復健活動，醫院端可即時進行指導與監控復健狀況，也可以避免發生危險。

VR、AR、MR、XR

　　5G的高速率和低延遲特性，可以實現VR、AR、MR及XR的應用，例如：手術模擬、遠距虛擬會議、虛擬實境遊戲、AR導航等。

⊙ **虛擬實境 (Virtual Reality, VR)**：它必須是由電腦所產生的，是一個3D的立體空間，而使用者有如身歷其境，並可以依個人意志，自由地在這個空間中遊走，且可以和這個空間裡的物件產生互動，讓使用者感覺是虛擬世界中的一份子 (圖 2-18)。虛擬實境常應用於醫學上的手術模擬、射擊訓練、飛行訓練、導覽系統及電玩遊戲等。

圖2-18　當使用者戴上顯示器後，就可以體驗逼真的立體感與空間感，使用者無論看到的、聽到的都是來自虛擬環境的感官刺激

⊙ **擴增實境 (Augmented Reality, AR)**：擴增實境是一種混合虛擬實境與實體環境的概念。擴增實境融合虛擬與實體世界，將電腦虛擬的影音疊合在使用者親眼所見的實體環境上，創造出人體知覺與電腦介面合而為一的感官體驗，同時增強真實世界裡的資訊顯示與互動經驗。知名的手機遊戲「Pokémon Go」，就是擴增實境的應用。擴增實境目前大多應用在遊戲產業，但其實在醫療、教學、旅遊、工廠管理、工業維修、餐飲、裝潢設計等也都有應用的實例。圖2-19所示為使用者能直接透過行動裝置在自家內以擴增實境形式挑選，模擬家具擺放的樣子，最後再決定是否購買。

圖2-19　利用擴增實境功能，可模擬家具擺放在的樣子

- ⊙ **混合實境(Mixed Reality, MR)**：是介於VR與AR之間的一種綜合狀態，藉由提升電腦視覺、圖形處理能力、顯示器技術和輸入系統所達成，將虛擬的場景與現實世界融合在一起，創造出一個新環境，而這兩個世界的物件能共存，並同時進行互動。

- ⊙ **延展實境(Extended Reality, XR)**：任何VR、AR、MR的應用都可以視為XR的一環，也可說是虛擬現實交錯融合技術應用的全面整合。桃園市政府打造了「LED次世代虛擬攝影棚」，結合5G和XR，利用5G低延遲、高速度與多連結等特性，使異地影像能即時傳輸至攝影棚內，達到同步拍攝錄製的效果，如圖2-20所示。

圖2-20　虛擬攝影棚結合XR特效，在有限的空間裡，拍出無限延伸的大視野影像效果

2-6-5 臺灣5G的發展現況

　　全球已有160多家電信營運商推出了5G服務，超過300款5G手機已經發布，至2021年底，全球5G行動用戶將達到5.8億。而2020年，臺灣正式跨入5G元年，NCC也讓各電信業者透過競標方式購買5G通訊頻段。

⊙ **中華電信**：取得3.5GHz頻段的3.42~3.51GHz及28GHz頻段的600MHz。

⊙ **遠傳電信**：則取得3.5GHz頻段的3.34~3.42GHz及28GHz頻段的400MHz。

⊙ **台灣大哥大**：取得3.5GHz頻段的3.51~3.57GHz及28GHz頻段的200MHz。

⊙ **台灣之星**：取得3.3~3.34GHz頻段。

⊙ **亞太電信**：取得28GHz頻段的400MHz。

　　全球5G採用率速度很快，但臺灣5G自從2020年6月30日開台，全臺灣5G基地臺數已達2萬9,087臺，但至今普及率僅25%，成長速度較為緩慢。愛立信發表的《行動趨勢報告》中，預測2027年5G將成為主流。

▨ 知識補充：比5G快50倍的6G

三星發表第六代行動網路技術 (6G) 白皮書，估算6G的速度為每秒1000 GB或1 TB，是5G的50倍；空中延遲低於100微秒(0.0001秒)，是5G的1/10，預期將使8K以上解析度影像、虛擬實境等需要更高傳輸頻寬的內容，能更流暢的播放。

OPPO發表的6G白皮書《6G AI-Cube Intelligent Networking》(圖2-21)，OPPO認為，6G網路將改變人們與AI的互動方式，讓AI真正地成為所有人都可以應用的基礎設施。

圖2-21　6G白皮書網頁

未來6G可想像是一個複合型的網路型態，結合陸空(包含固網、行動網路、衛星或高空基地站等)提供全方位網路覆蓋，並透過AI技術，提供雙向數據分析、互動和即時反饋，將實現更真實細緻的延展實境(XR)等應用服務。工研院指出，未來的6G技術將擁有：**極低延遲、極高可靠、極大連結、極大傳輸量、極大覆蓋、極低能源/成本**等六大訴求。

行動趨勢報告

愛立信發布最新一期的《愛立信行動趨勢報告》預測，報告中指全球迄今已有近 230 家電信商推出商用 5G 服務，700 多個 5G 智慧型手機型號已發布或商用。2022 年 7 月至 9 月期間，全球 5G 用戶數新增約 1.1 億，總用戶數達約 8.7 億，到 2028 年底，預計全球 5G 用戶數將達到 50 億；5G 人口覆蓋率將達到 85%。

全球行動數據流量過去兩年翻倍成長，預計 2028 年將較 2022 年成長近 4 倍，達到每月 325 EB。全球行動網路流量過去兩年內翻倍成長，有 70% 流量來自於影音內容，排名前 4 大的社群媒體的影音串流占據了這些網路影片流量的絕大部分。

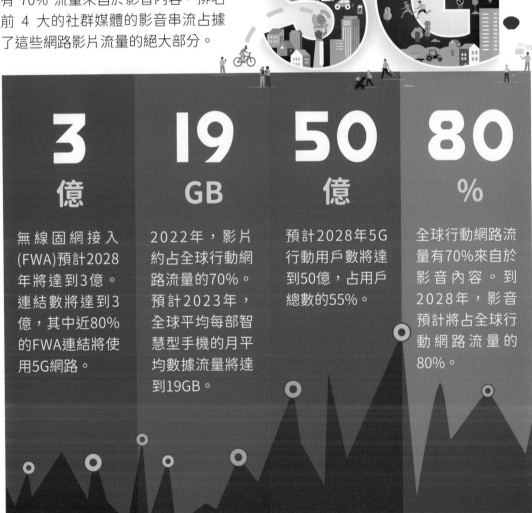

3 億

無線固網接入(FWA)預計2028年將達到3億。連結數將達到3億，其中近80%的FWA連結將使用5G網路。

19 GB

2022年，影片約占全球行動網路流量的70%。預計2023年，全球平均每部智慧型手機的月平均數據流量將達到19GB。

50 億

預計2028年5G行動用戶數將達到50億，占用戶總數的55%。

80 %

全球行動網路流量有70%來自於影音內容。到2028年，影音預計將占全球行動網路流量的80%。

https://www.ericsson.com/zh-tw/reports-and-papers/mobility-report/reports/november-2022

INTERNET 自我評量

▲ 選擇題

( ) 1. 下列關於Wi-Fi的敘述，何者不正確？ (A)是一種網路技術 (B)所依據的網路傳輸標準為 IEEE 802.11 (C)負責驗證使用無線區域網路通訊標準所生產的無線通訊設備 (D)為 Wi-Fi 聯盟(Wi-Fi Alliance) 創造的品牌認證。

( ) 2. 藍牙(Bluetooth)所採行的無線通訊標準為？ (A) IEEE 802.15 (B) IEEE 802.15.1 (C) IEEE 802.15.2 (D) IEEE 802.15.3。

( ) 3. 下列關於 ZigBee 的敘述，何者不正確？ (A)也稱為 802.15.4 (B)主要應用領域有家庭自動化、工業與環境控制等 (C)使用 5 GHz 頻段 (D)具有短距離、低速率及低成本等特色。

( ) 4. 下列關於 NFC 技術的敘述，何者不正確？ (A)使用的頻率為 14.56 MHz (B)可在不同的電子裝置之間，進行非接觸式的點對點資料傳輸 (C)主要應用在交通儲值卡、門禁識別、行動支付、數位內容傳輸等 (D)又稱為近距離無線通訊。

( ) 5. 下列關於 Wi-Fi 6 的敘述，何者不正確？ (A)也稱為 802.11ax (B)傳輸率為 9.6 Gbps (C)具有低延遲性、傳輸更快等特色 (D)使用頻率為 6 GHz。

( ) 6. 日常生活中使用的悠遊卡，是屬於哪一種類型的 RFID？ (A)主動式 RFID (B)被動式 RFID (C)半被動式 RFID (D)半主動式 RFID。

( ) 7. 許多人喜歡利用手機記錄生活的點滴，走到哪裡拍到哪裡，並隨時上傳社群網路、打卡分享。試問人們在戶外最不可能透過下列哪種方式上網？ (A) 4G (B) Wi-Fi (C) ADSL (D) 5G。

( ) 8.下列關於 5G 的敘述，何者不正確？ (A)具有高速率、低延遲、大連結等三大特性 (B)能讓 100 台裝置同時連線 (C) 5G 的回應時間為 1 毫秒，約為 4G 的十分之一 (D) 3GPP 是 5G 規格的主要制定者。

▲ 問題與討論

1. 除了書中所述外，你可以提出其他更多的 RFID 應用嗎？

2. 5G 時代來臨了，說說你期待 5G 有什麼樣的應用情境吧！

INTERNET

3-1 網際網路

網際網路(Internet)這個字，事實上是由字根「inter」(表示物與物之間的意思)與「net」(表示網路Network的意思)這兩個字組合而成。由字根上來解讀，就可以知道Internet就是由許多個別的、不同的網路連接起來的，也就是說，它是將許多網路相互連接在一起，所構成的超大型網路架構。

我們可以將Internet看作是許多「區域網路」的結合。大型網路底下有中型網路、中型網路底下有小型網路，Internet將所有的網路全部結合在一起，所以Internet可以算是全世界最大的電腦網路了，如圖3-1所示。

圖3-1 Internet可以算是全世界最大的電腦網路

3-1-1 網際網路的起源

再談到Internet的整個歷史，就得追溯至西元1962年。在當時，電腦可是極高貴的奢侈品，必定是頗有規模的大公司、或是政府機關才有能力配備電腦來使用，而當時的電腦都是非常龐大的**大型電腦**(Mainframe)。

　　由於這些電腦都是花了巨額的款項所購買的，多數的大型主機都是放在機房或是電腦中心內，而一般的使用者就須藉由終端機，透過電話線連接到主機上工作，如果各終端機需要互相傳送訊息時，也須透過主機才行，當時的這種網路架構是屬於「**集中式處理**」，如圖 3-2 所示。

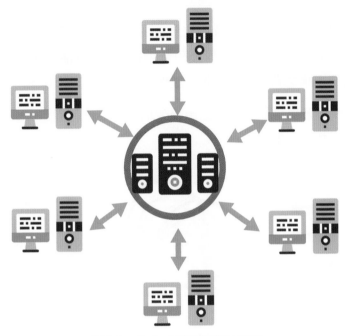

圖 3-2　集中式網路架構示意圖

　　Internet 的由來源自於美國國防部的一項計畫，計畫內容是想要將座落於美國各地的電腦主機，透過高速的傳輸來建立連結、交換訊息，當時這項計畫的名稱為 **ARPAnet**。ARPAnet 最初的目的是支援美國軍事上的研究，希望可以建立起一個「分散式架構的網路」，避免中央主機遭受破壞，例如：被轟炸所引起的重大損失，以改善當時集中式網路架構的缺陷。

　　該計畫主要研究關於如何提供穩定、值得信賴、而且不受限於各種機型及廠牌的數據通訊技術。後來，ARPAnet 的架構及其技術經實際運用後得到不錯的成效。在持續發展下，自 1981 年 TCP/IP 成為 ARPAnet 的標準通訊協定，之後許多大學也普遍採行 TCP/IP 作為各電腦之間溝通的協定，使得 ARPAnet 日益擴張，成長非常迅速。於是美國國防部在美國大力推行「ARPAnet 計畫」，而這個「ARPAnet」事實上就是 Internet 的前身。

3-1-2 臺灣學術網路

在通訊設備技術突飛猛進的發展下，世界各國紛紛透過電纜線與美國連接，Internet遂成為一個跨國性的世界級大型網路，而**臺灣學術網路**(Taiwan Academic Network, **TANet**)也於1991年成為臺灣第一個連上Internet的網路系統。

TANet為臺灣各級學校網路及資訊教育之平臺，是由教育部及各主要國立大學，於民國79年所共同建立之全國性教學及研究用途之電腦網路，其主要目的是支援全國各級學校及研究機構之教學研究活動，並促進資源分享與合作。

TANet採用骨幹及區域網路中心之串接架構，分為骨幹網路、區域網路中心、縣市教育網路中心，如圖3-3所示。

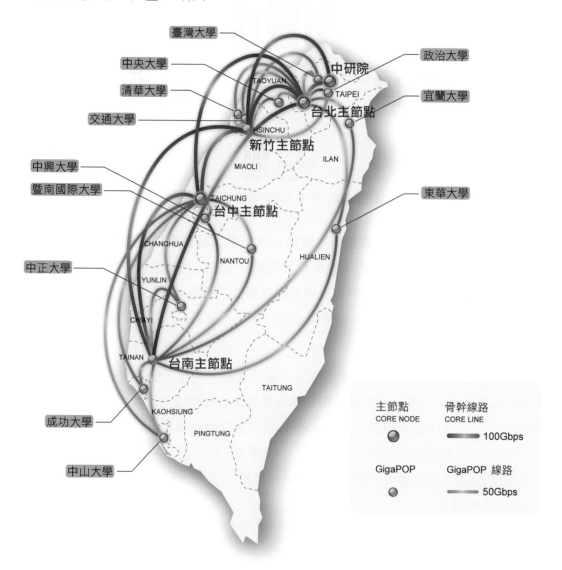

圖3-3 TANet網路架構圖(資料來源：高雄市政府教育局網站)

3-2 網際網路的位址

在現實的生活中，如果我們要找到某人的住處，首先要知道其地址，然後才能依據地址找到其住處。而在網際網路中的電腦也必須具備一個地址(稱之為「IP位址」)，才能夠達成彼此相連，相互傳送訊息的目的。

3-2-1　IP位址的等級與結構

網際網路上的每一部電腦都有特定的**網際網路位址**(Internet Protocol Address, **IP位址**)，此位址代表著一台電腦或是主機的位址，就相當於電腦或主機在網際網路上的門牌號碼。有了IP位址，電腦與電腦之間才能夠相互溝通，達到相互傳送訊息的目的。

目前採用的IP定址方式為**IPv4**(Internet Protocol version 4)，它是由一個32位元的二進位數字所組成，例如：**11001011010001111101010000000101**，而為了方便記憶，我們通常會將這**32個位元分成四組8個位元，其間以「小數點」區隔，由於8個位元可以用來表示大小範圍介於「0 ～ 255」之間的十進位整數**，因此，上述的32個位元也可以用「**203.71.212.5**」四個十進位數字加以表示，如圖3-4所示。

11001011.01000111.11010100.00000101

| 203 | 71 | 212 | 5 |

圖3-4　IP位址格式

IPv4位址可分為二個部分，分別為**網路位址**(Network Address)和**主機位址**(Host Address)。其中網路位址是某一個網路在網際網路中的編號，而主機位址則是電腦在所屬網路中的編號。

IPv4 位址又可分為 A、B、C、D、E 五種類型 (Class)。會將 IP 位址分為不同的類型，主要目的是為了符合不同網路規模的需求，以及有效管理 IP 位址的分配與利用。圖 3-5 所示為目前所使用的 IPv4 位址等級範圍；表 3-1 所列為各 IP 類型說明。

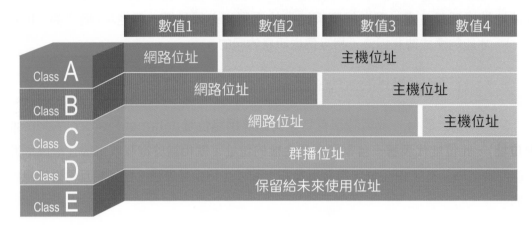

圖 3-5　IPv4 位址的等級範圍

表 3-1　IP 類型說明

類型	第 1 個數值的二進位值	IP 位址第 1 個數值	使用單位
Class A	0 x x x x x x x	0~127	政府機關、國家級研究單位
Class B	1 0 x x x x x x	128~191	學術單位、ISP、大企業
Class C	1 1 0 x x x x x	192~223	一般企業
Class D	1 1 1 0 x x x x	224~239	保留作為特殊用途，例如：廣播、學術等
Class E	1 1 1 1 x x x x	240~255	

⊙ **Class A**：使用 IP 位址的第一個位元組為網路位址，其餘的三個位元組為主機位址。例如：125.10.5.255，「125」為網路位址；「10.5.255」為主機位址。

⊙ **Class B**：使用 IP 位址的第一個與第二個位元組為網路位址，其餘的兩個位元組為主機位址。例如：168.10.10.255，「168.10」為網路位址；「10.255」為主機位址。

⊙ **Class C**：使用 IP 位址的前三個位元組為網路位址，最後一個位元組為主機位址。例如：207.168.10.220，「207.168.10」為網路位址；「220」為主機位址。

⊙ **Class D**：作為**群播位址** (Multicast Addresses)，允許資料封包的內容可以被傳送到一群主機，而不只是單一主機。(群播位址是指一群特定主機以團體或是小組，取得等級 D 的 IP 位址，而當主機傳送資料時，只要指名此等級的 IP 位址，所有團體成員或小組就會收到資料。)

⊙ **Class E**：保留給未來使用。

3-2-2 IPv6

目前網際網路主要使用的IP協定是IPv4，此協定是於1975年制定，其使用32位元來分配位址，目前所能表現出的位址數目已有不敷使用的情況，也因此產生了 **IPv6**(Internet Protocol version 6)。

IPv6是用於替代IPv4的下一代IP協定，IPv6是使用**128位元**，所能表示的IP位址多達2^{128}個。一個IPv6位址範例：3ffe:0102:0000:0000:0000:0000:0000:0000，其使用了八組數字來表示IPv6位址，**每組數字為四個十六進位數字，各組數字間使用「:」隔開**。不過因為IPv6的位址表示法太長，難以記住，所以位址有所謂的「省略規則」，說明如下：

⊙ **規則1**：每組數字的第一個0可以省略，若整組皆為0，則以0表示。例如：「0DB8」可以省略為「DB8」、「0000」則可以省略成「0」。

```
2001:0DB8:02de:0000:0000:0000:0000:0e13
2001:DB8:2de:0000:0000:0000:0000:e13
2001:DB8:2de:000:000:000:000:e13
2001:DB8:2de:00:00:00:00:e13
2001:DB8:2de:0:0:0:0:e13
```

⊙ **規則2**：連續出現「0000」時，則可以用雙冒號「::」代替。例如：

「:0000:0000:0000:0000:」可以省略成**:0000:0000:0000::、:0:0:0:0:、:0::0:** 或 **::**。

但需注意的是，由於「::」表示為連續且數量多的0，所以如果位址中出現2個「::」時，會讓人無法分辨實際代表的位址。所以，在位址省略規則中有明訂，對於一個IPv6位址，只能出現一次「::」來省略0。

```
2001:DB8:2de:0:0:0:0:e13
2001:DB8:2de::e13
```

```
2001:0DB8:0000:0000:0000:0000:1428:57ab
2001:0DB8:0000:0000:0000::1428:57ab
2001:0DB8:0:0:0:0:1428:57ab
2001:0DB8:0::0:1428:57ab
2001:0DB8::1428:57ab
```

 INTERNET

大多數使用應用程式的人們習慣使用網域名稱來連線，DNS伺服器會自動轉換網域名稱為IPv4/v6位址，所以一般使用者並不需要直接輸入IPv6位址，而目前的作業系統也都支援IPv6的設定，圖3-6所示為Windows 10作業系統的網路設定視窗，在視窗中即可看到IPv6的選項。

IPv6所能夠表示的IP位址數已遠遠超過全世界的人口數，要保留那麼多的數目，主要是考量到未來網路將不只是用在電腦上，還會運用到家電產品，而這些家電產品就會需要有IP位址來與其他家電進行連線，如此一來，就可以透過網路來操控這些連上網路的家電產品。

圖3-6　Windows 10作業系統支援IPv6的設定

3-2-3　公有IP與私有IP

IP位址又可分為公有IP與私有IP，分別說明如下：

公有IP

公有IP(Public IP)又稱**合法IP**，是指可以用來連上網際網路的IP位址。

私有IP

私有IP(Private IP)又稱**虛擬IP**，是指供內部網路使用的IP位址(表3-2)，不需付費即可使用，但無法連上網際網路。

表3-2　私有IP位址

網路等級	IP位址
Class A	10.0.0.0~10.255.255.255.255
Class B	172.16.0.0~172.31.25.255
Class C	192.168.0.0~192.168.255.255

若要將私有IP轉換為公有IP，可以使用**網路位址變換**(Network Address Translation, **NAT**)技術，讓區域網路中的多台電腦共同使用一個合法的IP位址，一般的IP分享器通常都具有NAT功能。

3-2-4 子網路與子網路遮罩

IP位址的五種類型，分法雖然簡單，但卻缺乏彈性。舉例來說，假設一所大學分配到一個Class B的IP位址，由於一所大學裡會有很多單位與系所，如果讓大學中的所有單位都使用相同的網路，就十分不便。且在相同網路中的設備必須共享網路傳輸媒介的使用權，因此，相同網路中的設備數量越多，則整體的網路效能就會變得越差。

為了解決上述的問題，於是便有**子網路**(Subnet)的作法產生，子網路也就是將一個組織的內部網路切割為數個更小的網路，可彈性配置網路位址，讓組織內的不同單位可以使用各自的網路，以提升網路的運作效能。

IP位址主要是由網路位址與主機位址所組成，在子網路作法下，為了讓電腦能夠判斷出本身IP的網路位址和主機位址，必須藉由使用**子網路遮罩**(Subnet Mask)來辨別，而電腦在設定IP位址時，子網路遮罩的位址也須一併設定。

子網路遮罩格式與IP位址相同，是以四組8個位元，其間以「小數點」區隔的數字所表示。IP位址中網路位址所使用的位元總數，以1表示；主機位址所使用的位元總數，以0表示。例如：以Class C的IP位址「207.168.10.220」來說，IP位址的前3個位元組為網路位址，最後1個位元組為主機位址，則子網路遮罩為「255.255.255.0」，如圖3-7所示。

圖3-7 子網路遮罩位址

表3-3所列為不同網路等級所預設的子網路遮罩。

表3-3 預設的子網路遮罩

網路等級	子網路遮罩
Class A	255.0.0.0
Class B	255.255.0.0
Class C	255.255.255.0

子網路遮罩的計算步驟如下：

⊙ **步驟一**：先將十進制IP位址及子網路遮罩位址轉為二進制位址。

⊙ **步驟二**：將兩個二進制位址做AND運算。

⊙ **步驟三**：比較運算結果與子網路遮罩是否相同。

⊙ **步驟四**：前三組IP相同則為同一子網域，不相同則非同一子網域。

上 機 實 作 計算子網路遮罩

假設有三個IP位址，分別為192.168.1.3、192.168.1.5、192.168.5.1；子網路遮罩均為255.255.255.0，計算過程及結果如下：

```
192.168. 1. 3    ──● 11000000.10101000.00000001.00000011
255.255.255. 0   ──● 11111111.11111111.11111111.00000000
AND 後的結果      ──● 11000000.10101000.00000001.00000000
                        192  .  168  .  1  .  0
```

```
192.168. 1. 5    ──● 11000000.10101000.00000001.00000101
255.255.255. 0   ──● 11111111.11111111.11111111.00000000
AND 後的結果      ──● 11000000.10101000.00000001.00000000
                        192  .  168  .  1  .  0
```

```
192.168. 5. 1    ──● 11000000.10101000.00000100.00000001
255.255.255. 0   ──● 11111111.11111111.11111111.00000000
AND 後的結果      ──● 11000000.10101000.00000100.00000000
                        192  .  168  .  4  .  0
```

從以上計算結果可知：

⊙ **192.168.1.3與192.168.1.5為同一個子網域**

⊙ **192.168.5.1是不同的子網域**

3-2-5 查看自己電腦的IP位址

若要檢測自己電腦的IP位址，只要在Windows作業系統的**「命令提示字元」**中使用**「ipconfig/all」指令，即可查看自己電腦所使用的IP位址**，如圖3-8所示。

圖3-8 查看自己電腦的IP位址

3-2-6 網路連線檢測

若要檢測網路上的某主機是否連線正常，只要在Windows作業系統的**「命令提示字元」**中使用**「ping」**指令，並輸入目的網域名稱，按下**「Enter」**鍵進行檢測。若是輸入**「ping 127.0.0.1」指令，則可檢測自己電腦的網路環境是否正常**，如圖3-9所示。

此處會顯示目的網址的IP位址

IP位址「0.0.0.0」是在主機開機時使用，並不用於實際的傳遞。「127.0.0.1」是一個特別的網域，主要是用來作為網路檢測使用。其中「127.x.x.x」代表本機回應的位址

圖3-9 測試網路上的主機是否連線正常

3-3 網域名稱與網站位址

了解網際網路位址後,接下來將介紹網域名稱及全球資源定址器格式。

3-3-1 認識網域名稱

要記住一長串的「IP位址」不是一件容易的事情,因此,網際網路管理組織另外發展一套與IP相對應的命名方式,一方面可以解決「IP」難記的問題,另一方面也便於組織有效管理網際網路上所有的IP。

這套命名方式是利用一些有意義的名稱,或是具代表性的文字來命名,即稱為**網域名稱**(Domain Name),通常可分為**主機名稱、機構名稱、類別名稱、國家或地理名稱**等4部分。

www	chwa	com	tw
主機名稱	機構名稱	類別名稱	國家或地理名稱
主機名稱通常是依主機所提供的服務來命名,例如:提供WWW服務的主機名稱為「www」,提供FTP服務的主機名稱為「ftp」	通常是指公司名稱、學校名稱、政府機關名稱等的英文名稱或是英文縮寫,例如:「chwa」即是全華圖書股份有限公司名稱的縮寫	類別名稱是指其機關的性質,例如:「edu」代表「教育或是學術研究機構」、「gov」則代表「政府機構」(參見表3-4)	每個國家或地區均以此來辨別,例如:臺灣以「tw」表示;中國大陸以「cn」表示,若國碼省略不寫即代表美國(參見表3-5)

網域名稱是透過**網域名稱系統**(Domain Name System, **DNS**)來規範其命名規則與用法;而網域名稱則是透過**網域名稱伺服器**(Domain Name System Server, **DNS Server**)轉換為相對應的IP位址,如圖3-10所示。

www.chwa.com.tw → DNS Server → 203.69.29.44

圖3-10 網域名稱透過DNS Server轉換為相對應的IP位址

表 3-4　常見的類別名稱

分類	代表的單位或機構	分類	代表的單位或機構	分類	代表的單位或機構
com	商業機構	edu	教育或是學術研究機構	org	法人組織機構
net	網路機構	gov	政府機構	mil	軍事單位
idv	個人	int	國際組織	biz	商業機構

註：com、net、org 原是專屬於某單位或機構申請，但目前都已經沒有限制了。

表 3-5　常見的國碼

分類	代表國家或區域	分類	代表國家或區域	分類	代表國家或區域
tw	台灣 (Taiwan)	jp	日本 (Japan)	cn	大陸 (China)
kr	韓國 (Korea)	hk	香港 (Hong Kong)	sg	新加坡 (Singapore)
au	澳洲 (Australia)	uk	英國 (United Kingdom)	fr	法國 (France)
ca	加拿大 (Canada)	eu	歐盟 (European Union)	de	德國 (Germany)

註：美國的國碼是省略的。

3-3-2　網站的位址—URL

　　WWW 的網站中會存放各類文字、圖片、影片、動畫等資源，可以提供給使用者存取，當使用者透過瀏覽器要連結某一個網站時，首先必須輸入該網站的位址。

　　全球資源定址器 (Uniform Resource Locator, **URL**) 是用來指出某一項資源所在位置及存取方式，也就是所謂的「**網址**」。如果想要到特定的網站上瀏覽時，只要在網頁瀏覽器的「網址列」上，輸入完整的網址，便可以進入該網站中。URL 的表示方法如下：

http:// www.chwa.com.tw **[:80]** /www /index.html

通訊協定　　　伺服器名稱　　　通訊埠編號　路徑　　　文件名稱

通訊協定	表示該 URL 所連結的伺服器主機的服務性質，例如：http 是 WWW 服務、ftp 是檔案傳輸通訊協定服務、telnet 是遠端登入服務等。
伺服器名稱	提供服務的主機網域名稱。
通訊埠編號	是 TCP/IP 網路通訊協定所定義的服務使用連接點，特定的網際網路服務即使用特定的埠號，若不列出通訊埠編號，則使用該通訊協定之預設通訊埠，http 的預設通訊埠為 80。
路徑	表示文件檔案位於伺服器中的路徑。
文件名稱	這是檔案的名稱，包含主檔名和副檔名。

知識補充：通訊埠

每種伺服器都會各自對應一個通訊埠，TCP/IP中都已經預先規定某些應用程式需使用哪個通訊埠，一般來說都會直接使用該通訊埠來進行通訊的動作，所以在輸入網址時才不用去指定要使用的通訊埠編號。表3-6所列為常見的通訊埠。

表3-6　常見的通訊埠

服務項目	預設通訊埠	服務項目	預設通訊埠
http	80	https	443
Telnet	23	SMTP	25
POP3	110	IMAP	143
DNS	53	FTP	21

3-4 IP位址的分配與申請

全球IP位址的分配與管理，是由**網際網路名稱與號碼指配組織**(Internet Corporation for Assigned Names and Numbers, **ICANN**)統籌負責，其網址為：http://www.icann.org。臺灣負責統籌網域名稱註冊及IP位址發放的機構則為**財團法人台灣網路資訊中心**(Taiwan Network Information Center, **TWNIC**)，若想要註冊Domain Name時，可以至TWNIC網站(https://www.twnic.net.tw)中查看申請的方法。

3-4-1 網域名稱類別及申請

以往網路上的網址和域名都是以英文組成，ICANN現亦逐步開放網域名稱可使用中文、阿拉伯文和韓文等非拉丁字母文字，目前臺灣已通過全中文網域名稱(如「http://中文.台灣」)的申請，並開放公司、組織或個人申請全中文網域名稱，日後只要在網址列輸入全中文域名，便可直接連結到該網站了。

例如：全華圖書的網址為「www.chwa.com.tw」，只要全華圖書向財團法人台灣網路資訊中心(TWNIC)提出申請，就可以使用「全華圖書.台灣」網域名稱。若對中文網域名稱有興趣的話，可以至「http://中文.tw」網站中查詢相關資訊。

網域名稱的註冊，是採先申請先發給的原則，申請人可依照表3-7所列之網域名稱類別及申請條件提出申請。

表 3-7　網域名稱類別及申請條件一覽表

域名	類型	申請條件
ascii.tw	泛用型英文網域名稱	依法登記之國內外公司、商號、法人或自然人均可申請。
中文.tw	泛用型中文網域名稱	依法登記之國內外公司、商號、法人或自然人均可申請。
中文.台灣	泛用型中文網域名稱	依法登記之國內外公司、商號、法人或自然人均可申請。
com.tw	屬性型英文網域名稱	依公司法登記之公司或依商業法登記之商號；外國公司依其本國法設立登記者，亦同。
net.tw	屬性型英文網域名稱	具第一類電信事業特許執照或網路建(架)設許可證或第二類電信事業許可執照者。
org.tw	屬性型英文網域名稱	依法登記之財團法人或社團法人；外國非營利組織依其本國法設立登記者，亦同。
idv.tw	屬性型英文網域名稱	凡自然人均可申請，惟需利用電子郵件方式確認身分。
game.tw	屬性型英文網域名稱	不限制申請人資格，註冊人可自行依其需求擇定屬性，惟需利用電子郵件方式確認身分。
ebiz.tw	屬性型英文網域名稱	不限制申請人資格，註冊人可自行依其需求擇定屬性，惟需利用電子郵件方式確認身分。
clue.tw	屬性型英文網域名稱	不限制申請人資格，註冊人可自行依其需求擇定屬性，惟需利用電子郵件方式確認身分。

選擇適合的網域名稱後，即可向 TWNIC 授權之受理註冊機構辦理，並依申請的域名類別繳交管理費，受理單位如表 3-8 所列。

表 3-8　TWNIC 授權之域名受理註冊機構

機構名稱	機構網址
中華電信數據通信分公司	http://domain.hinet.net
網路中文資訊股份有限公司	http://www.net-chinese.com.tw
網路家庭資訊服務股份有限公司	http://myname.pchome.com.tw
新世紀資通股份有限公司	http://rs.seed.net.tw
台灣大哥大股份有限公司	https://domains.tfn.net.tw
Cloudmax 匯智資訊	https://domain.cloudmax.com.tw

除了表 3-8 所列的機構外，Google 也有提供 Google Domains 網域註冊服務，可以申請超過 300 種網域名稱，包含了 .com、.net、.dev、.org、.me、.studio、.design 與 .tech 等。

3-4-2 新頂級域名

介紹影片

　　ICANN 於第 41 屆新加坡會議正式宣布**新頂級域名**(New gTLD)開放，過去註冊網址時，僅有 .com、.org、.net 等通用型名稱可選擇，ICANN 表示，為了使網域名稱更精確符合網站內容，所以提供了一般用語、特殊職業或是首都名稱這樣的域名，例如：.我愛你、.COFFEE、.TAIPEI、.app、.tech、.buy、.vip 等，其中 .app 被 Google 以 2500.1 萬美元標下經營權。

　　.app 是在 2018 年 5 月才正式開放大眾註冊，註冊資格並無任何限制，任何一個國家的個人或組織皆可註冊，例如：線上餐廳訂位系統的網址為「inline.app」。Google 表示 .app 是第一個採用 https 加密的頂級網域，可避免受到惡意廣告程式的入侵或 ISP 業者的追蹤，還能確保資料傳輸的安全。

　　除了 .app 外，Google 還推出了 .dad、.phd、.prof、.esq、.foo、.nexus、.zip 及 .mov 等 8 個新網域。

介紹影片

　　「.taipei」是臺灣第一個獲得 ICANN 授權的頂級城市域名，是象徵臺北市的網路門牌。臺北市政府的各機關官網的網址都是 xxxx.taipei，例如：臺北市府官網的網址是「www.gov.taipei」。

　　臺北市政府也已開放「.taipei」頂級網域註冊，有興趣者可至「http://www.hi.taipei」網站中閱讀相關資訊，舉凡「關於臺北」、「出自臺北」、「專屬臺北」或「認同臺北」的活動、人、事與組織皆適用「.taipei」，每一位民眾都可以申請。

▨ 知識補充：網路蟑螂

由於最早國際網域名稱管理機構對於網域名稱的發放，是採取「先申請，先註冊，先使用」的原則，因此造成**網路蟑螂**(Cyber Squatter)的誕生。網路蟑螂是指搶先註冊著名企業、商標或名人姓名等網域名稱後，再高價賣給該企業或名人，甚至藉此進行勒索或敲詐，以謀取暴利的人。

有鑒於此，聯合國**世界智慧財產權機構**(World Intellectual Property Organization, **WIPO**)開始著手處理網域名稱糾紛。在臺灣，如果不幸被網路蟑螂搶先註冊登記，則可以向 TWNIC 申請申訴與仲裁。

另外，為避免開放申請全中文網域名稱時所可能造成的搶註糾紛，TWNIC 將對政府機構及著名商標採取「**日升原則**(Sunrise Period)」，也就是會先主動保留政府機關及大企業全中文網域名稱一段時間。此外，若發生網域名稱雷同公司，例如：abc.com.tw、abc.org.tw、abc.net.tw 三家公司一起申請全中文網域名稱，則採取可溯及既往的「祖父條款」，也就是由最早申請英文網域名稱的公司取得全中文網域名稱。

非地面網路

非地面網路 (Non-Terrestrial Networks, NTN) 是一種通訊技術，其利用衛星和其他非地面載體，使網路訊號覆蓋以往地面網路無法觸及之處，例如：高山、沙漠及海洋，或是因土地取得、回傳網路等因素導致無電信建置之區域，提供無縫服務、緊急救災網路、廣播 / 群播服務。

NTN 技術能由衛星透過上行與下行傳輸，讓終端使用者於偏遠地區用衛星通訊雙向傳輸，衛星通訊利用高、中、低軌衛星可實現廣域甚至全球覆蓋，為全球用戶提供無差別的通訊服務，彌補 5G 在偏遠地區涵蓋率不足的問題，藉以實現智慧型手機和衛星之間的直接通訊，縮短城鄉數位落差。

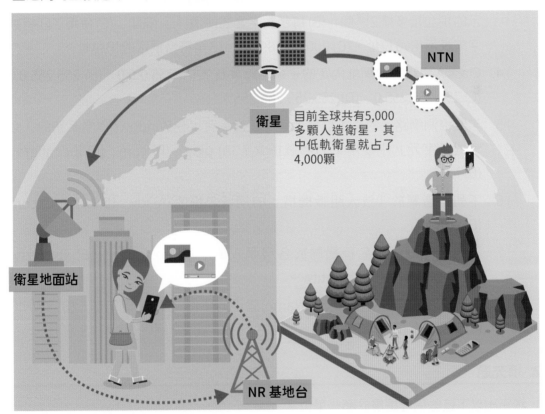

NTN 技術源自於國際行動通訊技術標準組織 3GPP (Third Generation Partnership Project, 第三代合作夥伴計畫組織)，於 2022 年 6 月發布了最新 5G 新無線電 (New Radio, NR) 演進版本 R17(Release 17)，支援 NTN 存取，讓 5G 通訊躍上衛星，提供完整全球覆蓋功能，達成陸海空無縫連結、全覆蓋立體通訊的應用情境。目前地面網路無法觸及的地區都可透過智慧型手機實現 5G 衛星通訊的服務，加速 5G 網路地面和衛星的整合，形成無縫銜接的通訊網路。

https://www.rohde-schwarz.taipei/data/activity/file/1660875760472544563.pdf

INTERNET 自我評量

▶ 選擇題

(　　) 1. 下列關於現在普遍使用的IP位址的敘述，何者正確？ (A) IP位址無法自己任意訂定　(B) 168.11.155.42是一個不符合規定的IP位址　(C) 瀏覽器必須透過FTP將網址轉換成IP位址　(D) IP位址由四組位元組成，每組位元長度最長可達4個位元。

(　　) 2. IPv4位址通常是由四個位元組數字所組成的，而每一個位元組數字的範圍為？ (A) 0～999　(B) 0～512　(C) 0～127　(D) 0～255。

(　　) 3. 下列關於IPv6的敘述，何者不正確？ (A) 使用128位元的數值表示，所能表示的IP位址多達 2^{128} 個　(B) 每組數字之間使用「:」隔開　(C) 使用了四組數字來表示IPv6位址　(D) 2001:DB8:2de::e13是符合規定的IP位址。

(　　) 4. Class A網路的IP網址內定的子網路遮罩為？ (A) 255.0.0.0　(B) 255.255.0.0　(C) 255.255.255.0　(D) 255.255.255.255。

(　　) 5. 若要檢測網路上的某主機是否連線正常，可以在Windows作業系統的「命令提示字元」中使用下列哪個指令？ (A) ping　(B) com　(C) ipconfig/all　(D) ip。

(　　) 6. 下列何者屬於「法人組織機構」的網域名稱？ (A).idv　(B).org　(C).com　(D).edu。

(　　) 7. 下列哪一個網域名稱是屬於各級學校的？ (A) ab.gou.tw　(B) ab.coh.tw　(C) ab.edu.tw　(D) ab.net.tw。

(　　) 8. 負責臺灣網域名稱(Domain Name)管理的單位為？ (A)國防部　(B) TWNIC　(C)新聞部　(D)內政部。

▶ 填充題

1. 請寫出以下這些網址是屬於哪些單位？

網站	單位	網站	單位
http://cweb.msi.com.tw	一般公司行號	http://www.elearn.org.tw	
http://www.taipei.gov.tw		http://www.lucalvin.idv.tw	
http://www.edu.tw		http://www.hinet.net	
http://www.usmc.mil		http://www.icao.int	

INTERNET

4-1 寬頻上網方式

一般家庭要透過寬頻網路連上Internet，大部分會使用ADSL、Cable Modem或光纖等方式，以下說明這幾種寬頻上網方式。

4-1-1 ADSL寬頻上網

非對稱數位用戶線路(Asymmetric Digital Subscriber Line, **ADSL**)是透過現有的電話線路連接至電信局機房，因為其「下載／上傳」的傳輸速率不相同(例如：8M/640K)，因此稱為**非對稱式**。ADSL業者目前提供的傳輸(下載/上傳)速率有：2M/64K、5M/384K、8M/640K等幾種傳輸速率。圖4-1所示為ADSL的連線架構圖。

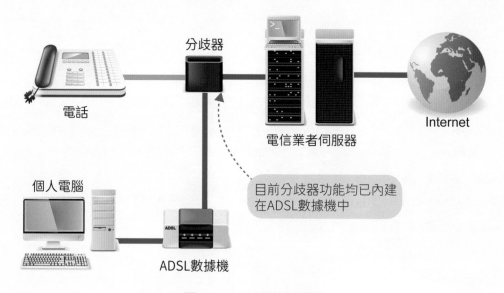

分歧器

電話

電信業者伺服器

Internet

個人電腦

目前分歧器功能均已內建在ADSL數據機中

ADSL數據機

圖4-1 ADSL連線架構圖

使用ADSL上網時，必須具備一台裝有網路卡的桌上型電腦或筆記型電腦、電話線、網路線等，而分歧器及ADSL數據機在申請ADSL時，電信公司會提供。

知識補充：分歧器

為什麼ADSL可以一邊連線上網，一邊使用電話通話？

網路通訊所使用的工作頻率為高頻，而電話語音頻率為低頻。ADSL可同時上網及打電話的原因，是ADSL裝機時，除了ADSL modem外，還會安裝一個分歧器(Splitter)，其主要功能就是將高低頻分開。當網路封包經由電話線路傳入時，分歧器會將高頻的網路封包傳送至數據機中；若同時間有電話撥打進來，分歧器會將低頻的聲音傳送至電話機，因此上網與打電話可同時進行，不會互相干擾。

4-1-2 Cable Modem寬頻上網

　　纜線數據機(Cable Modem)是透過有線電視業者現有的有線電視纜線線路系統來連接上網的。如果該用戶向有線電視系統業者申請使用服務,並連接上有線電視系統,可以額外向有線電視業者申請一組帳號密碼,只要在用戶端處加裝一台「纜線數據機」,即可透過「纜線數據機」享受上網的服務。圖4-2所示為Cable Modem連線架構圖。

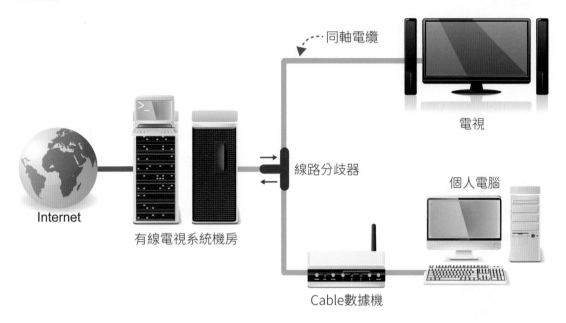

圖4-2　Cable Modem連線架構圖

　　Cable Modem依傳輸方向可分為單向傳輸與雙向傳輸,分別說明如下:

⊙ **單向傳輸**:是指上傳資料時,須透過電話撥接方式,連上網際網路,而資料下載則是經由有線電視纜線傳送。所以單向傳輸除了網路通訊費外,還要另外給付電話公司上網連線時的電話費。

⊙ **雙向傳輸**:是指在上網時資料的上傳與下載,都是透過纜線及Cable Modem傳輸。所以雙向傳輸只需要每月付固定的連線費用,便可全天候上網。

4-1-3 光纖上網

光纖上網是指以光纖電纜作為連接網路的媒介，以提供高速且穩定的上網服務。依照光纖裝設的方式(圖4-3)，可區分為以下幾種：

⊙ **光纖到交換箱(Fiber To The Cabinet, FTTCab)**：將光纖連接至交換箱，進行一對多服務。此服務針對較為分散的公司、學校、醫院、政府部門和小型偏遠地區的居民。

⊙ **光纖到家(Fiber To The Home, FTTH)**：將光纖纜線直接拉到每一戶住家中，建構家庭高速上網環境，並提供各種不同的寬頻服務，例如：互動性電玩遊戲、線上教學、**隨選視訊**(Video on Demand, **VOD**)、線上購物服務、**多媒體隨選視訊**(Multi-media On Demand, **MOD**)等。

⊙ **光纖到樓(Fiber To The Building, FTTB)**：將光纖纜線連接至大樓內的遠端設備，再透過電話線、公共天線等方式分接到用戶端。較適合中高密度之用戶區，且光纖已鋪設至建築物中。

⊙ **光纖到街角(Fiber To The Curb, FTTC)**：將光纖纜線連接至用戶端附近**道路旁的電信箱**，再透過其他的傳輸介質傳送至用戶端，為目前最主要的服務模式。

圖4-3 光纖上網示意圖

因COVID-19疫情推升，實施居家上班、遠距教學，使得民眾在家時間大增，無論工作、學習、娛樂都高度仰賴網路，使得對高速率寬頻上網的需求成長。因此中華電信推出2G/1G高速上網服務，宣告光世代上網進入雙向Giga新世代，而此速率為國內目前最高速的寬頻上網速率。上行速率提升至1G，大幅縮短企業客戶上傳資料的時間，有利於雲端辦公、遠端協作、資料異地備援及分享，還有電子商務應用。對於一般家庭而言，也能滿足娛樂、遠距教學、遊戲影音的需求。

不過，為了避免用戶過度濫用網路資源，中華電信針對2G/1G非固定制的家用型祭出流量管理措施，連續3天每日流量(上下行)超過200GB，經通知用戶之後，從次日凌晨0時起連續2天降速至100M/40M，期滿則恢復正常申裝速率。

4-1-4 專線上網

專線上網是由電信業者提供固定的線路，讓使用者可以隨時連上網際網路，而此種上網方式的線路有T1、T2、T3、T4等。

T1訊號是美規通訊傳輸時所使用的單位，它是由AT&T貝爾實驗室(Bell Labs)所定義出來的，**T1傳送速率為1.544 Mbps**，經由分時多工的方式，可同時傳送24路電話訊號(每路訊號為64 Kbps)。

在T1訊號中，使用八位元的取樣來傳送每條電話訊號，24條電話訊號便需要8×24=192位元，再加上一個同步位元，因此實際傳輸的訊框大小為193位元。訊框傳送的速率是8 KHz(即每秒傳送8,000次)，所以一秒鐘資料的傳輸量為193×8,000=1,544,000=1.544 Mbps。而T2的傳輸速率為6.312 Mbps(相當於4個T1)；T3的傳輸速率為44.736 Mbps(相當於28個T1，7個T2)；T4的傳輸速率為274.176 Mbps(相當於168個T1，42個T2，6個T3)。

知識補充：ISDN及B-ISDN

整體服務數位網路(Integrated Services Digital Network, **ISDN**)是由中華電信於85年5月推出的一項服務，它主要是利用現有的電話線路來高速傳遞訊息的一種技術，它在現有的線路上可以傳遞數位訊號，達到比數據機更快的傳輸速率。ISDN可以同時傳送語音、數據、文字、影像、多媒體等資訊，讓使用者可以享受整體通信服務的便利。

ISDN目前應用較廣的是視訊會議系統，透過ISDN網路將各地的使用者集合於電腦螢幕上。其他像是多媒體系統在廣域網路上的應用，也都可利用ISDN。

寬頻整合服務數位網路(Broadband Integrated Service Digital Network, **B-ISDN**)是第二代ISDN技術，傳輸速率可達150 Mbps的高速寬頻，能夠滿足更多用戶更大的服務傳輸需求。

4-1-5 向ISP申請寬頻上網服務

在家裡要利用電腦上網時，必須先向**網際網路服務提供者**(Internet Service Provider, **ISP**)申請一個帳號，才能順利連上網際網路。ISP是提供網路服務的機構或公司，例如：中華電信的HiNet、Seednet、So-net等。

連接網際網路的方式有許多種，不同的連線方式在傳輸速度、價格、品質上都有很大的差異，要申請時可以先上網查詢電信公司所提供的服務內容及申請方式，表4-1所列為臺灣ISP業者的網址。

表4-1　臺灣ISP業者的網址

業者	網址
HiNet	http://www.hinet.net
Seednet	http://www.seed.net.tw
So-net	http://www.so-net.net.tw
亞太電信	https://www.aptg.com.tw/my/index.html
台灣大寬頻	https://www.twmbroadband.com/T01/
凱擘大寬頻	https://www.kbro.com.tw/K01/

連線速度測試

通常ISP所公告的網路速度，跟實際上的網路速度多少會有一些差異，如果想知道自己的網路實際的傳輸速度是多少，可以使用網路速度測試工具，例如：中華電信所提供的「Dr. Speed」測試軟體(http://speed.hinet.net)，它適用於各種作業系統，包含Windows、macOS與Linux，如圖4-4所示。

圖4-4　中華電信提供了測速軟體供使用者下載使用

如果不想安裝任何軟體時，也可以進入「Speedtest」網站，直接進行測試，「Speedtest」網站是一個全球知名的網路速度測試工具，不需要下載或安裝，即可立即使用，如圖4-5所示。

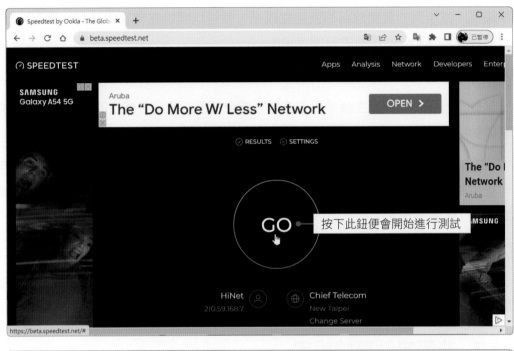

圖4-5　Speedtest網站(http://beta.speedtest.net)

4-2　寬頻上網連線設定

申請寬頻網路後，ISP公司便會與申請者約定裝機時間，並派人到府裝設線路及上網設備，當所有的實體線路都安裝完成後，就可以開始在電腦中建立一個ADSL的連線。在設定時又分為浮動IP及固定IP。

浮動IP

浮動IP是指每次電腦主機連線上網時，都會被重新分派一個不同的IP。而為了有效管理動態IP位址，則須透過DHCP Server來自動分配IP給網路中的各個電腦。

ISP業者對IP分配各依其規定，以HiNet ADSL服務為例，1M(含)以上速率的用戶可提供8部PC同時上網(8個動態IP)；2M(含)以上速率之用戶，可經申請取得1個固定IP及7個動態IP。

固定IP

固定IP是指電腦主機每次連線上網時，都使用同一個IP，不會變動。固定IP讓電腦固定在網路上的相同位址，適合用於架設網站或伺服器。

4-2-1　非固定制連線設定

一般在申請寬頻網路時，大部分都是使用非固定制的連線方式，接著就來進行寬頻網路的連線設定，設定前別忘了先將ADSL數據機或光纖數據機的電源開啟。

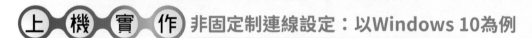

上　機　實　作 非固定制連線設定：以Windows 10為例

1　進入「設定」視窗。
2　點選「**網路和網際網路**」。

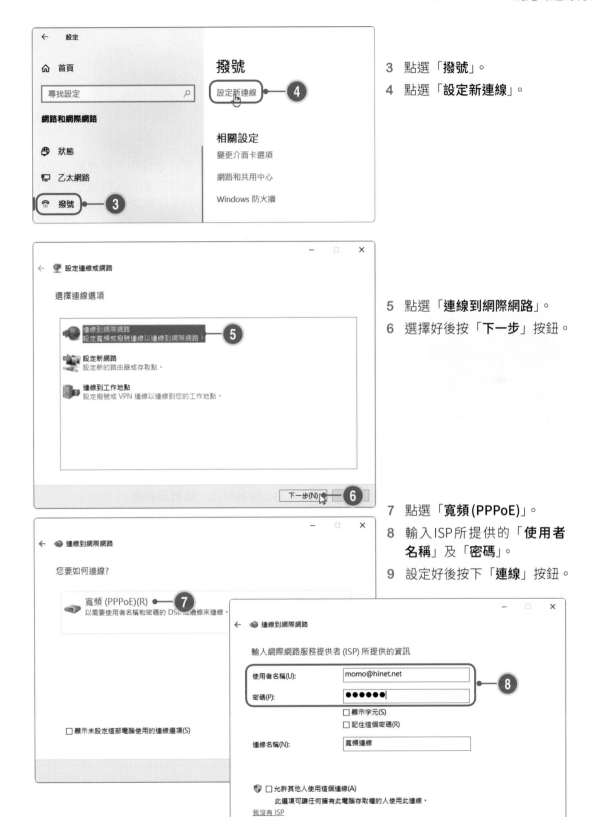

3 點選「**撥號**」。

4 點選「**設定新連線**」。

5 點選「**連線到網際網路**」。

6 選擇好後按「**下一步**」按鈕。

7 點選「**寬頻(PPPoE)**」。

8 輸入 ISP 所提供的「**使用者名稱**」及「**密碼**」。

9 設定好後按下「**連線**」按鈕。

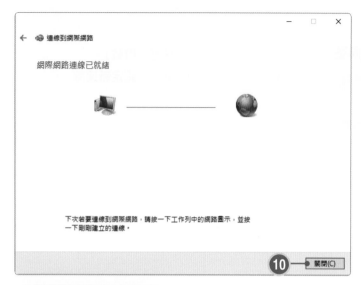

10 都設定好後，就會開始進行連線的動作。連線成功後，按下「**關閉**」按鈕即可。

11 要使用 ADSL 連線時，點選桌面右下角工作列中的網路圖示。

12 選擇「**寬頻連線**」。

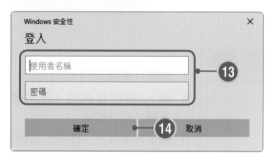

13 接著輸入「**帳號及密碼**」。

14 輸入好後，按下「**確定**」按鈕，即可進行連線。

4-2-2 固定制連線設定

若申請固定制的寬頻網路，那麼ISP業者就會提供IP位址、子網路遮罩、預設閘道、DNS伺服器等資訊，有了這些資訊就可以進行連線設定了。

 固定制連線設定：以Windows 10為例

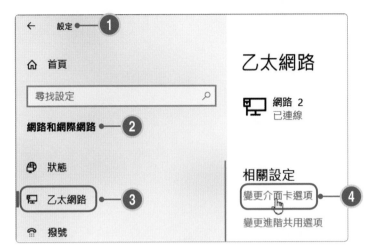

1　進入「**設定**」視窗中。
2　進入「**網路和網際網路**」視窗中。
3　點選「**乙太網路**」。
4　點選「**變更介面卡選項**」。
5　雙擊「**乙太網路**」。
6　開啟「**乙太網路狀態**」對話框，點選「**內容**」按鈕。

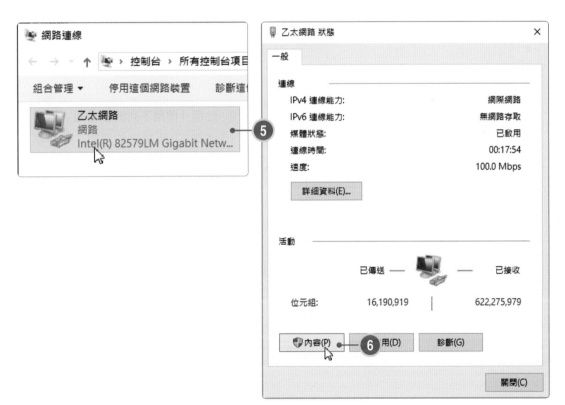

7 開啟「乙太網路內容」對話框,點選「**網際網路通訊協定第4版(TCP/IPv4)**」選項。

8 按下「**內容**」按鈕,進行 TCP/IP 設定。

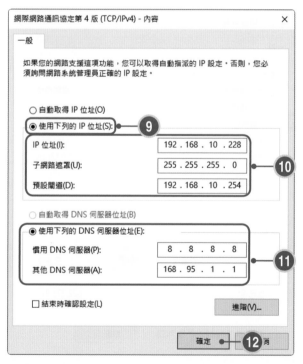

9 點選「**使用下列的IP位址**」選項。

10 依據ISP所提供的資訊,依序填入IP位址、子網路遮罩、預設閘道等。

11 輸入DNS位址。

12 都設定好後按下「**確定**」按鈕,電腦就可以透過區域網路連上Internet了。

4-3 無線網路上網

　　無線上網不需要透過網路線，便可以直接透過無線訊號傳送資料，其架構如圖4-6所示，只要使用筆記型電腦、平板電腦或智慧型手機，再透過**無線網路存取點**(Access Point, **AP**)又稱**無線基地台**，即可連結至網際網路。

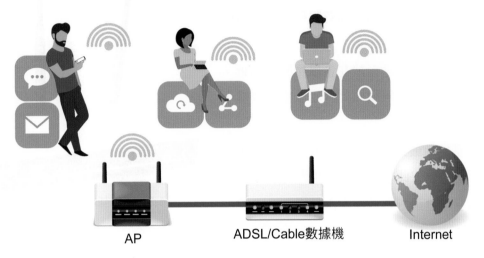

AP　　　ADSL/Cable數據機　　　Internet

圖4-6　無線網路連線架構圖

4-3-1　架設無線網路所需設備

　　使用無線網路時，雖然電腦不需要連接實體線路，但還是需要一些基本配備，例如：無線網卡、無線基地台等。

無線網卡

　　要使用無線網路上網時，電腦或筆記型電腦內必須安裝一張無線網卡(圖4-7)，才能使用無線網路；而目前市面上的筆記型電腦大都已內建無線網卡，所以不需再另外購買，至於智慧型手機、平板電腦等也已內建無線網卡功能。

圖4-7　USB介面無線網卡(圖片來源：D-Link)

INTERNET

無線基地台

　　AP(圖4-8)是一個連接無線網路，亦可以連接有線網路的中介點，讓有線與無線上網的裝置能互相連接、傳輸資料等。只要裝有無線網卡的設備，都可以透過AP去分享有線區域網路，甚至是廣域網路的資源。在擺放無線基地台時，有幾點要注意：

⊙ 基地台與無線網路卡之間最好不要有障礙物，像是水泥牆，若之間有障礙物時，可能會縮短有效的通訊範圍。

⊙ 請避免將無線基地台放在金屬物體的附近，像是鋁門，因為無線訊號容易被金屬物體干擾。

⊙ 無線基地台最好要遠離微波爐1~2公尺，因為無線訊號彼此之間容易相互影響。

⊙ 無線基地台最好是放在室內較高、較空曠的地方。

圖4-8　無線基地台

4-3-2　連上AP

　　一般狀況下，當AP架設好，並與ADSL數據機連線後，任何具有無線上網功能的電腦或行動裝置，都會偵測到AP並連上網際網路。若沒有連到網路時，可以按下「通知區域」上的「🖥」圖示，進行連線即可。

　　通常架設AP時都會設定密碼，所以要連上具有密碼的無線網路時，那麼在連線時，會要求輸入密碼，密碼輸入完成後，才能進行連線，如圖4-9所示。

圖4-9　無線網路連線

4-14

4-4 使用網路分享檔案

將多部電腦使用有線或無線的方式連接起來，就形成了一個區域網路，在此區域網路中的使用者，即可分享檔案、共用印表機及設定群組，以達成資源共享、資訊交換的目的。

4-4-1 電腦名稱及工作群組

一個區域網路中可能會有好幾個工作群組，例如：一個公司有資訊部、會計部、行銷部等，而這每一個部門都可以看作是一個工作群組。了解後，就來看看該如何進行電腦名稱及工作群組的設定。

 設定電腦名稱及工作群組：以Windows 10為例

1　於桌面上的「**本機**」，按下**滑鼠右鍵**開啟功能表。

2　點選「**內容**」功能。

3　開啟「設定」視窗後，在「**相關設定**」中點選「**進階系統設定**」選項，即可開啟「系統內容」對話方塊。

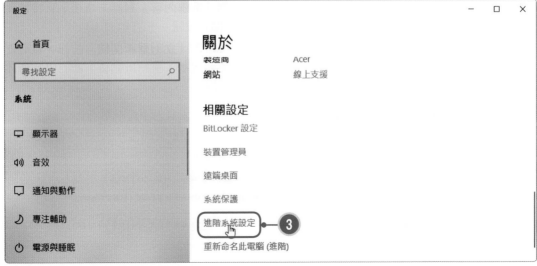

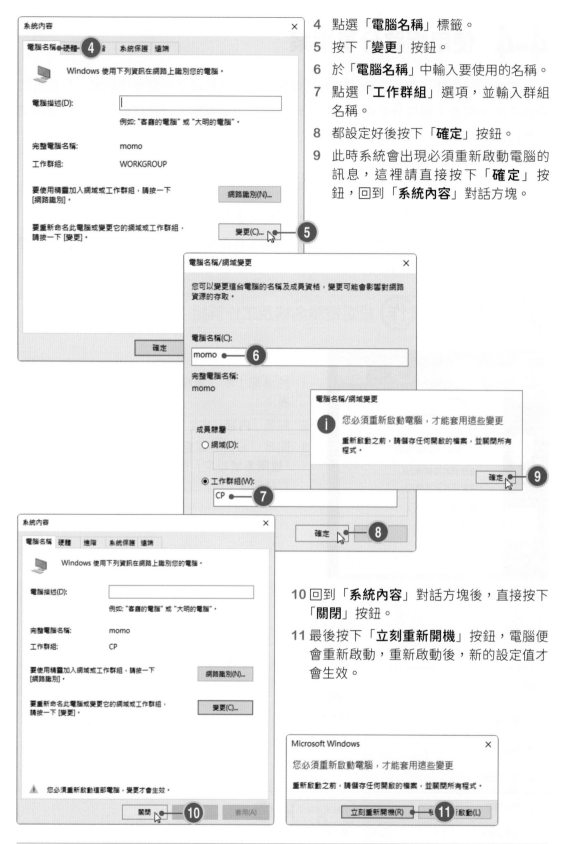

4 點選「**電腦名稱**」標籤。

5 按下「**變更**」按鈕。

6 於「**電腦名稱**」中輸入要使用的名稱。

7 點選「**工作群組**」選項,並輸入群組名稱。

8 都設定好後按下「**確定**」按鈕。

9 此時系統會出現必須重新啟動電腦的訊息,這裡請直接按下「**確定**」按鈕,回到「**系統內容**」對話方塊。

10 回到「**系統內容**」對話方塊後,直接按下「**關閉**」按鈕。

11 最後按下「**立刻重新開機**」按鈕,電腦便會重新啟動,重新啟動後,新的設定值才會生效。

4-4-2 瀏覽區域網路中的電腦

要瀏覽網路上的電腦時,開啟「**本機**」,點選「**網路**」,即可開啟「網路」視窗,視窗中就會列出所有該區域網路上的電腦,如圖4-10所示。

圖4-10 在網路視窗中會列出所有該區域網路上的電腦

若要找出某一群組的電腦時,可以在「**搜尋方塊**」中輸入該工作群組名稱,即可搜尋出屬於此工作群組的電腦,如圖4-11所示。

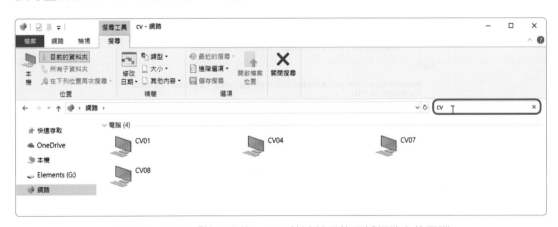

圖4-11 利用「搜尋方塊」可以快速地尋找區域網路上的電腦

INTERNET

4-4-3 開啟公用資料夾

在網路上若要讓其他使用者可以存取自己電腦中的資料時，必須先開啟「公用」資料夾，如此一來，其他使用者才可以進入該資料夾存取檔案。

上機實作 開啟「公用」資料夾：以Windows 10為例

1 進入「設定→網路和網際網路」視窗，點選「**網路和共用中心**」選項，開啟「**網路和共用中心**」視窗，點選「**變更進階共用設定**」選項。

2 展開「所有網路」選項，點選「**開啟共用：……**」選項，這樣區域網路上的其他電腦才可以存取你電腦的檔案。

3 點選「**關閉以密碼保護的共用**」，這樣區域網路上的其他人要存取檔案時，便可不用輸入密碼。

4 都設定好後按下「**儲存變更**」按鈕，即可完成「公用」資料夾的設定。

5 設定好後，開啟「本機」視窗，瀏覽 C 磁碟中的「**使用者**」資料夾。

6 即可看到「**公用**」資料夾，雙擊「**公用**」資料夾，進入該資料夾中。

7 接著，只要將想要分享或共用的檔案，放在「**公用**」資料夾中。

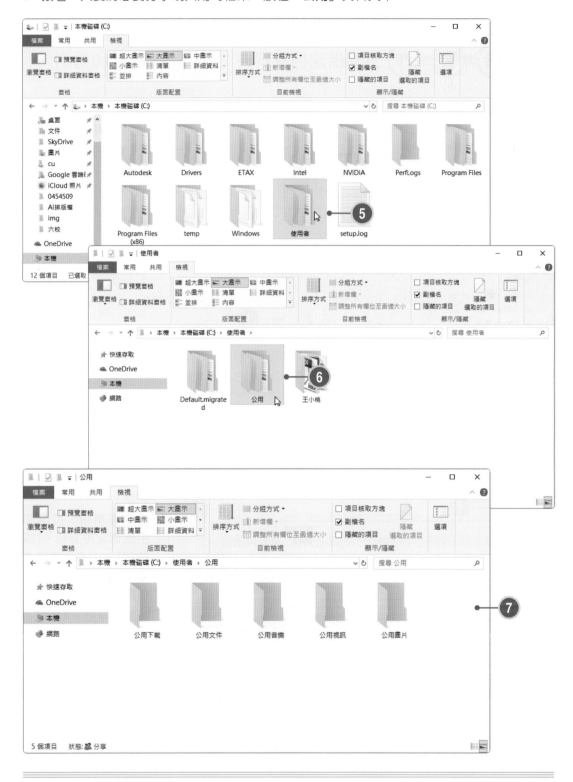

4-4-4 分享指定的資料夾

除了使用「公用」資料夾分享檔案外,還可以直接分享指定的資料夾,這樣可以省去將檔案複製或搬移到「公用」資料夾的動作。

上 機 實 作 分享指定的資料夾:以Windows 10為例

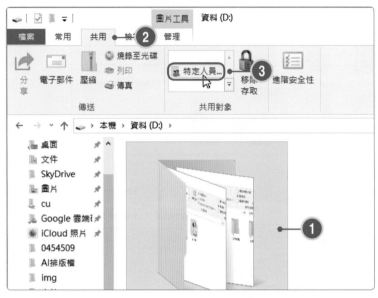

1 點選要共用的資料夾。

2 點選「**共用**」標籤。

3 在「**共用對象**」群組中,點選「**特定人員**」選項。

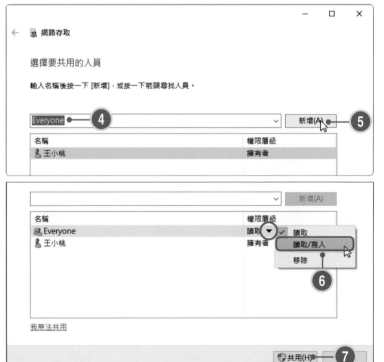

4 按下選單鈕,選擇要共用的使用者(Everyone表示選單中的每一個使用者)。

5 選擇好後按下「**新增**」按鈕。

6 按下選單鈕,於選單中選擇權限層級。(讀取/寫入:表示使用者可以讀取也可以加入檔案)。

7 設定好後按下「**共用**」按鈕。

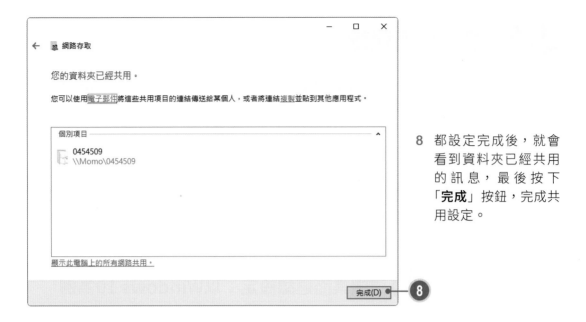

8 都設定完成後，就會看到資料夾已經共用的訊息，最後按下「**完成**」按鈕，完成共用設定。

9 若要停止資料夾的共用或是修改分享對象與權限時，可以點選「**停止共用**」按鈕，進行設定。

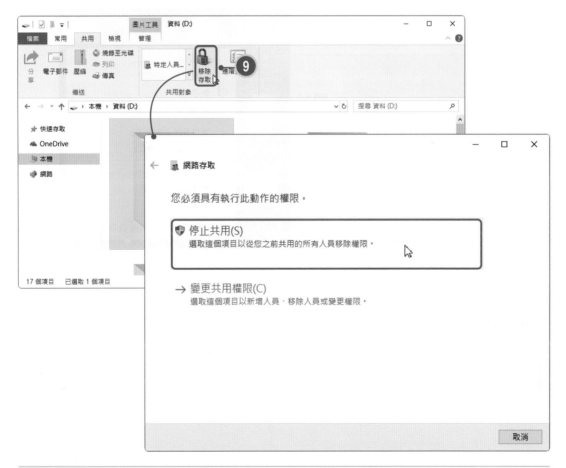

4-5 遠端桌面連線

透過「遠端桌面連線」可以讓我們在另外一台電腦上，連上在家中或辦公室的電腦，操控電腦中的檔案及應用程式等。

4-5-1 遠端桌面連線設定

在 Windows 10 中提供了「**遠端桌面**」功能，只要經過設定即可進行遠端連線，當要遠端連線到另一台電腦時，被連線的電腦必須先開啟遠端桌面連線，這樣才可以進行連線，以下就來看看該如何設定。

上 機 實 作 遠端桌面連線設定：以Windows 10為例

1 在「**本機**」上按下滑鼠右鍵，於選單中點選「**內容**」。
2 開啟「設定」視窗，點選「**遠端桌面**」。

3 將「**啟用遠端桌面**」選項開啟。

4 此時會要確認是否要啟用,這裡請按下「**確認**」按鈕,完成設定。

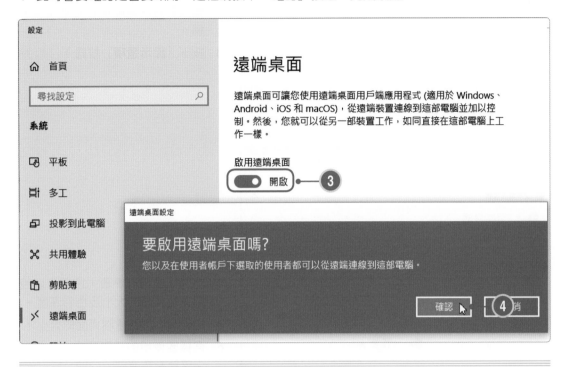

4-5-2 使用遠端桌面連線

當被連線的電腦開啟遠端桌面連線後,即可從其他電腦進行遠端連線了,以下就來看看該如何進行。

上 機 實 作 使用遠端桌面連線:以Windows 10為例

1 按下「⊞→Windows附屬應用程式→遠端桌面連線」。

INTERNET

2　輸入對方的電腦IP位址或電腦名稱。

3　按下「**顯示選項**」按鈕。

4　點選「**顯示**」標籤，這裡可以設定遠端桌面的大小及色彩深度。

5　拖曳滑桿調整遠端桌面的大小。

6　選擇要使用的色彩深度，此色彩深度會影響連線時的顯示速度。

7　都設定好後按下「**連線**」按鈕。

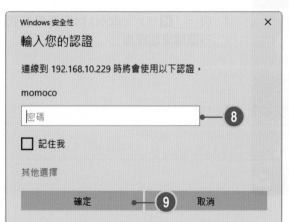

8　輸入遠端電腦的使用者名稱及密碼。

9　輸入好後按下「**確定**」按鈕，進行連線。

10 連線成功後，便會進入登入畫面，請輸入使用者名稱及密碼。

11 登入成功後，即可進入該台電腦中。

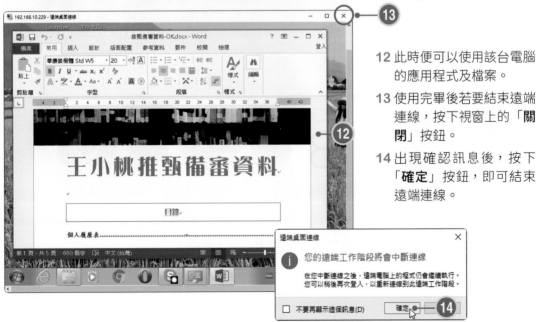

12 此時便可以使用該台電腦的應用程式及檔案。

13 使用完畢後若要結束遠端連線，按下視窗上的「關閉」按鈕。

14 出現確認訊息後，按下「確定」按鈕，即可結束遠端連線。

4-6 行動上網

　　智慧型手機的普及，讓人們可以隨時隨地享受行動上網的服務，本節將要介紹行動裝置目前主要的上網方式。

4-6-1 4G及5G行動上網

　　當購買智慧型手機或平板電腦時或申請門號時，電信業者通常會詢問是否要一起申請行動上網服務。申請時，電信業者會提供一張SIM卡，而相關設定也都已經記錄在SIM卡中，我們只要將SIM卡插入手機內，就可以直接使用行動上網了。

　　行動裝置上網的連線型態，會隨著基地台的狀況不同，自動切換連線模式。當行動裝置透過3G、4G或5G行動網路連線時，於頁面中會出現3G、4G或5G字樣，表示正在使用行動網路，如圖4-12所示。

圖4-12　行動網路訊號示意圖

4-6-2 Wi-Fi行動上網

目前已有許多的公共場所都有提供Wi-Fi上網的服務,而我們只要使用支援Wi-Fi的筆記型電腦、平板電腦或行動裝置,即可連上網際網路。

iTaiwan無線上網服務

政府推出了「iTaiwan」無線上網服務(https://itaiwan.gov.tw),無論是本國民眾或境外旅客都不需要註冊,即可在全臺貼有iTaiwan識別圖示的熱點進行免費無線上網服務,像是全省各地的行政機關、臺鐵火車站、各大旅遊景點、高速公路休息區等,如圖4-13所示。

家用Wi-Fi

在家中若要使用Wi-Fi,可以至中華電信申請「家用Wi-Fi」,申請時,中華電信會提供具Wi-Fi功能之數據機,並有裝機人員協助設定SSID(Wi-Fi網路名稱)和WPA-PSK金鑰密碼。申請後,只要有Wi-Fi認證之行動上網裝置,例如:筆記型電腦、智慧型手機、平板電腦、遊戲娛樂設備、音樂裝置等,皆可連線上網。

圖4-13　iTaiwan無線上網

如圖4-14所示,行動裝置自動偵測到可用的Wi-Fi無線網路後,選擇要使用的連線名稱,並輸入密碼,連線成功後,即可使用Wi-Fi無線網路。

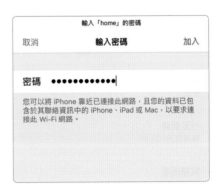

此圖示表示該網路有設定密碼,要輸入密碼才能使用該網路

圖4-14　使用Wi-Fi無線網路

4-6-3 分享行動網路

大部分的智慧型手機都具備了分享行動網路的功能，使用此功能可以將網路分享給其他裝置，例如：筆電、平板等，讓這些設備也能連上網際網路。

iOS系統

使用 iOS 系統分享網路時，只要進入**設定**頁面中，將「**個人熱點**」開啟，再開啟「**允許其他人加入**」選項即可，iOS 系統會預設一組連線密碼，使用者輸入此密碼即可連上網路，如圖 4-15 所示。

圖4-15　分享個人熱點

Android系統

使用 Android 系統分享網路時，點選「**設定→網路和網際網路→無線基地台與網路共用**」選項，將「**Wi-Fi無線基地台**」選項開啟即可，如圖 4-16 所示。

圖4-16　Wi-Fi無線基地台

臺灣數位使用概況

We are social顧問公司每年初皆會針對全球各國的數位使用情形，進行全面的調查與分析並發布報告，在《Digital 2023: TAIWAN》報告中指出，2023年，臺灣網路使用者總數已達2,168萬人，相當於全臺90.7%人口，較2022年增加了16萬人。

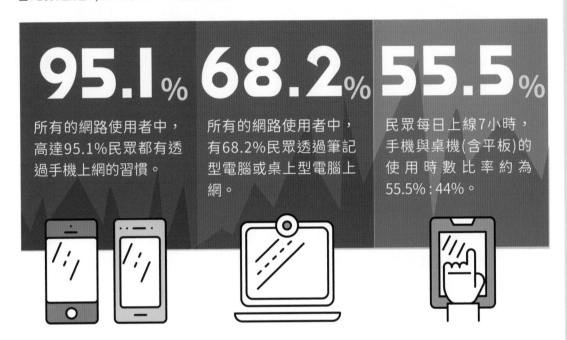

95.1%
所有的網路使用者中，高達95.1%民眾都有透過手機上網的習慣。

68.2%
所有的網路使用者中，有68.2%民眾透過筆記型電腦或桌上型電腦上網。

55.5%
民眾每日上線7小時，手機與桌機(含平板)的使用時數比率約為55.5%：44%。

臺灣的行動裝置網速也有顯著的提升，較前一年成長26%，來到68.04Mbps。不只人手一機，臺灣人的數位配件也走向多元。

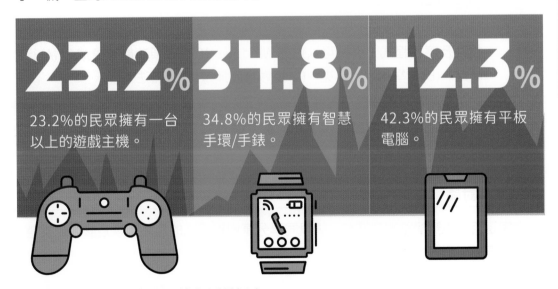

23.2%
23.2%的民眾擁有一台以上的遊戲主機。

34.8%
34.8%的民眾擁有智慧手環/手錶。

42.3%
42.3%的民眾擁有平板電腦。

https://datareportal.com/reports/digital-2023-taiwan

INTERNET 自我評量

▲ 選擇題

( ) 1. 要連上網際網路時，下列哪個設備是可以<u>不需要</u>的？ (A) 數據機　(B) 音效卡　(C) 電話線　(D) 個人電腦。

( ) 2. 網際網路服務提供者簡稱為？ (A) ASP　(B) ISP　(C) SSP　(D) DSP。

( ) 3. 下列何者上網方式是透過有線電視業者現有的有線電視纜線線路系統來連接上網的？ (A) 非對稱數位用戶迴路(ADSL)　(B) 專線固接　(C) 56K 數據機撥接　(D) 纜線數據機。

( ) 4. 下列何者正確？ (A) ADSL 可以同時上網及講電話　(B) ADSL 上傳及下載資料時的傳輸速率不對稱　(C) ADSL 是使用電話線做傳輸媒介　(D) 以上皆正確。

( ) 5. 某建設公司所推出的住宅建案，主打「FTTH 光纖寬頻建築」，請問 FTTH 是指下列哪一種光纖上網方式？ (A)光纖到家　(B)光纖到交換箱　(C)光纖到路　(D)光纖到樓。

( ) 6. 下列哪一種光纖網路的類型，是指在電信業者的機房與住宅附近的交換箱之間架設光纖網路？ (A) FTTCab　(B) FTTH　(C) FTTC　(D) FTTB。

( ) 7. 下列哪一種光纖網路的類型，將光纖連接至交換箱，進行一對多服務？ (A) FTTCab　(B) FTTH　(C) FTTC　(D) FTTB。

( ) 8. 網際網路連線速率主要決定於網路頻寬，頻寬越大則傳輸速率越快，請問T4的傳輸速率為？ (A) 1.544Mbps　(B) 6.312Mbps　(C) 44.736Mbps　(D) 274.176Mbps。

( ) 9. 防疫期間小桃被安排居家上班，但小桃想要連上公司的電腦，操控電腦中的檔案及應用程式，小桃可以透過Windows 10的哪項功能來達成？ (A)行動網路　(B)分享指定資料夾　(C)遠端桌面連線　(D)無法達成。

( ) 10. 阿佑常帶著平板電腦到有提供無線上網的咖啡廳，一邊喝咖啡一邊上網，請問這是因為該咖啡廳提供下列何種上網方式？ (A) ADSL　(B) Wi-Fi　(C)光纖　(D) Cable Modem。

▲ 問題與討論

1. 你家是否有申辦網路呢？若有，請與同學分享申辦網路的經驗，以及該如何挑選適合自己的上網方式及速率？

INTERNET

5-1 認識全球資訊網

全球資訊網(World Wide Web, **WWW**)與網際網路讓全世界各地的人們得以相互交流,大幅改變了人類的溝通方式,位於不同國家的人們,可以透過WWW分享各類資訊,使得各種資訊的交流與傳遞達到前所未有的規模且影響深遠,而其應用也為人們的生活型態帶來許多改變。

什麼是全球資訊網影片

例如:人們可以不用親臨圖書館,只要透過圖書館網站,便可查詢其館藏資訊,並存取其提供的電子期刊等數位資源;還可以透過WWW迅速獲得許多有用的資訊,例如:疫情資訊、電子地圖街景服務(圖5-1)、百科全書、影音等。

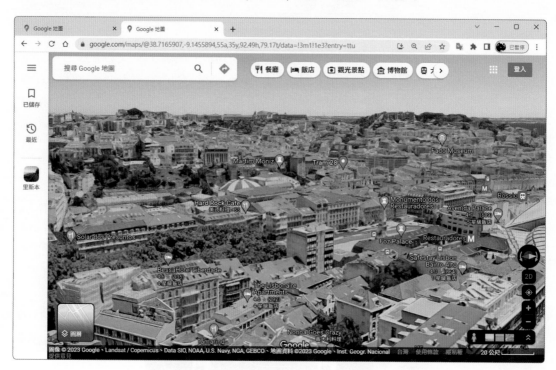

圖5-1　Google地圖提供3D街景服務

WWW運用了**超文本**(Hypertext)的技術,並整合HTTP、FTP、News、Gopher、Mail等相關的通訊協定,讓伺服器主機在Internet上提供多媒體整合之系統服務。只要經由瀏覽器,就可以欣賞它所提供的圖文影音並茂的資訊,所以「**WWW**(唸成Triple W或是World Wide Web)」可以算是一套Internet上的多媒體整合系統,而瀏覽器向伺服器取得資料的通訊協定就稱為**超文本傳送協定**(HyperText Transfer Protocol, **HTTP**)。

　　根據文獻的記載，WWW是於1989年3月，由**CERN**(Conseil Européenpourla Recherche Nucléaire, **歐洲粒子物理實驗室**)所研發的。它主要是為了讓全世界的物理研究群，以簡單有效率的方式分工合作並分享資訊，所以WWW的計畫主持人提姆‧柏納-李(Tim Berners-Lee)提出了一個**分散式超媒體系統**(Distributed Hypermedia System)的計劃，而此計劃就是WWW的開始。

　　如今WWW不但成功地整合Internet上的龐大資料，而且透過圖、文、影、音、動畫等技術，讓WWW的畫面變得多采多姿。

知識補充：WWW發明人：提姆‧柏納-李(Tim Berners-Lee)

英國電腦科學家提姆‧柏納-李是WWW的發明者，1990年12月20日，柏納‧李以自己的 NeXT電腦為伺服器，架設了人類歷史上第一個網站(圖5-2)，網站的域名為Info.cern.ch，還設計並製作出了世界上第一個網頁瀏覽器，被稱為World Wide Web瀏覽器，它能夠編輯網頁。

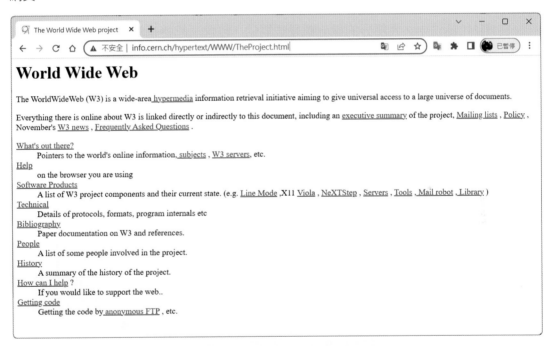

圖5-2　世界第一個網頁：http://info.cern.ch

全球資訊網全面改變人類社會樣貌，也翻轉了全球經濟發展模式。而近幾年大數據及人工智慧的興起，WWW幾乎成為人類不可或缺的生活要素，正因如此，在網路上的任何行為都可能被電腦系統監控，個人資料在WWW也被商品化。所以，在全球資訊網問世三十周年時，提姆‧柏納-李公開呼籲全球網路使用者，共同為保護個人資料而努力。

5-2 超文件

WWW 的文件整合方式是透過超連結互相參考，所以，一般將此類文件稱為**超文本**。這些分散到各地的資料經過整合之後，就可以同時在使用者的電腦上，以多媒體的方式呈現出來。由於此種多媒體呈現方式是透過超連結而來，因此稱為**超媒體** (Hypermedia)。超文件是使用**超文本標記語言** (HyperText Markup Language, **HTML**) 製作而成的文件。

5-2-1 HTML結構

HTML是由許多的**文件標籤** (Document Tags) 組合而成的，文件內容可以是文字、圖形、影像、聲音等。在文件中由「<」和「>」包含起來的文字，就是所謂的「文件標籤」。

在HTML語法中，大部分的標記都是成對的，包含「起始標記」和「結束標記」，<HTML> 表示開始，</HTML> 表示結束，如圖5-3所示。你看出開始和結束的差別了嗎？它們的差別就在於前面斜線符號，而標記本身沒有大小寫的區分。

圖5-3　HTML結構

5-2-2 HTML標籤

網頁是使用HTML編輯而成的，其中包含了許多不同的標籤，這些標籤代表著每個不同的結果，表5-1列出一些常用的HTML語法，供你參考使用。

表5-1 常用的HTML語法

語法	說明	範例
\<html\>...\</html\>	文件的開始與結束	
\<head\>...\</head\>	標記文件的標頭	\<head\>
\<title\>...\</title\>	瀏覽器標題列文字，也就是網頁文件的標題	\<title\>網頁標題\</title\> \</head\>
\<body\>...\</body\>	文件的主體內容	\<body\>網頁內容\</body\>
\<b\>...\</b\>	文字加上粗體效果	\<b\>這是粗體\</b\>
\<strong\>...\</strong\>	表示為重要文字	\<strong\>重要文字\</strong\>
\<u\>...\</u\>	文字加上底線	\<u\>這是底線\</u\>
\<em\>...\</em\>	文字加上底線，強調與注重	\<em\>加上底線強調文字\</em\>
\<i\>...\</i\>	文字加上斜體效果	\<i\>這是斜體\</i\>
\<p\>	強迫換段	\<p\>新的一段文字
\<br\>	強迫換行	\<br\>新的一行
\<h1\>...\</h1\>	第一層標題字，字體級別由大到小可分為\<h1\>至\<h6\>	\<h1\>這是標題\</h1\>
\<hr\>	加入一條水平線	
\<!--...--\>	註解	\<!--註解說明--\>
\<a href=...\>...\</a\>	指定超連結	\<a href="http://www.my_home_page.com.tw"\>我的網頁\</a\>
\<img src...\>	插入圖片	\<img src="icture.jpg"\>

\<header\>...\</header\>	頁首區塊	\<header\>
		  \<h1\>跟我一起卡蹓馬祖\</h1\>
		  \<img src="logo.jpg"\>
		\</header\>

\<nav\>...\</nav\>	導覽列區塊	\<nav\>
		  \<a href="#"\>首頁\</a\>
		  \<a href="#"\>馬祖景點\</a\>
		  \<a href="#"\>馬祖建建築\</a\>
		  \<a href="#"\>馬祖美食\</a\>
		\</nav\>

編輯HTML文件時，使用「記事本」等單純的軟體撰寫即可(在Windows稱為「記事本」，在macOS中稱為「文字編輯」)，因為HTML本身就是單純的文字。若在記事本中編輯完HTML文件時，要將該文件儲存成「**htm**」或「**html**」網頁格式。除此之外，還有需多跨平臺文字編輯器可以來編輯HTML文件，如：Atom、NotePad++、Brackets、Visual Studio Code等。

5-2-3　HTML5

2004年，由Opera、蘋果、Mozilla等廠商共同組織的**WHATWG**(Web Hypertext Application Technology Working Group, **網頁超文本技術工作小組**)開始開發HTML5，並在2008年與W3C共同提出，2014年10月28日完成標準化。

目前HTML已發展到HTML5.2版(因HTML並不特別強調子版本，所以一般還是以HTML5來統稱)，在發展過程中，W3C會增加或刪減元素及屬性，並將一些元素及屬性標記為**過時的**(Deprecated)，雖然有些瀏覽器還是支持這些過時的元素和屬性，但還是不建議使用。

HTML5是由Opera、蘋果、Mozilla等廠商共同組織的**WHATWG** (Web Hypertext Application Technology Working Group, **網頁超文本技術工作小組**)所協力推動的一個新的網路標準。

相較於原本的HTML標準，HTML5最大的特色在於提供許多新的標籤與應用，將原本屬於網際網路外掛程式的特殊應用，透過標準化規範，加入至網頁標準中，用以減少瀏覽器對於外掛程式的需求。

舉例來說，以Flash元件製作而成的網頁，如果沒有在瀏覽器中另外安裝Flash Player軟體，是無法正常執行的。然而，採用HTML5為標準的網頁可以將一些原本需要Flash才能製作的效果直接寫在網頁中，並由瀏覽器進行運算，如此一來，只要瀏覽器支援HTML5標準，就可以直接顯示網頁內容，而不需另外安裝程式。

此外，以瀏覽器介面進行雲端服務已蔚為網路應用的新主流，而HTML5也能提供較佳的網頁程式執行效能，有助於線上應用程式的建構。

在網頁架構中，第一行為**<!DOCTYPE html>** (**文件類型定義**)，即表示該網頁是屬於HTML5的網頁。

5-3 網頁瀏覽器軟體

要瀏覽 WWW 時,必須透過網頁瀏覽器進行瀏覽,而目前常見的網頁瀏覽器有:Firefox、Google Chrome、Opera、Safari、Edge 等。

5-3-1 Firefox

Firefox 是一套自由及開放原始碼的網頁瀏覽器(圖5-4),由美國 Mozilla Foundation 基金會所開發,該瀏覽器具有簡便的使用介面,具有分頁群組、內建畫面擷圖工具、封鎖影音內容自動播放功能、封鎖第三方 Cookie、封鎖加密貨幣採礦程式、警示網站發生資料外洩事件、隱私瀏覽模式等功能。除此之外,還能安裝各式各樣的「附加元件」,自訂自己的 Firefox。

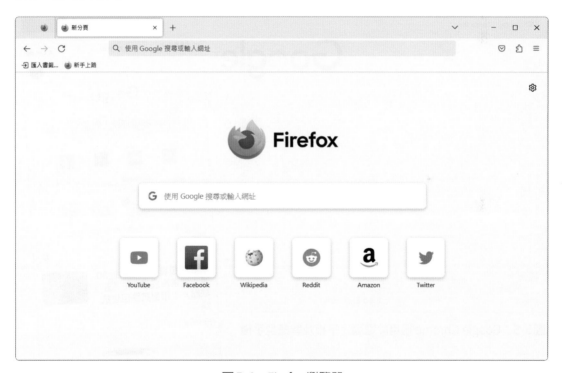

圖5-4 Firefox 瀏覽器

Firefox 提供了桌面版(Windows、masOS及Linux系統)及行動裝置版(iOS、Android),使用者可依需求選擇要下載的版本。

⊙ 下載網站:https://www.mozilla.org/zh-TW/firefox/

5-3-2 Google Chrome

Google Chrome是一套免費的網頁瀏覽器(圖5-5)，在外觀上設計得相當簡單。該瀏覽器提供了快速、簡單且安全的使用方式，還具有許多實用的內建功能，例如：網址列的一體式搜尋、可跟隨系統的黑暗主題、支援硬體多媒體按鈕、自動化的網頁全文翻譯功能，還可以前往Chrome線上應用程式商店，下載數千種應用程式、擴充功能等。

除此之外，Google Chrome還提供了加強帳號密碼安全防護，例如：讓使用者封鎖網站Cookies以及防止網站蒐集瀏覽器數位指紋(例如：用視窗大小、解析度來追蹤用戶)技術。

圖5-5　Google Chrome適用於電腦、平板及智慧型手機

Google Chrome提供了桌面版(Windows、macOS及Linux系統)及行動裝置版(iOS、Android)，使用者可依需求選擇要下載的版本。

⊙ 下載網站：http://www.google.com/chrome

5-3-3　Opera

　　Opera是一套免費的網頁瀏覽器(圖5-6)，體積小、耗用系統資源少，內建廣告阻擋功能、聊天工具，還提供VPN服務，提供一組虛擬的IP來隱藏使用者的位置，在公用Wi-Fi的環境中安全上網。

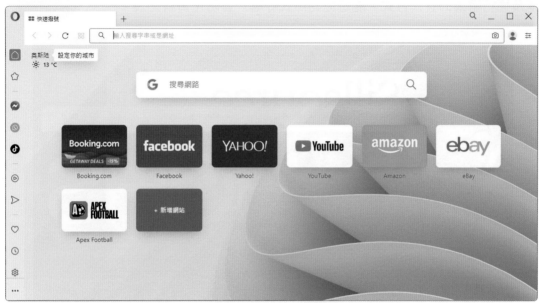

圖5-6　Opera瀏覽器

　　Opera提供了桌面版(Windows、macOS及Linux系統)可以安裝在電腦中使用，若要在行動裝置中使用Opera，則要下載Opera Touch版，該版本在iOS及Android系統中皆可使用。

　　Opera還推出了專為區塊鏈、加密貨幣用戶所量身打造的瀏覽器「**Opera Crypto**」，以Web3為核心建構，該瀏覽器主要是作為一個非托管的加密錢包，並提供支援使用法定貨幣來購買加密貨幣、以及收發和交換任何受支援的區塊鏈代幣，還能夠在無需第三方應用程式的情況下購買加密貨幣。

⊙ **下載網站**：https://www.opera.com/zh-cn

▨ **知識補充**：VPN

虛擬私人網路(Virtual Private Network, **VPN**)是利用**穿隧**(Tunneling)技術、加解密等安全技術，在公眾網路(例如：Internet)上，建立一個私人且安全的網路。VPN可以存取區域限制的內容，越過政府設置的網路屏障，例如：在中國大陸會阻擋中國用戶能連上某些網站或是軟體，因此，要連上這些網站就會透過VPN方式來「翻牆」(就是突破對網際網路的封鎖，繞過IP封鎖、埠封鎖)，就能透過其他IP位置來瀏覽這些被限制的網站或軟體。

5-3-4　Safari

　　Safari 是由 Apple 公司所開發的網頁瀏覽器 (圖 5-7)，該瀏覽器內建於 macOS、iPad、iPhone 及 Apple Watch 中。在 Safari 中，可以分享標籤頁與書籤、傳送訊息，還能使用 FaceTime 通話，還提供了私密瀏覽功能及通行密鑰的登入方式，能避免釣魚式詐騙，並防止資料外洩。

圖 5-7　Safari (圖片來源：Apple 網站)

5-3-5　Microsoft Edge

　　Microsoft Edge 是微軟公司推出的瀏覽器 (圖 5-8)，該瀏覽器內建於 Windows 10 及 Windows 11 作業系統中，採用 Chromium 為核心，能與 Google Chrome 的擴充程式相容，提供安全性和隱私權功能，如：Microsoft Defender SmartScreen、密碼監視器、InPrivate 搜尋和兒童模式等。

　　Microsoft Edge 內建 Bing 搜尋，可以使用 Bing 每日圖片當新頁籤的背景圖，還可以使用 Microsoft News 編輯個人化新聞。最新版本新增了全新的 AI 工具「**Copilot**」，可以幫助使用者撰寫郵件、快速搜尋網頁，該工具整合了 ChatGPT 驅動的 Bing 聊天機器人，讓使用者更可以更直覺的與 Bing 聊天互動。Microsoft Edge 可在 Windows、macOS、iOS 和 Android 版本上使用。

⊙ **官方網站**：https://www.microsoft.com/zh-tw/edge

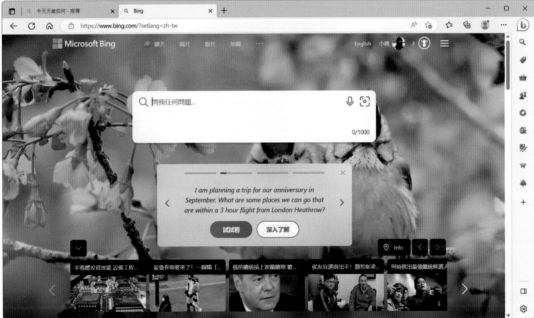

圖5-8 Microsoft Edge內建於 Windows 10及 Windows 11作業系統中

▨知識補充：Internet Explorer

Internet Explorer(簡稱IE)是微軟公司所開發的網頁瀏覽器，Windows 8以前版本的作業系統預設的瀏覽器皆為IE。從2014年4月8日起，微軟公司就不再提供Windows XP和Internet Explorer 8的技術協助，包括保護電腦安全的自動更新和安全性修補程式在內。

5-4 網頁設計

Internet 的盛行帶動了網站架設的熱潮，全世界的網站如雨後春筍般不斷冒出，每天正以驚人的速度在成長。這些網頁上存放著文字、圖片、聲音、影片、動畫等各種型態的多媒體資源，並透過**超連結** (Hyperlink) 將這些資源整合在一起。看到這些多采多姿的網頁內容你是否也心動了呢？

5-4-1 網站的規劃

網站是指多個網頁的集合，由單一頁面進行存取，形成一個資訊平臺，可以讓團隊或個人透過它來展示各種資訊。瀏覽網站時，進入網站所看到的第一個網頁畫面，稱為**首頁** (Homepage)，倘若將網站比喻成一棟大樓，那麼「首頁」就如同是大樓的大門。進入大門後，想必一定會選擇去某一樓某一個房間，而這些可提供瀏覽的地方，就稱為**網頁** (Web Page)，頁面間以超連結連接，如圖5-9所示。

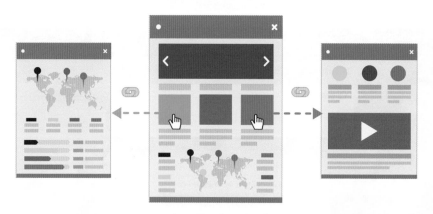

圖5-9　按下首頁上的超連結，就可以連結至想要瀏覽的網頁，達到網網相連的目的

網站可以是由單一的、或是許多的「網頁」所構成，「網頁」可以說是網站的基本單位，而網站也是許多網頁的集合，如圖5-10所示。

圖5-10　網站架構示意圖

5-4-2 網站設計流程

要架設一個網站時,第一個會遇到的問題就是:「要怎麼樣來建置一個網站呢?」事實上,如何建立一個網站並沒有一定的規則或是定律,而一般來說,可以把架設網站分成七大步驟,如圖5-11所示。

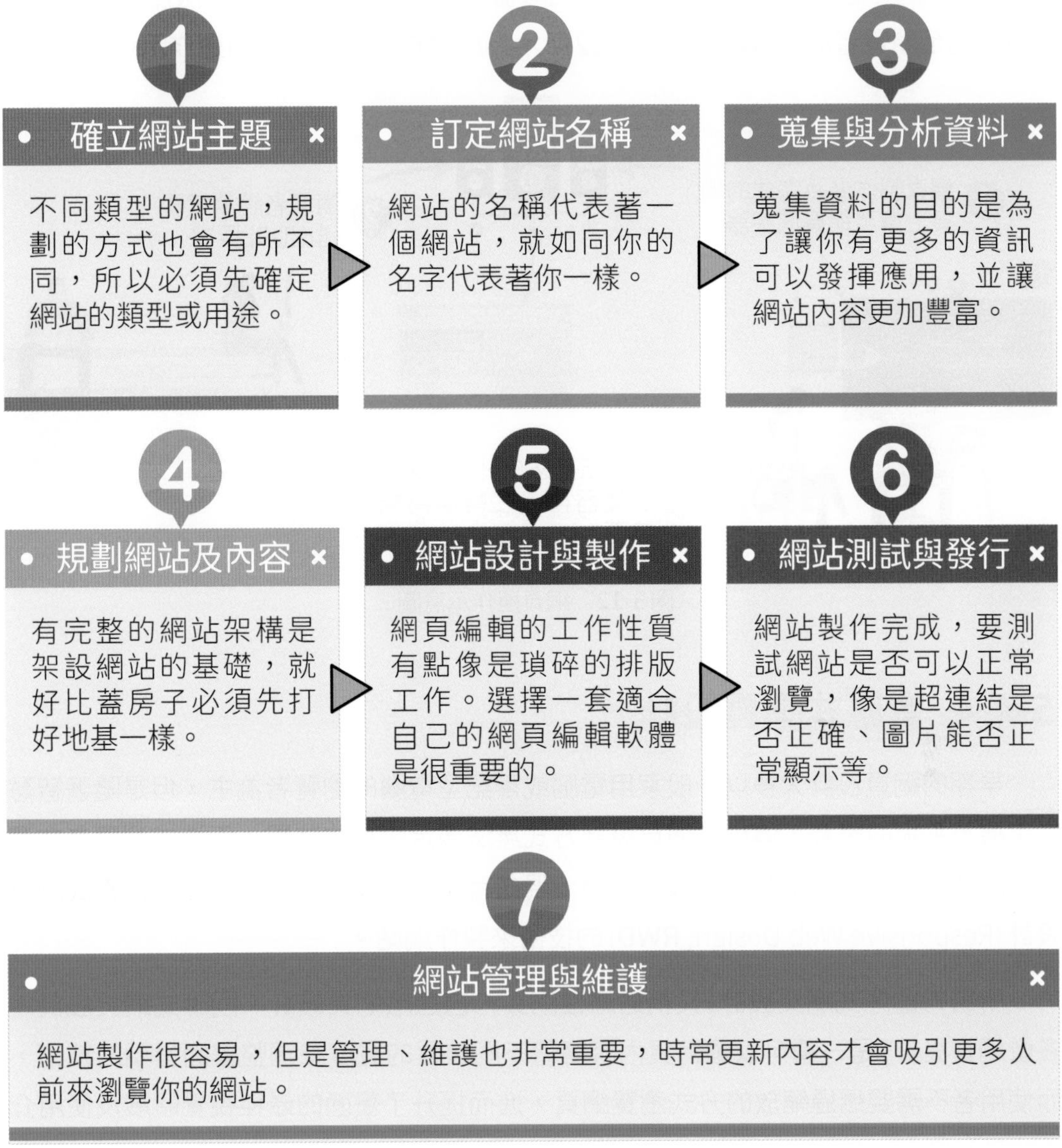

確立網站主題 ✕

不同類型的網站,規劃的方式也會有所不同,所以必須先確定網站的類型或用途。

訂定網站名稱 ✕

網站的名稱代表著一個網站,就如同你的名字代表著你一樣。

蒐集與分析資料 ✕

蒐集資料的目的是為了讓你有更多的資訊可以發揮應用,並讓網站內容更加豐富。

規劃網站及內容 ✕

有完整的網站架構是架設網站的基礎,就好比蓋房子必須先打好地基一樣。

網站設計與製作 ✕

網頁編輯的工作性質有點像是瑣碎的排版工作。選擇一套適合自己的網頁編輯軟體是很重要的。

網站測試與發行 ✕

網站製作完成,要測試網站是否可以正常瀏覽,像是超連結是否正確、圖片能否正常顯示等。

網站管理與維護 ✕

網站製作很容易,但是管理、維護也非常重要,時常更新內容才會吸引更多人前來瀏覽你的網站。

圖5-11 網站設計流程

5-4-3 網頁運作原則

在學習製作網頁之前，必須先了解網頁的組成，以及瀏覽網頁時的運作流程。當我們製作好網頁及相關檔案後，會先將整個網站發行到**網頁伺服器**(Web Server)上。網頁伺服器是用來存放網頁，並提供瀏覽服務的伺服器。而當瀏覽者想要瀏覽某個網頁，就會經由瀏覽器軟體，向網頁伺服器提出瀏覽要求，網頁伺服器再將對應的網頁傳回至瀏覽者的瀏覽器上。圖5-12所示為網頁在網際網路上的運作示意圖。

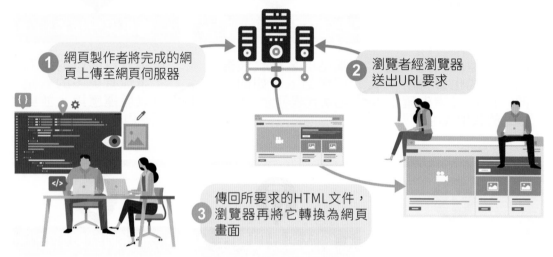

圖5-12　網頁運作示意圖

5-4-4 響應式網頁設計

早期的網頁設計大多以一般家用電腦或筆記型電腦的瀏覽者為主，但是隨著智慧型手機及平板的普及，傳統的網頁設計方式無法滿足所有的裝置，而造成瀏覽者在瀏覽頁面時的不便，為了解決這樣的問題，現在有越來越多的企業選擇使用**響應式網頁設計**(Responsive Web Design, **RWD**)的技術來製作網站。

所謂的響應式網頁設計(又稱適應性網頁、自適應網頁設計、回應式網頁設計、多螢網頁設計)是一種可以讓網頁內容隨著不同裝置的寬度來調整畫面呈現的技術，而使用者不需要透過縮放的方式瀏覽網頁，進而提升了畫面的最佳視覺體驗及使用介面的親和度。

RWD網頁設計主要是以HTML5的標準及CSS3中的媒體查詢來達到，讓網頁在不同解析度下瀏覽時，能自動改變頁面的布局，解決了智慧型手機及平板電腦瀏覽網頁時的不便，如圖5-13所示。

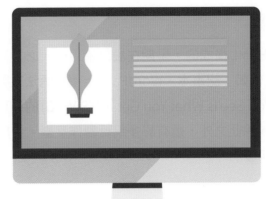

圖5-13 響應式網頁設計顯示效果示意圖

5-4-5 一頁式網站

現在有許多公司、商店或個人在製作網站時，都採用了簡單的一頁式網頁設計，而不是複雜的多頁式網站，一頁式網站大都是作為活動網頁、簡單形象網站、產品宣傳及一頁式商店等。

一頁式網站易於建立及維護，且很適合於智慧型手機或平板電腦上瀏覽，因瀏覽方式簡潔明瞭，使用者只要不斷向下滑動，就可以快速地閱讀完網站內容。

如圖5-14所示，是英國政府為了提倡節約用水而製作了一頁式網站，該網站使用了動態效果與一頁式設計，讓我們了解原來一天會用掉這麼多的水。

圖5-14 Every Last Drop 網站 (http://everylastdrop.co.uk)

5-4-6　網頁製作軟體與平臺

　　網頁主要是由HTML構成的，早期在設計網頁時，必須熟記所有的HTML語法，在純文字編輯軟體(例如：記事本、WordPad)上撰寫語法來製作網頁。而現在有許多**所見即所得**(What You See Is What You Get, **WYSIWYG**)的網頁製作軟體，讓初學者也可以輕鬆製作網頁。除此之外，還有許多網頁製作平臺，使用這些平臺可以快速地完成網頁製作與網站架設。

Dreamweaver

　　Dreamweaver(圖5-15)是Adobe公司所發展的一套網頁製作軟體，它擁有媲美排版軟體的排版功能，且具有完整的網頁製作功能，而人性化的介面也使得許多初學者都能輕鬆製作出專業的個人網站。

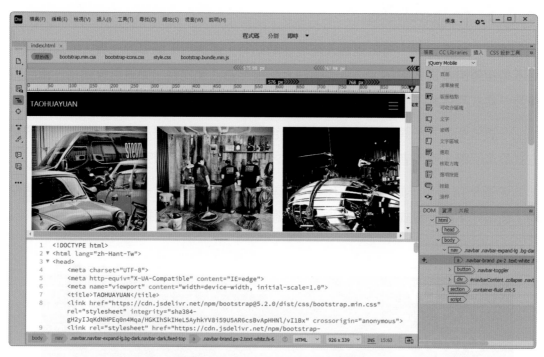

圖5-15　Dreamweaver操作視窗

WordPress

　　WordPress是目前被廣泛使用的網頁製作平臺，分成WordPress.org及WordPress.com兩種網站架設類型，其中WordPress.org是免費的(圖5-16)，提供了許多網站佈景主題，讓使用者可以直接套用，完全不需要設計網頁。

圖5-16　WordPress網站(https://tw.wordpress.org)

Wix.com

　　Wix.com成立於2006年，使用者在此平臺中，可以快速架設網站，不需耗費大量時間製作網站，對於不懂HTML、JavaScript、CSS等程式語言的使用者來說是非常方便的，而且網站主機維護與網路安全方面也不需耗費時間管理。Wix.com擁有超過500種以上的網站版型樣式及App附加元件，可應用在網站架設中，在網頁設計操作方面，使用了視覺化編輯器，透過拖拉方式就能設計出網頁，如圖5-17所示。

　　Wix.com提供了免費與付費兩種方案，付費方案差異在每月流量限制、網域設定、移除廣告、自訂網站品牌圖示、Google Analytics網站分析等。

圖5-17　Wix.com網站(https://www.wixhk.com)

Google協作平台

Google協作平台(Google Sites)是一個建立網站及網頁的工具,只要擁有Google帳戶,便能使用。Google協作平臺是以階層式來呈現,從首頁開始製作,再往下製作子網頁,網頁除了可以插入一般文字及圖片外,還可以加入檔案、YouTube影音、日曆、地圖、Google文件等,在使用上非常方便。

Google協作平台支援響應式網頁設計技術,所以在預覽網頁時,不管使用的是電腦、平板電腦或行動裝置,都能得到最佳顯示效果,如圖5-18所示。

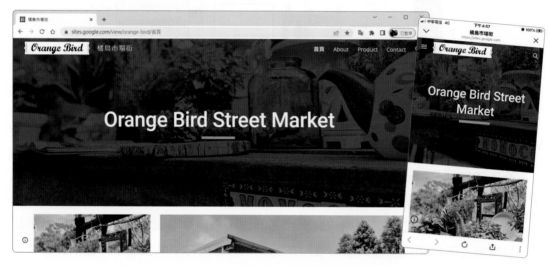

圖5-18　Google協作平台支援響應式網頁設計技術

使用協作平台時,只要進入Google Sites網站(https://sites.google.com/new),使用Google帳號登入,就可以開始建立協作平台,如圖5-19所示。

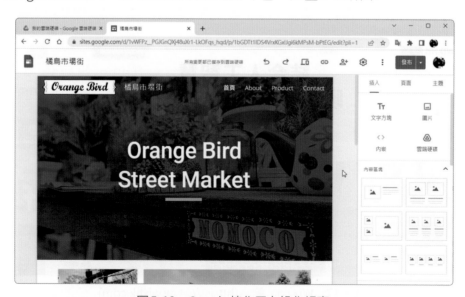

圖5-19　Google協作平台操作視窗

5-4-7 網頁程式語言

由於網路技術不斷革新,為了創造更理想化的網頁瀏覽環境,各種標準與技術功能也隨之進化。以下我們就簡單介紹一些網頁程式語言。

CSS

CSS (Cascading Style Sheets, **層疊樣式表**)是由W3C所定義及維護的網頁標準之一,它是一種用來表現HTML或XML等文件樣式的語言,使用CSS樣式表後,只要修改定義標籤(如:表格、背景、連結、文字、按鈕等)樣式,則其他使用相同樣式的網頁會呈現統一的樣式,如此,便能建立一個風格統一的網站。如圖5-20所示為使用CSS美化了網頁,若將CSS關閉,所有的裝飾元素都消失了,版面也變得單調且凌亂。

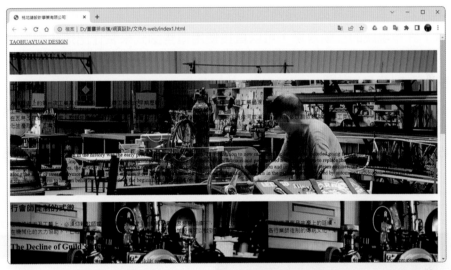

圖5-20　上圖為沒有使用CSS設定外觀的網頁;下圖為使用CSS設定外觀的網頁

INTERNET

XML

XML (eXtensible Markup Language)是HTML的延伸規格，主要是用於描述資料，並建立有組織的資料內容；而HTML是用於呈現資料，並描述資料如何呈現在瀏覽器上。

JavaScript

JavaScript是內嵌於網頁的程式語言，具有事件處理器，能擷取網頁中發生的事件，例如：在網頁中滑鼠的動作，或是按下表單中的按鈕，事件處理器就會對應這些事件而執行相對的程式敘述。

jQuery

jQuery是一套跨瀏覽器的JavaScript函式庫，簡化HTML與JavaScript之間的操作，提供了許多現成的互動效果，可以直接使用這些函式來製作出這些網頁特效。

知識補充：HTML學習網站—w3schools

w3schools是學習網頁製作的教學網站(圖5-21)，網站裡有HTML5、CSS3、JavaScript及jQuery等各種標籤與指令的說明文件與範例，當要使用某個標籤，一時忘了用法時，便可上該網站查詢，且該網站還可以讓使用者直接修改標籤並立即測試結果，讓學習過程變輕鬆簡單。

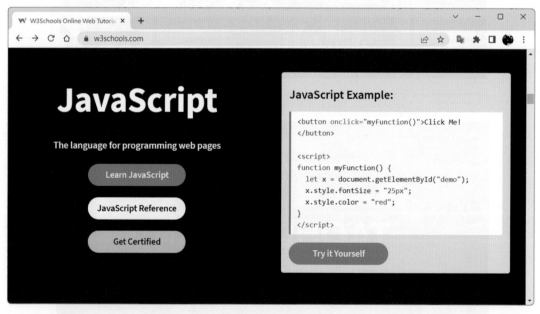

圖5-21　w3schools 網站(https://www.w3schools.com)

5-5 Web 2.0與Web 3.0

在使用者導向的趨勢引領下，Web 2.0/3.0新型態的網路平臺設計概念便應運而生，這節就來看看什麼是Web 2.0/3.0。

5-5-1 Web 2.0

Web 2.0指的是第二代網路服務應用模式，是2004年由全球最大的電腦資訊書籍出版商歐萊禮公司(O'Reilly Media)所提出。Web 2.0時代具有以下特徵：

⊙ **以使用者為中心**：強調網路使用者的主控權，網路轉而成為開放的使用平臺。例如：YouTube網站，在YouTube網站上可以觀看世界各地使用者所上傳的影音資訊，而自己也能上傳影音內容至網站中。

⊙ **引領集體的智慧**：典型的例子就是**維基百科**(Wikipedia)。維基百科成立於2001年，該網站是一個由眾人所提供及合作撰寫的百科全書，任何人都可以用自己的意見參與線上百科全書的編輯與修改。

⊙ **部落格的崛起**：部落格的興起不但能即時分享並散布個人想法，同時廣大的「部落客」也逐步建立起資訊、人脈與意見網絡。

Web 2.0的網頁內容是經過篩選且個人化的服務，網頁會依據使用者的瀏覽習慣，提供個人化的網頁內容。例如：Facebook的「動態消息」網頁可依據使用者的設定，顯示動態消息的優先順序或特定朋友、應用程式的動態，讓使用者更輕易得到想要知道的訊息，而不用浪費時間接收不感興趣的資訊。

此外，Web 2.0網頁資訊是可跨平臺同步的，例如：在不同的網站中以Facebook帳戶登入，就能將所有資訊統一彙整到Facebook的動態網頁中；使用Apple公司的iCloud雲端服務，可讓用戶將文件、照片、音樂、App等資料儲存在伺服器中，並自動同步至用戶的iPad或iPhone等其他裝置。

5-5-2 Web 3.0

Web 3.0是新一代的網路使用型態，根據《NPR》報導，Web 3.0是**去中心化**(Decentralized)的網路世界，同時也是驅動元宇宙的基礎建設技術。不過，特斯拉(Tesla)執行長馬斯克(Elon Musk)也說，Web 3.0比較像是「行銷詞彙」，而非現實。

Web 3.0是基於**區塊鏈**(Blockchain)技術來實現，讓網路系統運行達到去中心化，具有**分散式運算、可驗證性、去信任化、不經許可、AI與機器學習、連通性與無所不在、高度自治**等重要特徵。

Web 3.0目前在區塊鏈上已經有一些應用，像是**非同質化代幣**(Non-Fungible Token, **NFT**)、**去中心化交易所**(Decentralized Exchange, **DEX**)、**去中心化金融**(Decentralized Finance, **DeFi**)、**去中心化應用程式**(Decentralized Application, **Dapp**)、**遊戲金融**(Game Finance, **GameFi**)、**去中心化自治組織**(Decentralized Autonomous Corporations, **DAO**)等去中心化應用服務。

在Web 3.0世界裡，所有權及掌控權均是去中心化，建設者和用戶都可以持有NFT等代幣而享有特定網路服務。例如：Twitter的藍天(BlueSky)計畫，打造一個去中心化的社交媒體(圖5-22)；遊戲大廠Ubisoft推出NFT平臺Quartz，讓玩家用NFT來交易遊戲道具；LINE成立「LINE NEXT」，打造NFT交易平臺，讓全球的企業與創作者發展生態圈，使一般用戶交易NFT更加便利；而Web 3.0創作者平臺也不斷出現，像是NFT音樂平臺Royal、寫作平臺Mirror.xyz、社交平臺Sapien等，這些都使用了去中心化技術。

圖5-22　BlueSky網站(https://blueskyweb.xyz)

全球網站流量及世界排名查詢

若想知道網站流量和世界排名,可以至「SimilarWeb」網站查詢,該網站可以查詢網站流量、每次訪問時間、訪問頁數、跳出率、流量來源、外部推薦網站、搜尋關鍵字、社群網站流量等資訊。

若想要知道某個網站的流量及排名,只要輸入該網站的網址,點選「搜尋」,就會顯示結果,除了可以查網站流量變化及排名外,還能查詢 iOS、Android 應用程式在商店的分類排名變化。

https://www.similarweb.com/zh-tw/

INTERNET 自我評量

▲ 選擇題

( ) 1. 下列關於WWW的敘述，何者不正確？ (A)是發展網路軟體的工具　(B)中文為「全球資訊網」　(C)採用HTTP通訊協定　(D)可整合網路多媒體資訊。

( ) 2. 使用HTML撰寫網頁時，撰寫一行「<TITLE>像極了愛情</TITLE>」的語法，則「像極了愛情」這個句子會顯示在何處？ (A)功能列　(B)文件內容的最上面　(C)選單列　(D)瀏覽器的標題列。

( ) 3. HTML中的標題文字共分為幾個層次？ (A) 4　(B) 5　(C) 6　(D) 7。

( ) 4. 在HTML中，下列哪個標籤可以進行超連結的設定？ (A) <e>...</e>　(B) <a>...</a>　(C) <l>...</l>　(D) <k>...</k>。

( ) 5. 下列關於各種瀏覽器的敘述，何者正確？ (A) Firefox是要付費購買的瀏覽器　(B) Opera瀏覽器內建於Windows作業系統中　(C) Safari是Google公司所開發的瀏覽器　(D) Edge是由微軟公司所開發的瀏覽器。

( ) 6. 下列哪個瀏覽器軟體內建於Windows 11作業系統中？ (A) Google Chrome　(B) Edge　(C) Opera　(D) Firefox。

( ) 7. 下列哪個瀏覽器軟體可以免費下載使用？ (A) Google Chrome　(B) Firefox　(C) Opera　(D)以上皆可。

( ) 8. 由於智慧型手機及平板電腦的普及，企業網站應該朝哪個方向設計較符合需求呢？ (A) RWD　(B) Web　(C) Flash　(D) CSS。

( ) 9. 下列關於網站建置的敘述，何者不正確？ (A)要先確立網站的主題，才能進一步蒐集相關資料　(B)網站設計完成後，要檢查看看網頁中的連結是否正確　(C)完整的網站架構是架設網站的基礎　(D)網站完成，發布至網路上後，就不用再維護其中的網頁內容了。

( ) 10. Web 3.0是去中心化的網路世界，同時也是驅動元宇宙的基礎建設技術。以下哪個選項不是Web 3.0的特徵？ (A)可驗證性　(B)社群平臺的崛起　(C)連通性與無所不在　(D)去信任化、不經許可。

▲ 問題與討論

1. 你對於未來網頁在操作上、功能上等有何期待？說說看你的看法吧！

INTERNET

6-1 常見的網路服務

在網際網路上可以利用資源分享的方式來享受服務及接收資訊,任何一台連接網際網路的個人電腦或是網路系統,都可以透過網際網路來享受服務,或是提供服務。本節將介紹一些常見的網路服務。

6-1-1 檔案傳輸

檔案傳輸協定(File Transfer Protocol, **FTP**)主要是提供使用者在Internet上「下載/上傳」檔案。我們可以使用FTP用戶端軟體連至FTP伺服器,執行檔案上傳、下載、刪除、搬移等動作。

使用檔案總管傳輸檔案

由於FTP是Internet上的一項服務,所以,只要在檔案總管中的位址列輸入「**ftp://主機位址**」的URL,就可以連上FTP主機,進行檔案傳輸的動作了,如圖6-1所示。

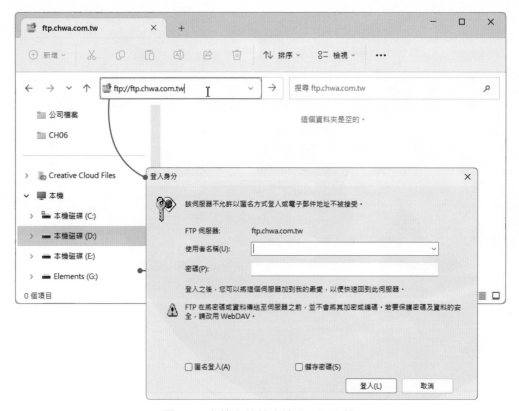

圖6-1　在檔案總管中連上FTP主機

檔案傳輸軟體FileZilla

　　FileZilla是一套簡單易學的FTP軟體，該軟體為自由軟體，可以至「http://filezilla-project.org」網站中下載，下載完成後，再依照步驟進行安裝，安裝完成後，即可使用FileZilla進行檔案傳輸的動作，如圖6-2所示。

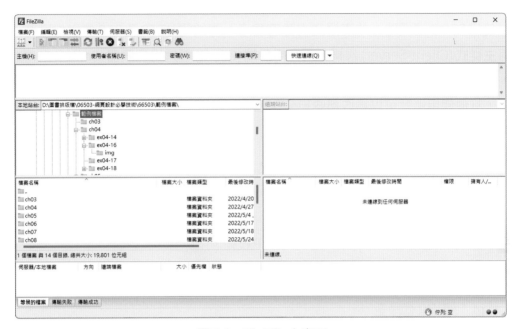

圖6-2　FileZilla主畫面

6-1-2　遠端登入與電子佈告欄

　　電子佈告欄系統(Bulletin Board System, **BBS**)是一種使用者利用**遠端登入**(Telnet)服務連線到佈告欄系統主機，來達到互相溝通的軟體系統。在Windows作業系統中，只要連上網際網路，再執行「telnet」遠端執行程式(圖6-3)，或者安裝NetTerm、KKMAN等程式，就可以和BBS進行連線。

按下鍵盤上的「田(Windows鍵)+R」快速鍵，即可開啟「執行」功能

圖6-3　透過Telnet遠端執行程式，即可登入到BBS站台

6-1-3　點對點傳輸

點對點傳輸 (Peer to Peer, **P2P**) 是一種將使用者和使用者直接連接起來的技術，以便分享電腦上的檔案或程式等資源，例如：使用電話跟朋友聊天就是一個「點對點」的典型例子。

使用 P2P，讓網路上的溝通變得更容易了，傳統的 HTTP 及 FTP 傳送檔案時，是使用**主從式** (Client-Server) 架構，所有**用戶端** (Client) 都透過**伺服器** (Server) 來傳遞檔案，而 P2P 則是使用用戶端對用戶端的架構，讓使用者可以將自己電腦中的檔案分享出來，其他使用者就可以讀取那些被分享出來的檔案，不用再連接到網路主機上去瀏覽與下載。P2P 常被應用於：

⊙ **檔案分享**：是目前最主要的一種應用，P2P 檔案分享軟體本身是合法的，「檔案分享」的合不合法則是在分享的「檔案」。常見的 P2P 軟體有：Ares Galaxy、BitTorrent、uTorrent、eMule。

⊙ **通訊**：即時通訊軟體 Skype 就是使用 P2P 技術。

⊙ **遊戲**：有一些小型的線上遊戲也使用 P2P 技術，例如：Microsoft 的線上牌類遊戲。

6-1-4　網路電話

網路電話 (Voice over Internet Protocol, **VoIP**) 是一種語音通話技術，它會將語音訊號壓縮成數據資料封包後，再透過網際網路的 IP 通訊協定來傳送語音。例如：在電腦中安裝網路電話軟體「**Skype**」，並加裝一隻麥克風、耳機等收發話裝置即可進行通話。

6-1-5　即時通訊

即時通訊 (Instant Messenger, **IM**) 是一種即時傳送訊息的技術，透過即時通訊軟體可以在線上即時傳遞訊息，與朋友進行交談、視訊、傳送檔案、玩遊戲等。常見的即時通訊軟體有：LINE、ICQ 等。

智慧型手機的普及，使得即時通訊軟體成了人們溝通的重要工具，其中 LINE、就是從智慧型手機開始，後來才發展出電腦版的；智慧型手機所使用的通訊軟體除了 LINE 外，還有 WeChat、WhatsApp 及 Facebook 的 Messenger 等。

6-1-6 電子郵件

所謂**電子郵件**(E-mail)，就是利用電腦網路來達到信件傳遞的功能，使用電子郵件，不需要浪費紙張、郵票，只要確定收件者的電子郵件地址就行囉！而且，除了一般的文字之外，它可以夾帶文件、聲音、影像等多媒體檔案，比傳統的信件還好用。

電子郵件的傳遞與通訊協定

要透過電子郵件，無論對方是在遙遠的美國，或是對岸的中國，只要確定「電子郵件信箱」無誤，對方即可立即收到郵件，不僅可以減少紙張的浪費，也可以節省時間。圖6-4所示為電子郵件傳遞的流程。

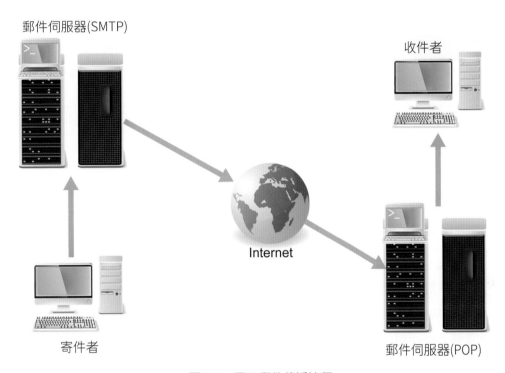

圖6-4　電子郵件傳遞流程

⊙ **簡單郵件傳輸協定(Simple Mail Transfer Protocol, SMTP)**：主要是讓電子郵件主機在使用者發信時，先與目的地主機聯繫，確定使用者存在之後，才將信件寄出。如果遇到目的地主機沒反應，則SMTP主機就會將信件退回給原發信的人。

⊙ **郵局傳輸協定(Post Office Protocol ,POP3)**：主要用於用戶端遠端管理在伺服器上的電子郵件。當我們收信時，只要連上網路並輸入密碼、帳號，接著電子郵件軟體就會派個「郵差」帶著我們輸入的密碼、帳號去跟電子郵件主機接洽，確定密碼和帳號無誤時，郵差就會將主機上屬於我們的信件帶回電腦。

⊙ **網際網路郵件存取協定**：POP3協定是將郵件下載至電腦裡再進行處理，而**網際網路郵件存取協定**(Internet Mail Access Protocol, **IMAP**)協定則是將郵件保留在遠端的伺服器上，透過瀏覽器處理位於遠端伺服器上的郵件。

電子郵件的格式

電子郵件地址就像家裡的門牌號碼一樣，當要寄信給對方時，一定要知道對方的電子郵件地址才能將信件寄出。

name @ msa.hinet.net

使用者名稱　　連接符號　　　　　郵件伺服器名稱

使用者名稱	是由自己設定，在申請電子郵件信箱時，可以先自行設定該名稱。
連接符號	此符號的前面是使用者名稱，後面是郵件伺服器的網址，這個符號唸成「at」。
郵件伺服器名稱	這個網址會隨著申請不同家的電子郵件而有所不同，例如：Gmail的網址是「gmail.com」。

收發電子郵件的方式

目前收發電子郵件的方式，大致上可分為以下幾種方式：

⊙ **電子郵件軟體**：使用收發電子郵件的軟體，例如：Outlook、Windows Mail等，利用這類的軟體可以在電腦上進行郵件的收發。

⊙ **瀏覽器**：透過Web來收發E-mail，使用的方法就像瀏覽網頁一樣簡單。大部分有提供免費電子郵件信箱的網站，在收發電子郵件時，都須透過該網站進行電子郵件的收發，例如：Gmail。

⊙ **電子郵件App**：在智慧型手機中安裝相關的App，或是使用手機中內建的App，經過相關設定後，即可收發電子郵件，如圖6-5所示。

圖6-5　Gmail App

6-2 搜尋引擎

在網路上，有些站台是專門收集網路上所有網頁位址，然後提供給網路上的使用者查詢，我們可以使用分類的目錄結構方式，或是使用關鍵字方式查詢，這類的網站就稱為**搜尋引擎**(Search Engine)。

6-2-1 搜尋引擎網站

搜尋引擎的優點在於它的迅速、方便、資源豐富等，但是，各搜尋引擎的目錄分類階層不太一樣，查詢的語法也略有差異，這些都會造成使用上的困擾。使用搜尋引擎，會發現「搜尋可能會有結果，但搜尋不等於找到」。如果得到太多未經過濾的資訊，那有使用搜尋引擎和沒使用是一樣的，所以選擇一個好的搜尋引擎是很重要的。

在每個不同的領域中，一定都會有一些專業的網站，它除了本身有相當豐富的資訊和資料外，也會提供其他相同領域的網站連結。當你非常清楚要尋找的資訊是什麼時，從這些專業的網站出發，通常會比使用搜尋引擎來得快速，並且內容的深入和豐富往往是想像不到的。表6-1列出國內外常見的搜尋引擎網址。

表6-1　國內外常見的搜尋引擎

網站名稱	網址	網站名稱	網址
Google	www.google.com.tw	WolframAlpha	www.wolframalpha.com
Yahoo! 奇摩	tw.search.yahoo.com	Bing	www.bing.com
百度	www.baidu.com	ask.com	www.ask.com

6-2-2 搜尋引擎原理

搜尋引擎主要的工作是搜尋Web伺服器的資訊，再將資訊進行分類，並建立索引，然後將索引的內容存放到資料庫中，當使用者搜尋某個關鍵字的時候，所有在頁面內容中包含了該關鍵字的網頁都會被搜尋出來，再經過複雜的演算法進行排序，最後將結果按照與搜尋關鍵字的相關度高低，依次排列出來。

搜尋引擎的運作原理主要可分為三步驟：**搜尋網頁資料→儲存與分析→提供使用者查詢**。

⊙ **步驟 1**：在搜尋引擎中使用自動機器人程式 (Robots)，蒐集網際網路中網頁資料，由某些熱門受歡迎的網頁為起始網頁，分析起始網頁所連結的網頁，在每個網頁中若有其他連結，則再繼續尋找下去，直到把這個網站所有的網頁都抓取完為止。

⊙ **步驟 2**：搜尋引擎會利用數種策略以及演算法來決定網頁的重要性，例如：分析網頁中文字出現的位置，計算該網頁被其他網頁引用的次數等，計算完成後，在每個網頁上加上優先權重資料，將來查詢時，會由優先權重資訊來決定呈現的順序，最後將資料儲存。

⊙ **步驟 3**：搜尋引擎經由網頁介面提供使用者查詢，收到查詢命令後，搜尋引擎將自動蒐集與分析過的資料中，找尋符合使用者需求的資料。不過，每個搜尋引擎的策略與演算方式都不大相同，所以相同的關鍵字在不同的搜尋引擎上就會有不同的搜尋結果。

　　搜尋引擎主要是由**資訊採集器** (Robot 或 Spider 或 Crawler)、**分析索引子** (Indexer)、**檢索器** (Searcher)、**查詢介面** (Query Interface) 及**挖掘器**所組成。

⊙ **資訊採集器**：主要功能是從 WWW 上獲取網頁和超連結資訊。

⊙ **分析索引子**：主要功能是分析收集的資訊，建立索引庫以供查詢。

⊙ **檢索器**：主要功能是接收、解釋用戶的搜尋請求、根據使用者的查詢在索引庫中快速檢索出文字檔、計算網頁與搜尋請求的關聯度、對將要輸出的結果進行排序及實現用戶相關性回饋機制。

⊙ **查詢介面**：是為使用者提供使用搜尋引擎的介面，以方便用戶使用搜尋引擎。

⊙ **挖掘器**：提取使用者相關資訊，利用這些資訊來提高檢索服務的品質。

▨ 知識補充

想要了解 Google 搜尋引擎的運作原理，可以至「https://www.google.com/search/howsearchworks/」網站，該網站講述了搜尋引擎運作的整個過程，分別是檢索及建立索引、搜尋演算法、實用回應。

6-2-3　搜尋引擎的使用－Google

　　這節將以 Google 搜尋引擎為例 (使用 Google Chrome 瀏覽器)，介紹如何在網路上搜尋出各式各樣的資料。要使用時，進入瀏覽器中，在網址列輸入「**www.google.com.tw**」網址，進入 Google 搜尋網頁中，即可使用 Google 搜尋引擎，它提供了網頁、圖片、地圖、新聞、影片、學術等搜尋方式。

關鍵字搜尋

在搜尋網路中的資料時，通常會以「關鍵字」為主，關鍵字可以是中文也可以是英文，而英文是不分大小寫。輸入關鍵字後，即可找到符合關鍵字的網頁資料，且還包含了精選摘要、焦點新聞、圖片、介紹、地圖、影片等資料，如圖6-6所示。

圖6-6　使用關鍵字搜尋

當完成搜尋時，在網頁的上方有個「**工具**」按鈕，可以進行一些篩選設定，以搜尋出更符合需求的網頁，如圖6-7所示。

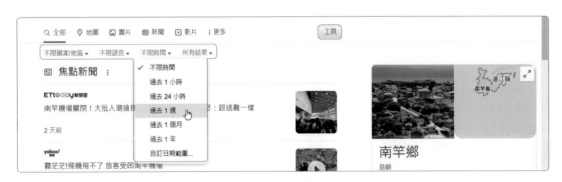

圖6-7　篩選設定

在使用Google搜尋時，若輸入的關鍵字包含標點符號時，Google會將標點符號排除在外，並不會列入搜尋範圍，而@#%^()=[]\等特殊字元也都會被排除在外。

詞組搜尋

在搜尋時 Google 雖然會將與關鍵字相符合的網頁尋找出來，但是 Google 可能會將原本的關鍵字拆成兩種關鍵字來搜尋，例如：搜尋「自由軟體」可能會被拆成「自由」與「軟體」兩種關鍵字來檢索，如果這不是你要的，那麼可以在關鍵字前後加上「"」詞組搜尋語法，也就是輸入「**"自由軟體"**」，這樣 Google 就會針對這四個字進行搜尋了。

搜尋專有名詞

若想要知道某個專有名詞的意義時，可以使用「define:」語法或是「什麼是」，例如：「define: 塑化劑」或「什麼是 塑化劑」。

增加或刪除的搜尋技巧

想要找兩種類型或以上的資料時，大部分的搜尋網站可以使用「檢索符號」來配合搜尋。

⟩ 增加：使用「+」或「空格」表示前、後之關鍵字需同時出現於查詢的網頁，例如：要查詢「峇里島」與「長灘島」方面的資訊，可以輸入「峇里島 長灘島」讓查詢的範圍擴大。**使用「+」語法連結關鍵字時，關鍵字與關鍵字之間不能有空格。**

⟩ 排除：若要排除一些不必要的查詢結果，則可以使用「-」來查詢，例如：查詢「咖哩食譜」的相關資料，但不想看到有關「咖哩雞」的部分時，可以輸入「**咖哩食譜 - 咖哩雞**」來查詢，「**-**」符號前要先空一格空白字元。

⟩ OR：使用「OR」可以**查詢到兩個關鍵字個別分屬的網頁**，例如：輸入「苗栗露營區 OR 新竹露營區」將會查詢到「苗栗露營區」、「新竹露營區」及「苗栗露營區 + 新竹露營區」的資料。使用「OR」語法時，**「OR」必須是大寫，而「OR」前後都要加一個空白字元。**

⟩ 增加與刪除：增加 (+) 與刪除 (-) 的搜尋技巧，除了單獨使用外，也可以合併使用，例如：輸入「食譜 + 牛肉 - 青椒」關鍵字，則可搜尋出不含「青椒」的「牛肉」料理食譜。

上 機 實 作 搜尋不含「青椒」的「牛肉」料理食譜

1　進入 Google 搜尋網頁中。
2　於搜尋欄位中輸入「**食譜 + 牛肉 - 青椒**」關鍵字，輸入完後按下「**Enter**」鍵。
3　搜尋的結果只會顯示關於「牛肉」料理的食譜，而不會有「青椒」方面的食譜。

在特定網站上搜尋資料

當確定某個網站有所需的資料,而該網站又沒有提供搜尋功能,此時可以利用Google所提供的「**site:**」語法,指定網站位置與關鍵字,進行搜尋的動作。例如:要搜尋「衛生福利部疾病管制署」網站中與「COVID-19」相關的資訊,可以輸入「**COVID-19 site:www.cdc.gov.tw**」語法即可。「COVID-19」為關鍵字;「www.cdc.gov.tw」為「衛生福利部疾病管制署」的網址。**使用「site」語法時,關鍵字後要留一個空白,再接語法。**

▨知識補充:生成式搜尋體驗

Google搜尋將生成式人工智慧技術帶入搜尋服務,提供**生成式搜尋體驗**(Search Generative Experience, **SGE**),使用者能以自然語言輸入不同需求,搜尋到的不只是搜尋結果,還會提供更多相關資訊和建議,幫助使用者整理並快速理解其中的內容。

例如:搜尋產品時,Google搜尋結果會先給予選購指南,告訴你如何挑選款式,接著再列出適合的產品;還可以直接產生程式碼,只需要輸入想要執行的功能,就會根據敘述產生程式碼,支援的程式碼有:C、C++、Go、Java、JavaScript、Kotlin、Python、TypeScript、Git、shell、Docke 等。

搜尋特定檔案格式

Google 除了可以搜尋網頁外，還可以搜尋一些特定的檔案格式。Google 目前提供的檔案格式有：PDF、DOC、PPT、XLS、TXT、RTF、SWF、DWF 等。搜尋特定檔案格式時，可以使用 **「filetype:」** 語法，例如：「ChatGPT filetype:pdf」，**「ChatGPT」為關鍵字，關鍵字後要留一個空白，再接「filetype:」語法**，如圖6-8所示。

圖6-8　搜尋特定檔案格式

使用關鍵字搜尋圖片

使用 Google 提供的 **「圖片搜尋」** 服務，可以在網路上快速地找到想要的圖片，不過在使用圖片時，還是要尊重智慧財產權，千萬別用未經合法授權的圖片進行商業行為。

上機實作　使用關鍵字搜尋圖片

1　進入 Google 搜尋網頁中，按下右上角的 **「圖片」** 選項，或是在網址列輸入 **「images. google.com」** 網址，進入「圖片搜尋」頁面中。
2　輸入關鍵字，再按下「 🔍 」按鈕。
3　Google 便會搜尋出相關圖片。
4　此時可以按下 **「工具」** 按鈕，指定圖片大小、背景顏色、圖片類型、時間等。

5 點選要預覽的圖片,便可以使用大圖來預覽該圖片,及查看該圖片的相關資訊。

6 若要預覽下一張圖片時,只要按下鍵盤上的→方向鍵,即可跳至下一張圖片;按下⋮按鈕,點選「**分享**」選項,可以將圖片分享至Facebook、Twitter、電子郵件,或是直接複製該圖檔連結等。最後只要按下圖片左上角的X按鈕,即可離開預覽模式。

使用智慧鏡頭以圖搜尋

　　除了在搜尋欄位輸入關鍵字尋找相關圖片外，還可以使用「以圖搜尋」功能來搜尋圖片，該功能使用智慧鏡頭技術，可以調整圖片範圍，選取圖片中的文字並翻譯。

 上　機　實　作　使用智慧鏡頭以圖搜尋

1　進入 Google 搜尋頁面中，按下搜尋欄位上的 ◉ **以圖搜尋** 按鈕，點選「**上傳檔案**」選項，選擇要搜尋的圖片，或直接將圖片拖曳到視窗中。

2　搜尋出與該圖片相關的網站及圖片，點選「**尋找圖片來源**」，會搜尋出有此圖片的網站。除此之外，還可以調整圖片的搜尋範圍，如此便能更精確的找出你要的圖片。

3 除了搜尋相關圖片外，按下「**文字**」按鈕，就可以選取圖片中的文字，選取後便會顯示相關訊息。

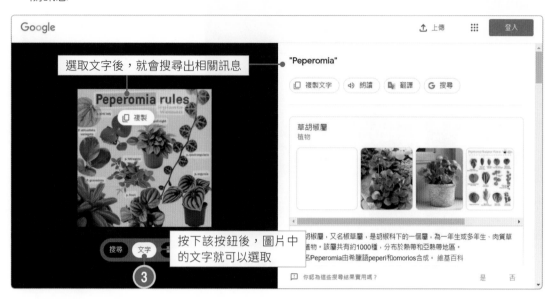

4 按下「**翻譯**」按鈕，就會翻譯圖片中的文字。

過濾含有煽情露骨內容的搜尋結果

使用Google提供的**安全搜尋**功能，可以過濾掉色情內容、圖片、影片及網站等，讓搜尋結果更安全。進入搜尋頁面後，按下✿**設定**按鈕，開啟側欄窗格後，將「安全搜尋」選項開啟，Google就會過濾掉含有露骨內容的搜尋結果，如圖6-9所示。

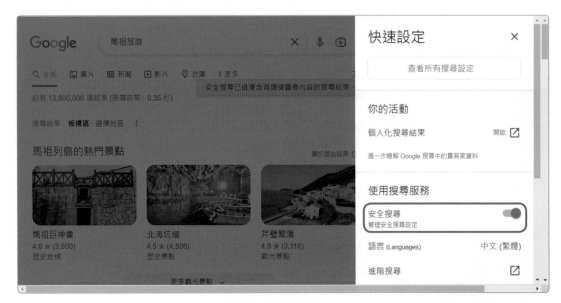

圖6-9　開啟安全搜尋

　　若已開啟安全搜尋功能，但搜尋結果中仍然出現煽情露骨內容時，可以至Google的檢舉網站(https://www.google.com/webmasters/tools/safesearch)，檢舉該內容。

6-2-4　搜尋引擎的使用－Bing

　　Bing搜尋引擎是微軟公司推出，提供了網頁、圖片、影片、購物、新聞、地圖等搜尋方式，如圖6-10所示。

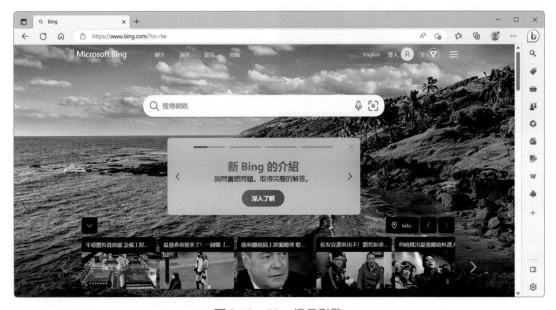

圖6-10　Bing搜尋引擎

　　Bing還導入了AI聊天機器人，不僅能顯示搜尋結果，還能幫助使用者快速地找到與問題相符的答案，目前的搜尋引擎模式是根據使用者輸入的關鍵字，顯示一篇篇的列表，使用者再點選想要瀏覽的網頁，才能了解該網頁中的資訊是否為所需要的，而AI聊天機器人能找出明確的定義和答案，當在輸入一個問題時，它會直接給一個答案，而不是讓使用者點選其他網站。

上機實作 Bing AI的使用

1 進入 Bing 搜尋網站中 (https://www.bing.com)，按下「**聊天**」選項。
2 按下「**開始聊天**」按鈕，並進行登入的動作 (該功能能須登入 Microsoft 帳號)。
3 登入成功後，按下「**立即聊天**」按鈕，即可進入 Bing AI 頁面中。

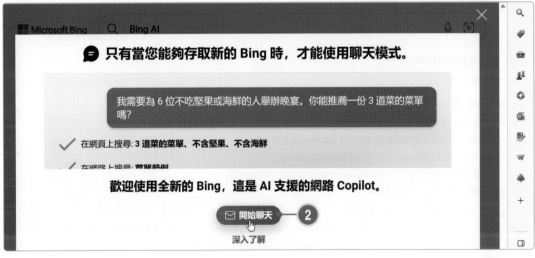

4 進入頁面後，可以先選擇交談樣式，選擇好後，就可以在輸入框中輸入問題，例如：輸入「如何解決氣候變化」。

5 Bing 就會顯示出答案，還會在答案的下方列出來源，讓使用者可以連結至相關的網站。

6-3 數位學習

在科技及數位化內容的推波助瀾下,讓學習的方式有了更多元的途徑,數位學習已成為一種新型態的學習趨勢,透過雲端數位教材,讓學習不再受限於時間與地點,讓學習更便利。

6-3-1 遠距教學

遠距教學(Distance Learning)打破了傳統教師與學生必須在同一時間、同一地點上課的限制,透過現今科技媒體與網路技術的發達,實現無所不在的學習環境,教師與學生已經不必一定得到學校面對面授課。

隨著網路系統而發展的新興教學方式,可分為同步教學與非同步教學:

⊙ **同步教學**:利用相關設備(例如:電子白板、線上視訊軟體),透過網路進行即時互動教學,教師與學生在同一時間、但可以在不同地點上課,如圖6-11所示。

圖6-11　遠距同步教學(Julia M Cameron/Pexels)

⊙ **非同步教學**:教師將製作好的教學教材上傳至網路,學生可自行選擇觀看時間及內容,讓學習不受時間限制,例如:國家圖書館遠距學習網(http://cu.ncl.edu.tw)、學習吧(https://www.learnmode.net/home/)、均一教育平臺(https://www.junyiacademy.org)、教育雲(https://cloud.edu.tw)等網站都有提供豐富的教學資源。

6-3-2 數位學習平臺

網路上有許多數位學習平臺,使用者可隨時隨地進入平臺進行學習。

大規模開放式線上課程

MOOCs(Massive Open Online Courses, **大規模開放式線上課程**)是國內外大學興起的大規模免費線上開放式課程,教師以5~10分鐘的分段影片課程教學,輔以測驗及作業,安排學習互動,透過學習平臺,教師可掌握學習者的成效,學生可以依自己學習的速度安排學習進度。目前熱門的MOOCs有Coursera、TED-Ed、edX、FutureLearn、Udacity等,而在我國的臺灣大學、成功大學、清華大學、政治大學、陽明大學等也都有建置MOOCs。

⊙ **Coursera**:是一個免費的線上學習平臺,該網站的課程是由多所大學和教育機構所提供,開課的類別從生物學、物理學、統計、法律到人文學科都有,且教學影片可以選擇字幕,包括了英語、西班牙語、繁體中文等。

⊙ **edX**:是由麻省理工學院和哈佛大學所創建的線上開放課程教學平臺,edX的目標不只是提供課程給大眾,最終希望能回饋學校,提升實體與線上教學。

⊙ **FutureLearn**:是第一個英國MOOCs平臺,提供免費、不採計學分的線上學習課程。FutureLearn與全球超過四分之一的頂尖大學合作,我國的臺北醫學大學也在其中,除了學校外,還有許多知名的組織,例如:大英博物館、英國文化協會、大英圖書館、國家影視學院等,提供世界各地的網路使用者免費線上學習資源。

⊙ **TED-Ed**:是美國一家非營利組織,提供線上教學影片,使用者可以透過TED-Ed網站學習,並將這些課程應用於教學。除此之外,TED-Ed網站還提供建立自己課程的服務。TED核心理念是「Ideas Worth Spreading」,透過18分鐘的演講方式,邀請各領域的人士分享他們的想法與故事,而這些演講影片都會以創用CC方式授權,上傳至網路上讓大眾觀看。

可汗學院

可汗學院(Khan Academy)是全球最大的數位學習平臺,完全遠端、沒有固定辦公室,致力於為全球學習者提供高品質線上教育。可汗學院與OpenAI合作推出了AI學習助手「Khamingo」,它能夠比多數人類講師更快發現學生的卡關點,一步步引導學生朝正確的方向解決問題,還能指導學生解開數學難題、引導修正程式編碼、充當辯論練習夥伴,甚至還能扮演指定角色。

6-4 網路影音資源應用

　　網際網路上有各式各樣的網路影音平臺,只要使用電腦、平板、智慧型手機等,就可以看電影、收聽線上廣播、聽音樂等。而根據數據分析公司尼爾森(Nielsen)所做的網際網路大調查,針對Z世代網路與影音使用進行分析發現,高達九成的年輕世代熱衷於網路數位平臺收看影音娛樂內容,且尤其喜愛網紅與素人製作的影片。

6-4-1　多媒體串流技術

　　網路影音服務的熱門,使得多媒體串流技術也因應而生,**串流音訊**(Streaming Media)**是一種網路多媒體播放方式,讓使用者可以直接在用戶端觀看影音資料。**

　　串流音訊也有人稱為**網路音訊**,簡單的說就是邊下載邊播放,在網路上要看串流影音檔案,需要有傳送影音檔案的影音伺服器,來傳送影音訊號,當用戶端要看某一個影音伺服器上的影音資料時,會先從伺服器端下載檔案的某部分,然後開始進行播放的動作,而用戶端**可以一邊下載,一邊播放,不需要等待檔案完全下載後才收看或收聽。**

　　多媒體串流主要的應用模式有:**即時**(On Live)與**非即時**(On Demand),分別說明如下:

⊙ **即時模式**:是當媒體來源經壓縮處理後,便利用伺服器,經由網路傳送到播放器,例如:雙向的視訊會議、單向的即時監控等。

⊙ **非即時模式**:是當媒體來源經壓縮處理後,先存放在資料庫中,當播放器向伺服器提出要求時,伺服器才會從資料庫取出檔案,再利用伺服器,經由網路傳送到播放器,例如:**隨選視訊**(Video On Demand, **VOD**)。

知識補充:隨選視訊

隨選視訊系統乃是一種由使用者主導的視訊選擇系統,透過網際網路傳輸,使用者可以隨心所欲地選擇任何的數位影音、圖像資料及互動式光碟視訊節目。

隨選視訊系統依照使用者的涵蓋範圍亦可以區分為區域隨選視訊系統以及廣域隨選視訊系統。區域隨選視訊系統涵蓋一個小範圍,諸如機關、組織、學校、圖書館等;電腦網路隨選視訊系統由於其區域特性,故較適用於區域隨選視訊系統。而廣域隨選視訊系統則涵蓋一個開放的大範圍,如國際、國家、都市、鄉鎮等。

6-4-2　線上串流影音平臺

　　行動網路的便利，讓線上串流影音平臺崛起，也大大改變了許多人看電視、看電影及聽音樂的習慣。常見的影音平臺有：Netflix(圖6-12)、Disney+、愛奇藝、friDay影音、LINE TV、KKTV、KKBOX、Spotify、Apple Music等。

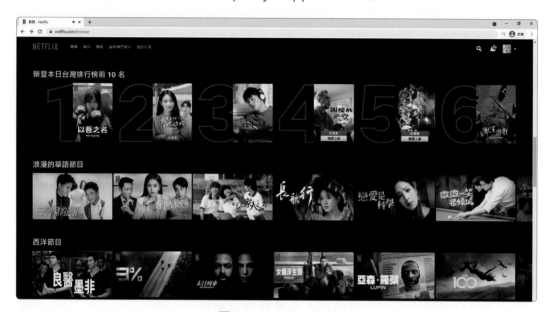

圖6-12　Netflix官網

知識補充

線上影音平臺選擇非常多，在選擇時請支持提供正版的網站，拒絕使用非法盜版的網站。而2019年5月3日公布施行《著作權法》87條及93條規定，不法電腦程式提供者用機上盒等方式，讓使用者連結到侵權網站收看非法影音內容，可處2年以下有期徒刑或併科新台幣50萬元以下罰金。

臺灣線上影視產業協會(OTT協會)表示，侵權型態包括將匯集非法影音網路連結的App應用程式，上架到Google Play商店、App Store等平臺或其他網站給民眾下載使用，或以指導、協助或預設路徑供公眾下載使用電腦程式以及製造、指導、銷售非法機上盒或提供非法追劇App等行為，皆視為侵權，都將觸法。

6-4-3　網路直播平臺

　　網路速度的提升與穩定，以及行動裝置的普及，讓網路直播興起，人們可以不再只是透過傳統電視頻道來收看直播節目，現在也能透過網路及行動裝置來收看。網路直播具有即時性、互動性高、隨選隨看等特點，且直播平臺的操作簡單，觀眾可以透過聊天室與直播主及來自世界各地的觀眾互動，達到社交的目的。

目前知名的網路直播平臺包含了：Twitch(圖6-13)、金剛、Uplive、17直播、浪Live、Live.me等。這些平臺可以用來進行個人或者多人的實況轉播，而進行實況轉播的主播被稱為直播主或實況主。

圖6-13　直播平臺Twitch

直播的興起，讓人人都可以化身為網紅，但也導致了許多亂象發生，例如：直播主為吸引人氣，故意穿著裸露、公然辱罵挑釁、在鏡頭前公然抽菸喝酒等脫序行為，進而衍生出社會治安事件。

身為閱聽者的我們，應加強自身的媒體識讀素養，要有判斷資訊真偽是非及過濾的能力，對於以羶色腥內容搏取關注的直播節目，應該要拒看，才能有效遏止這股直播歪風。

6-4-4　YouTube

YouTube (圖6-14)是一個專門提供使用者上傳、觀看與分享影片的影音共享網站，網站上收集了世界各地使用者所上傳的影片，網站中並提供搜尋功能，讓使用者能夠在成千上萬的影片中迅速搜尋到特定的影片。

在YouTube中，若只是單純想要瀏覽影片，可以不用進行登入的動作，即可在網站中進行搜尋或觀看影片。但若是想要使用YouTube進階的個人化功能(例如：訂閱影片、我的頻道、我的最愛等)，就必須要登入Google帳戶。

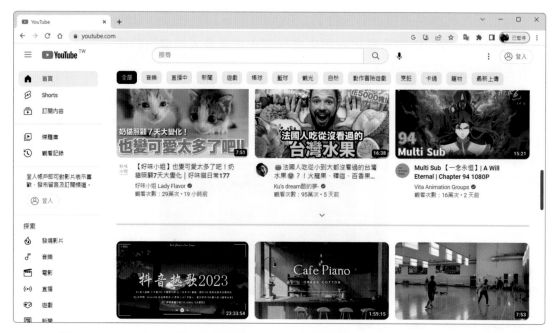

圖6-14　YouTube目前是全世界最大的影片分享網站(http://www.youtube.com)

上傳影片

　　YouTube可上傳的影片檔案格式有：.MOV、.MPEG-1、.MPEG-2、.MPEG4、.MP4、.MPG、.AVI、.WMV、.MPEGPS、.FLV、3GPP、WebM、DNxHR、ProRes、CineForm、HEVC (h265) 等。

　　YouTube在預設下，每日可上傳的影片數為15部，而影片的時間長度上限為15分鐘，但有通過驗證的帳戶，則沒有上傳數量及15分鐘的限制，但上傳影片時，檔案大小不得超過256 GB或片長不得超過12小時。

直播影片

　　除了上傳影片，在YouTube中還可以進行直播，可以透過直播和聊天室功能，與觀眾即時互動交流。不過，若要使用行動裝置進行直播，那麼頻道的訂閱人數必須超過1,000人，而少於1,000人的頻道只能透過電腦進行直播。

經營YouTube頻道

　　越來越多人透過YouTube平臺提供娛樂或知識內容影片，並在YouTube上經營自己的頻道，而成為**YouTuber**。YouTuber是近年來快速竄紅的新興職業，主要是在自己的YouTube頻道上分享影片，藉由高點閱率引起廣告商注意，進而下廣告或贊助，再從中獲得收入，而以此種方式營利維生的使用者們。

在YouTube中若要靠影片營利，可以加入YouTube合作夥伴計劃，加入的資格為：在過去一年內獲得1,000名訂閱者，且有效的公開影片觀看時數累計4,000個小時；或在過去90天內獲得1,000名訂閱者，且有效的公開Shorts觀看次數累計1,000萬次。審核通過後，即可透過廣告、Shorts動態廣告、頻道會員、商品專區（頻道訂閱人數須超過1萬人）、超級感謝等方式營利。

頻道會員是YouTube為了讓平臺創作者能有更多元的收入來源，推出的會員訂閱制度，粉絲能透過每個月付款來支持他們喜愛的創作者；而**超級感謝**是讓觀看影片的粉絲贊助創作者，以表達對創作者的支持，選擇了贊助金額後，即可進行購買，粉絲會在留言區看到動畫，還會以醒目的方式顯示留言，讓看到留言的創作者能即時回應，如圖6-15所示。

圖6-15　超級感謝頁面

知識補充：網紅與網紅經濟

「網紅」該詞彙是從中國流行到臺灣的，是指其行為或言論在網路廣泛流傳的素人明星，而成為「**網路紅人**」；而網紅衍生出的經濟現象，能把粉絲變消費者並增加收入的經濟來源，稱之為「**網紅經濟**」。

網紅會爆紅的原因有非常多種，可能是因為瘋狂傳播的單一事件或是影片而成名，或是因為說了一句話或偶發事件而爆紅。要成為網紅必須具備哪些條件？根據調查顯示：「個人特色／風格」、「有創業／夠好笑」及「某些領域的專業」是必要條件。

網紅會隨著話題走紅，也可能因為一些爭議及失言、脫序等行為，而形象崩潰，變成社會罪人，在這網路時代中，當上網路紅人，必須承載著粉絲們的期許、媒體們的高度關注、網民的批評，這些都是成名的副作用。

6-5 自媒體與社群媒體

　　隨著智慧型手機功能快速發展，人們高度依賴手機，使用手機接觸媒體的比例也越來越高，加上社群網站的興起，只要一隻手機，再加上網路，人人都可以簡單、輕鬆地拍攝照片或影片，再透過YouTube、Instagram、Pinterest、TikTok、Twitter等平臺經營「自媒體」。這節就來認識自媒體與社群網站吧！

6-5-1　自媒體

　　自媒體根據維基百科上的定義是指「**普羅大眾藉由網路手段，向不特定的大多數人或者特定的單個人傳遞規範性及非規範性資訊的新媒體**」，簡單的說，就是透過網路平臺，主動分享自己認為有價值的資訊或表達觀點的網路媒體。

　　自媒體的時代來臨，而自媒體經營也已經成多數人的職涯新選項，根據Mintel公司的調查，有三分之一的美國兒少希望成為網紅，而未來理想職業，YouTuber地位更大勝律師或醫生。

常見的自媒體平臺

　　由於網路的普及、便利與無遠弗屆的特性，使其成為一個方便的個人化平臺，共同分享文章、照片、影片等，而這類的網站即可稱為自媒體平臺。常見的自媒體平臺有：

⊙ **電子布告欄**：PPT、BBS等。

⊙ **部落格及微網誌**：痞客邦、Medium、Twitter、Tumblr等。

⊙ **影音平臺**：YouTube、Podcast、TikTok等。

⊙ **社交網站**：Instagram、Facebook、Snapchat、LinkedIn等。

⊙ **即時通訊**：LINE、WhatsApp、Messenger、Skype、Telegram等。

⊙ **設計創作**：Pinterest、Behance等。

6-5-2　社群媒體

社群媒體(Social Media)的出現，大大改變了人們的生活及互動模式。人們從資料蒐集到消費，都透過社群媒體來進行。例如：喜歡藝術及設計的人，可以在Pinterest追蹤自己喜歡的藝術家；企業在面試之前，會先到面試者的LinkedIn上查看過往經歷；要了解自己喜愛的藝人或商家，就會到Instagram查看。

社群媒體將一群擁有相同興趣與活動的人建立線上社群，共同分享文章、照片、影片、喜好等。由於**網路的普及、便利與無遠弗屆的特性**，使其成為一個方便的個人化平臺。

部落格

部落格(Blog)也可稱為「**網誌**」或「**網路日誌**」，在中國大陸則被稱為「**博客**」，部落格主要是以網頁作為分享的媒介，**是一種札記式的個人網站**，讓個人可以在網站上抒寫心情及分享個人的經驗。

微網誌

微網誌(Micro Blogging)又稱為**微型部落格**，顧名思義，它是一種可以讓使用者以簡短的文字，即時公開發表自己心情或想法的部落格。網友可隨時抒發當時的感想，而無須像部落格一樣需要組織較多的內容，同時微網誌還具備社交功能，朋友之間可以隨時知道彼此的想法，並有所回應。較著名的微網誌有：Twitter、Tumblr、微博等。

Facebook

Facebook是一個可以聯繫朋友、工作伙伴、同學或其他社交圈之間的社交工具。使用者可以建立自己的社交圈，並透過各種條件來搜尋朋友，還可以上傳相片及分享影片等。

LinkedIn

LinkedIn是商務社群平臺，與Facebook一樣，可以在上面分享想法、交朋友、建立社團、舉辦活動、按讚等。不過，LinkedIn較偏向商務，在這個平臺上，可以得知朋友們的最新工作發展，朋友們也會發布要招聘的消息。除此之外，還可以建立商務人脈、找尋適合的工作及人才，甚至是做生意等。

Instagram

Instagram是一個分享照片及影片的社群，使用者只要用手機拍下照片或是視訊後，再將照片或視訊加上不同的濾鏡效果，就可以分享出，且還可以同步到 Facebook、Twitter 等社群網站中。

Pinterest

Pinterest(圖6-16)是一個以圖像分享為主軸的社群平臺，大家可以在這個平臺分享、交流和蒐集圖像的生活靈感，也能上傳分享自己的創作，可以說是一個圖像資料的搜尋引擎，或是圖像靈感、想法的雲端資料庫。

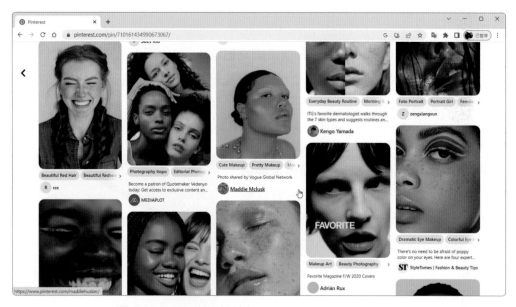

圖6-16　Pinterest網站(https://www.linkedin.com)

平臺利用瀑布流與剪貼簿的概念，只要搜尋一個關鍵字，平臺就會自動提供與關鍵字相關的圖像瀑布流，讓使用者能輕鬆瀏覽尋找喜歡的圖像。還提供了儲存功能，可以將找到的圖片存起來，並且依照喜好分類，日後便可隨時找出使用。

6-5-3　社群媒體的影響

社群媒體具有快速、無遠弗屆、虛擬化、開放性及獨特性等特性，所以在網路世界能快速發展，並成為主流。全球使用社群媒體的人，占總人口的一半以上，社群媒體讓人們看見世界，並與人交流互動，但也同時影響了人們的價值觀，也讓人們在無形之中成為了鍵盤殺手，如何適當地使用社群媒體，以及建立良好的健康心態是重要的課題。

社群媒體讓所有人隨時隨地抒發己見，並即時公開在網路上，但也因為如此，漸漸變成了傳遞錯誤訊息、干擾選舉、侵犯隱私，甚至網路霸凌的平臺。例如：恐怖分子利用社群媒體操作，號召世界各地的支持者；前美國總統川普於選舉時，在Twitter操作與挖掘網路輿情。

英國皇家公共衛生學會(Royal Society for Public Health, RSPH)研究分析Facebook、Twitter、YouTube、Instagram、Snapchat等社群媒體，對14歲到24歲使用者的身心健康影響。這項名為「心神狀況」的調查，深入探討14項身心健康相關議題。調查結果顯示，Instagram對年輕人的心理健康和幸福感造成最不良的影響，讓使用者感到憂鬱、焦慮和孤單且影響睡眠等，而影音分享平臺YouTube則是會對使用者產生積極正向的回饋。

除此之外，人們對**社群媒體成癮**(Social Media Addiction)的情況比酒精和藥物濫用更為嚴重。社群媒體的使用者讓許多人都有**過錯失恐懼**(Fear of Missing Out, FOMO)的感受。調查發現，56%的人擔心自己如果離開社群網站，就會錯失活動、新聞或重要的近況更新。社群網站的使用者在2021年突破30億，等同於地球人口的40%左右，這表示，會有超過15億的人口受到FOMO所苦。

若想擺脫FOMO，記得掌握自身生活的自主權，例如：放下手機回歸真實、培養興趣、安排活動與家人朋友建立關係、維持健康的飲食和生活習慣等，就能擺脫錯失恐懼症帶來的焦慮及壓力。

知識補充

當我們透過便利社群媒體，發表自己的創作或分享其他網路內容時，要注意是否有侵犯到著作權的問題，例如：要在自己的部落格使用他人著作時，一定要先弄清楚有哪些著作要取得授權，還要弄清楚自己的利用情形，需要哪些權利的授權。

有許多熱心的網友會在自己的部落格進行時事報導，例如：報導有關某些政治、社會、經濟方面的新聞事件，時事報導因為涉及民眾知的權利，有時候難免會利用到別人的著作，著作權法第49條規定，「以廣播、攝影、錄影、新聞紙、網路或其他方法為時事報導者，在報導之必要範圍內，得利用其報導過程中所接觸之著作。」提供網友一個相對較為寬鬆的合理使用他人著作的空間。

6-6 好用的網路資源

網路上有許多好用的資源,這些資源可以幫我們快速地完成某些工作。

6-6-1 Google地圖

Google 提供的「地圖」服務,可以快速尋找到指定的地理位置,並可以用衛星或是地圖方式呈現搜尋結果。除此之外,當搜尋出一個地點後,在地圖的上方就會顯示餐廳、飯店、名勝古蹟、大眾運輸、加油站、電動車充電站等選項,直接點選這些選項就可以搜尋出該地點的資訊。

用 Google 地圖還可以輕鬆又快速地規劃旅遊路線,不管是要自行開車,還是搭乘大眾運輸系統,甚至是步行,Google 地圖通通都可以幫你規劃,如圖6-17所示。

圖6-17 用Google規劃路線

Google 地圖也有在行動裝置上使用的應用程式「Google Maps」,Google Maps 提供了語音導航功能,可協助我們輕鬆前往目的地,不管是開車、步行或騎自行車都可使用,語音導航會告知即時路況、轉彎點、可用車道等,且如果走錯路時,Google Maps 還會自動重新規劃出新的路線。

6-6-2 Google翻譯

Google翻譯是一個免費的翻譯服務,它支援多種不同的語言,能翻譯字詞、句子、圖片、整份文件及網站等,在無須登入Google帳號的狀態下即可使用。

◉ **文字翻譯**:Google翻譯提供多國語言的翻譯服務,要進行文字翻譯時,按下「**文字**」選項後,在左邊窗格中輸入想要翻譯的內容,並指定語言,再選擇要翻譯成哪國語言後,便會即時的翻譯出文章內容,如圖6-18所示。

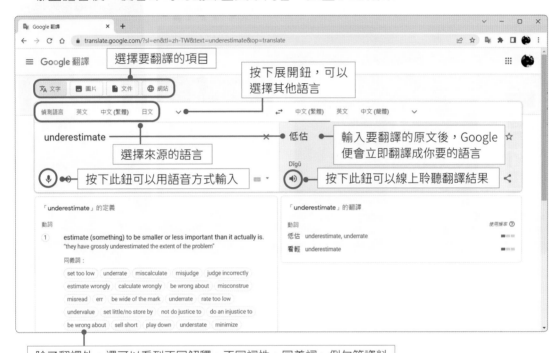

圖6-18 Google 的翻譯服務 (https://translate.google.com.tw)

◉ **圖片翻譯**:可以直接上傳圖片格式,上傳後便可翻譯出圖片上的文字,目前提供 **jpg**及**png**格式。

◉ **文件翻譯**:可以直接上傳文件,進行文件的翻譯,目前可以上傳的文件格式有 **doc、docx、odf、pdf、ppt、pptx、ps、rtf、txt、xls、xlsx**。翻譯完成後,便可將翻譯好的文件下載到電腦中。

◉ **網站翻譯**:直接輸入要翻譯的網址,就能將整個網頁內容翻譯出來。

除了在網頁上使用Google翻譯外,在行動裝置上也能使用,且App的翻譯功能更多,可以進行手寫翻譯、同步口譯、拍照翻譯、即時鏡頭翻譯、轉錄翻譯、離線翻譯等。

INTERNET

6-6-3　Google Meet

Google Meet 是線上視訊工具,可以輕鬆又快速地進行線上會議或教學。只要擁有 Google 帳戶,都可登入 Google Meet 使用視訊會議功能,與會總人數最多可達100人,而且每場會議最長可持續60分鐘(免費版本),無需下載任何軟體,還可以在行動裝置上使用,如圖6-19所示。

圖6-19　Google Meet (https://meet.google.com)

6-6-4　梗圖產生器

因網路梗圖的興起,不論是在Facebook還是LINE,很多人在回覆留言時,都會使用梗圖讓留言更有情緒感,也因此出現了許多梗圖產生器網站及App,這些產生器可以快速又輕鬆的自製梗圖,而所有文字內容都能自行輸入,甚至還可以加些裝飾、塗鴉等,且完全免費。梗圖大多為有趣、搞笑的內容,往往透過各種社群、通訊軟體以及新聞媒體傳播,短時間內就能引發潮流,並造成極大的影響力。

⊙ **Meme梗圖倉庫**:會依據目前熱門程度來排列梗圖,也可以按上方的常用標籤快速尋找主題,來製作梗圖(https://memes.tw/maker)。

⊙ **Canva**:是一款線上多功能的設計製圖軟體,經常被用來創作社群媒體圖片、簡報、海報、資訊圖表、傳單、YouTube縮圖、社群貼文圖片、網站內容、Instagram貼文等。除此之外,也提供梗圖製作的模版,如圖6-20所示。

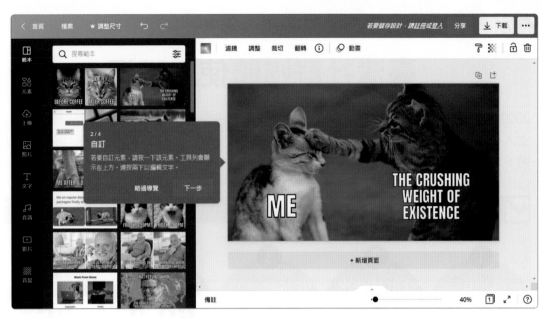

圖6-20 Canva網站(https://www.canva.com/zh_tw/create/memes/)

6-6-5 LightPDF

　　LightPDF是一個免費的線上PDF編輯器(圖6-21)，可以將文件轉換為PDF格式(如：Word、Excel、PowerPoint、PNG、JPG)，也可以將PDF轉換為各種文件(如：Word、PowerPoint、PNG、JPG)，還能將多個PDF合併，或是加入簽名、浮水印等。

圖6-21 LightPDF網站 (https://lightpdf.com/tw/)

臺灣社群媒體使用現況

2023 年，臺灣社群平臺用戶總數已達 2,020 萬，占全國 84.5% 人口；若只有 18 歲以上人口，則社群使用率已達 95.4%，位居全球第 10 名。臺灣網友每日平均花費 2 小時 6 分鐘於社群，較 2022 年成長 2 分鐘。

☑ 臺灣人最愛用哪些社群(%)

1 LINE	2 Facebook	3 Instagram	4 Messenger	5 TikTok
90.7	85.3	65.3	60.3	36

☑ 臺灣社群用戶最喜歡的社群媒體

LINE	Facebook	Instagram	TikTok	Twitter

☑ 全球社群媒體統計

截至 2023 年 1 月，全球有47.6億社群媒體用戶，相當於全球總人口的59.4%；全球每天花近120億小時使用社群媒體；Facebook是世界上使用最廣泛的社群平臺，每月有29.58億活躍用戶。

Facebook	YouTube	WhatsApp	Instagram	微信
活躍用戶 29.58億	活躍用戶 25.14億	活躍用戶 20億	活躍用戶 20億	活躍用戶 13.09億

https://datareportal.com/reports/digital-2023-taiwan

INTERNET 自我評量

▶ 選擇題

( ) 1. 下列敘述何者不正確？ (A) FTP可以提供檔案上傳與下載　(B) BBS是電子佈告欄的英文縮寫　(C) P2P是讓彼此可以分享電腦上的檔案或是程式等資源 (D) Telnet是即時通訊軟體。

( ) 2. 下列哪種軟體是P2P檔案交換軟體？ (A) eMule　(B) Exchange　(C) RSS (D) FileZilla。

( ) 3. 下列關於使用郵件軟體來收發電子郵件的通訊協定，哪一個敘述最正確？ (A) POP3協定可以協助使用者將信件送出　(B) POP3協定可讓郵件軟體在下載信件後，提供離線讀信的功能　(C) SMTP協定可以協助使用者將伺服器上的信件取回　(D) IMAP協定可以協助使用者在下載信件標題後，自動將郵件伺服器上的信件全數刪除。

( ) 4. 小桃想查詢網際網路(Internet)上有關旅遊的網站，你建議她最好應該如何做？ (A) 買一本Internet Yellow Page　(B) 購買旅遊雜誌　(C) 使用搜尋引擎尋找　(D) 接收E-mail。

( ) 5. 以Google搜尋引擎為例，使用下列字串搜尋，哪一種搜尋結果的項目數最少？ (A) 情緒勒索　(B) 情緒OR勒索　(C) 情緒 - 勒索　(D) "情緒 勒索"。

( ) 6. 要使用Google搜尋一些特定的檔案格式時，可以使用哪個語法，進行搜尋的動作？ (A) AND　(B) OR　(C) filetype:　(D) site:。

( ) 7. 要使用Google搜尋在特定網站中的搜尋資料時，可以使用哪個語法，進行搜尋的動作？ (A) AND　(B) OR　(C) filetype:　(D) site:。

( ) 8. 下列關於「遠距教學」的敘述，何者不正確？ (A) 打破了傳統教師與學生必須在同一時間、同一地點上課的限制　(B) 可以使用「Photoshop」線上視訊軟體進行遠距教學　(C) 可透過網路進行即時互動教學　(D) 實現無所不在的學習環境。

( ) 9. 著名的「Twitch」網站是屬於下列何種平臺？ (A) 網路直播平臺　(B) 影音平臺　(C) 入口網站　(D) 電子商務網站。

( ) 10. YouTube是影音分享平臺，能接受上傳的影片檔案格式不包括下列哪一項？ (A) AVI　(B) PNG　(C) MOV　(D) MP4。

( ) 11. 下列何者不屬於「社交網站」？ (A) Bing　(B) Instagram　(C) Facebook (D) Snapchat。

(　　) 12. 下列何者不是「社群媒體」的特性？ (A)無遠弗屆　(B)虛擬化　(C)封閉性　(D)獨特性。

(　　) 13. 關於網路紅人建立直播頻道秀自己，下列敘述之行為何者最正確？ (A)對於喜愛的網路紅人，欣賞歸欣賞，仍應遵守法律　(B)學習網路紅人為了拍美照，恣意闖入管制鐵路軌道取景　(C)對於支持的網路紅人賣的商品，不用懷疑是否違法，買就對了　(D)追隨網路紅人教學而逃捷運票、違反航空公司規定在搭飛機時全程開啟錄影拍片。

(　　) 14. 下列關於 Google 地圖搜尋功能的敘述，何者正確？ (A)一定要輸入完整的地址才能搜尋到正確的位置　(B)路線規劃功能提供了「自行開車」與「步行」兩種規劃方式　(C)提供了「衛星」方式觀看地圖　(D)無法觀看實景。

(　　) 15. Google 翻譯提供了上傳文件的功能，可以直接翻譯檔案中的內容，請問下列何者不是Google 翻譯可以上傳的文件格式？ (A) psd　(B) txt　(C) pptx　(D) docx。

▲ 實作題

1. 善用搜尋引擎的各項搜尋技巧，可以讓資料搜尋的結果更準確且事半功倍。說說看，你在使用搜尋引擎的過程中，有沒有發現什麼好用的功能或技巧，可以與大家分享？

2. 以 Google 翻譯幫助你翻譯網頁中的葡萄牙文，告訴大家「里約狂歡節」(https://www.rio-carnival.net) 的歷史自由及活動日期，並將你覺得感興趣的活動訊息與內容向大家分享。

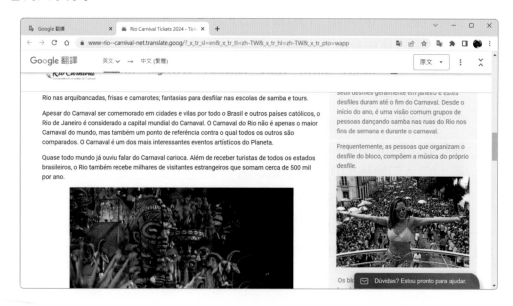

INTERNET

7-1 生成式AI基本概念

　　生成式AI (Generative AI) 是人工智慧中的一個分支，主要用於創造性的工作，例如：文章生成、影像生成、影片生成、音樂生成等。目前最夯的ChatGPT、Midjourney、DreamStudio、MusicML、Office 365 Copilot等工具都是生成式AI的最佳應用，在使用這些工具前，讓我們先來了解一下人工智慧與生成式AI。

7-1-1　人工智慧

　　人工智慧 (Artificial Intelligence, **AI**) 是透過機器來模擬人類認知能力的技術，是以電腦程式來讓機器有智慧或讓電腦會思考。它所涉及的範圍很廣，涵蓋了感知、學習、預測、決策等方面的能力。人工智慧主要是希望機器能有像人類一樣的行為反應及機器能做出合理的推理與決策。

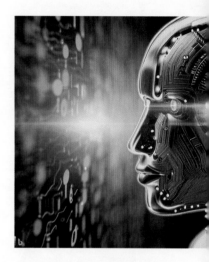

　　1956年，約翰・麥卡錫(John McCarthy)及其他當時數一數二的人工智慧專家在美國達特茅斯學院(Dartmouth College)舉辦了一次研討會，會議中正式提出人工智慧的定義，宣告人工智慧作為一門學科的誕生。

　　1993年人工智慧的發展有了重大的突破，科學家想到與其告訴機器每個對應的指令，那就讓機器學會如何識字，自己判斷，找出規則，有能力自我學習，這方法讓人工智慧有了重大突破，這也是**機器學習** (Machine Learning) 的開端。

　　1990年代中期，**神經網路** (Neural Network) 技術的發展，讓人們對AI開始有認知，慢慢進入了平穩發展時期。1997年，IBM的深藍(Deep Blue)戰勝國際象棋世界冠軍Garry Kasparov，這也成為AI的重要里程碑。2013年，**深度學習**(DeepLearning)在語音和視覺識別有了突破性進展。

　　人工智慧主要可分為**弱AI** (Weak AI) 也稱**狹義人工智慧** (Artificial Narrow Intelligence, **ANI**)、**強AI** (Strong AI) 也稱**通用型人工智慧** (Artificial General Intelligence, **AGI**) 及**超級AI** (Artificial Super Intelligence, **ASI**) 等類型。

⊘ **弱AI**：是指經過訓練的AI，著重在執行特定作業，例如：達文西手術機器人、Apple的Siri。

⊘ **強AI**：是指期望電腦除了具有認知能力之外，還能夠推理、自學、溝通甚至擁有自我意識。

◎ **超級 AI**：是指將超越人類大腦的智慧與能力，擁有「自我」的概念，像人類一樣辨識到自己的存在，並會產生想要生存的意向。

機器學習

　　機器學習指的是**讓機器具備自我改進能力及自動學習能力，是一門設計與開發演算法的學科；讓電腦可以根據經驗演化它的行為，自動最佳化下一次結果**。例如：Gmail 中的垃圾郵件過濾為什麼可以那麼準確，甚至還可以根據每個人的特殊需求慢慢學習改進，這就是機器學習的成果。

　　機器學習可廣泛應用在機器視覺、大數據資料分析、資料探勘、語言與語音辨識、手寫辨識、生物特徵辨識、環境辨識、醫學診斷、詐欺檢測、證券市場分析等，同時也是人工智慧的核心技術。

神經網路與深度學習

　　神經網路 (或稱類神經網路) 就是利用電子科技模擬神經組織的運作而組成的。神經網路中最基本的單元是**神經元** (Neuron)，一般稱作節點或單元。神經網路是由很多層的神經元所建構而成的深度學習網路。

深度學習源於神經網路,神經網路是深度學習演算法的核心,讓電腦像是長了神經網路般,可進行複雜的運算,展現擬人的判斷及行為。讓電腦進行深度學習主要有三個步驟:**設定好神經網路架構、訂出學習目標、開始學習**。

7-1-2 生成式AI

生成式AI是透過學習模型研究歷史數據的模式,運用大規模的語言模型,從網路上或其他大型資料庫取得海量資料進行訓練,讓使用者可以用自然語言與AI互動,AI則根據使用者所提出的問題或指令,自動生成新的數位內容,如文字、語音、圖像、視訊、商品、場景等,而這些生成的資料與訓練資料會維持相似,但不是複製。圖7-1所示為使用生成式AI工具生成的圖片。

圖7-1 生成式AI工具生成的圖片 (https://cgfaces.com/en)

生成式AI主要依賴於深度學習技術,其中最常見的是**生成對抗網路**(Generative Adversarial Network, **GAN**)及**Transformer模型**等。從大量資料中透過GAN手法生成擬真資料,使用現有多模內容來建立新內容,目前生成式AI可以寫文章、編故事、虛擬人物、影音創作、數位設計、資料擴增、程式設計等,但也會被濫用於詐騙、偽造身分、政治造謠等。

生成式AI技術持續快速突破中,已成為全球數位化的主流,微軟首席技術長Kevin Scott指出生成式AI**能釋放我們的創造力、使編寫程式碼更容易、成為我們的最佳助手、加速反應週期、使工作更愉快**。還指出「生成式AI有能力改變許多職業的工作方式,催生並使既定的職業轉型。透過謹慎及合乎倫理的部署,它將成為一種可以促成創造力革命的工具,使每個人都能更好地表達自己的想法」。

生成對抗網路

生成對抗網路(Generative Adversarial Network, **GAN**)是2014年蒙特婁大學博士生Ian Goodfellow提出的。人工智慧之父Yann LeCun曾經說過「GAN大概是這年來深度學習最好玩的一個應用了吧」。

　　生成對抗網路主要功能是模仿，讓電腦產生出以假亂真的圖片、影片、文字或是知名畫作。例如：美國AI藝術家Nathan Shipley透過AI StyleGAN技術，將蒙娜麗莎、莎士比亞等畫像真人化，讓歷史人物來到現代，如圖7-2所示。

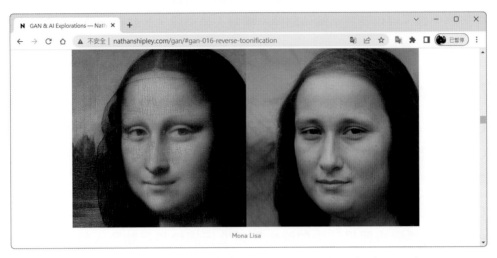

圖7-2　　Nathan Shipley網站(http://www.nathanshipley.com)

　　生成對抗網路是由**生成網路**(Generator Network)及**鑑別網路**(Discriminator Network)所組成，透過讓兩個神經網路相互博弈的方式進行學習。生成網路器主要是製造假圖片，由輸入數值來產生偽造圖片，鑑別網路可以同時觀察真實和偽造的圖片，判斷這個圖片到底是不是真的。

Transformer模型

　　Transformer是非常強大的神經網路模型，藉由追蹤序列資料中的關係，學習上下文之間的脈絡及意義，就如同句子中的每一個字，它可以用於自然語言處理、圖像處理、音訊處理等各種生成式任務。主要的特點就是它使用了一種被稱為**注意力**(Attention)或**自我注意力**(Self-Attention)機制的技術，這種技術可以幫助模型自動從數據中學習知識，並生成適當的回答。

GPT

　　GPT (Generative Pre-trained Transformer, **生成式預訓練模型**)是一個基於Transformer架構的語言模型，是OpenAI開發的，透過機器學習技術進行自然語言處理，例如：回覆問題、生成文章和程式碼，或者翻譯文章內容等。隨著不斷改進，GPT開發出了許多版本，如：**GPT-1**、**GPT-2**、**GPT-3**、**GPT-3.5**、**GPT-4**等，其中GPT-4不只能處理2.5萬字長篇內容，正確度高出40%，以整理和搜尋網路上的資訊為主，還支援視覺輸入及圖像辨識。

7-2 AI聊天機器人

AI聊天機器人使用了由自然語言處理和機器學習技術，它能夠與人類進行即時的對話，回答問題、提供資訊、解決問題、模擬人類交談，並執行簡單的自動化工作，甚至進行情感交流。

7-2-1 ChatGPT

ChatGPT (Chat Generative Pre-trained Transformer)是美國人工智慧研究實驗室「OpenAI」開發的AI聊天機器人，它能用各種語言回答各種問題，還能寫論文、算數學、寫詩、寫歌詞、寫程式等，被視為是AI的大突破。

ChatGPT是使用基於GPT-3.5、GPT-4架構的**大型語言模型**(Large Language Model, **LLM**)，透過機器學習中的強化學習進行訓練和互動及**人類回饋增強學習**(Reinforcement Learning with Human Feedback, **RLHF**)，完成複雜的自然語言處理，因此讓對話的過程很有真實感，就像是在與朋友對話一樣。

ChatGPT目前GPT-3.5為免費版本，GPT-4僅供有訂閱ChatGPT Plus的會員使用。要使用時，只要進入官網進行註冊即可使用(https://openai.com/blog/chatgpt)或下載OpenAI ChatGPT App。ChatGPT是用2021年之前的數據訓練的，所以2022年之後的事情它不知道(圖7-3)，而且它有時候會給出合理但荒謬的答案，因此使用者並不能完全相信ChatGPT給的答案。

圖7-3　ChatGPT 並不知道所有的事

▨知識補充：自然語言處理(Natural Language Processing, NLP)

自然語言處理科技就是發展出一套電腦可以接受人類語言詢問，再以類似人腦思考的模式辨析語意，進而再判斷、反應的程式語言。簡單來說，就是讓電腦分析所接收到的資訊，再轉換成另一種形式的有用資訊，最後再以另一種語言呈現出來，稱為生成。

ChatGPT除了網頁版與App外，還提供了 ChatGPT API，允許任何開發者或企業付費將ChatGPT導入到他們的App、網站、產品或服務裡。

與ChatGPT對話

在與 ChatGPT 進行對話時,建議使用具體的指令,還要有明確的目的,避免太過廣泛或是開放式的問題,這樣比較能得到完整回覆,例如:要請ChatGPT撰寫情書、文章或E-mail時,將撰寫的目的、主題、對象清楚寫出,即可得到最佳的答案。

上機實作 與ChatGPT對話

1 登入 ChatGPT 網站中(https://chat.openai.com),按下「+New chat」按鈕。
2 在輸入框中輸入想要問的問題,或想要聊的話題。
3 ChatGPT 就會回覆你的問題。

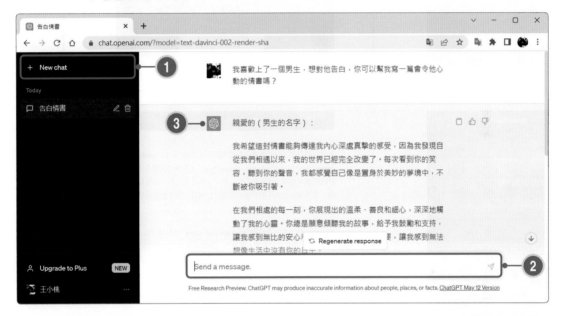

4 若對 ChatGPT 回覆的答案不滿意時,可以再繼續提出問題,例如:ChatGPT 寫了一大堆,但我只想要簡短的文章,就請他再重新寫一個簡短的內容。當然,你也可以一開始就下很明確的指令,加上「只要300字左右」,ChatGPT 就不會寫出落落長的文章了。

INTERNET

5 除了撰寫文章外，還可以請ChatGPT幫忙撰寫程式碼，ChatGPT除了會回覆程式碼外，還
會教你怎麼使用。

7-2-2　Jasper與Copy.ai

Jasper與Copy.ai都是專為寫文案而生的寫作工具，能夠用來撰寫新聞文章、廣告文案、課程設計、講義、網路教育文章、專業報告、財務報告、研究論文、文學作品等。雖然這些寫作工具的生成能力很強，但也還無法完全替代人類寫作者，因為人類具有豐富的情感及創造力，而是AI所缺乏的。

Jasper

　　Jasper(圖7-4)適合用來產生行銷文案、部落格文章、社群媒體貼文、電子郵件等文字,還能協助檢查文法並避免抄襲,而所產出的內容100%是原創長文,還提供常見的內容範本供使用者選擇使用,是商務與行銷人員的最佳工具,不過,它是需要付費使用的。

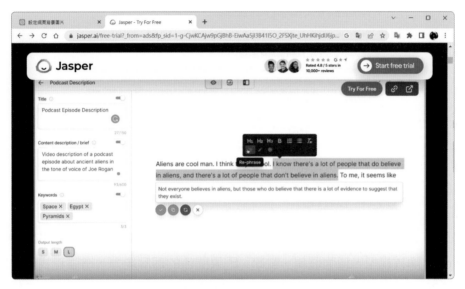

圖7-4　Jasper網站(https://www.jasper.ai)

　　Jasper能在三十秒內就產生一個文案,而且還可以根據你的反饋不斷學習和改進。創辦人暨執行長Dave Rogenmoser鼓勵電子商務、行銷廣告、公關等產業人員,將AI工具當作「輔助」,先透過該工具生成文章大致的方向,再來進行修改編寫,如此可有效節省寫作時間。

Copy.ai

　　Copy.ai也是產生文案、文章的生成工具,只要輸入標題跟幾個關鍵詞,然後選擇想要敘述的寫作風格(圖7-5),就可以快速生成一段文字或者一篇文章(圖7-6),如:文章、廣告文案、產品描述、標題、標語、社群貼文等,並且還可以根據你的需求進行修改和調整。

圖7-5　Copy.ai網站(https://app.copy.ai)

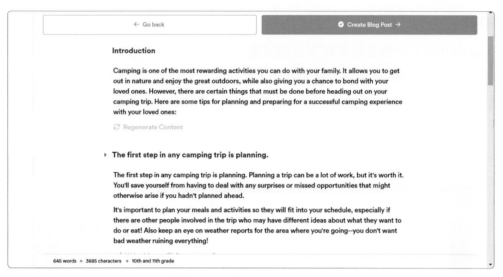

圖7-6 Copy.ai可以快速地產生一篇文章

7-2-3 Google Bard

　　Google Bard是Google推出的AI聊天機器人，使用**PaLM 2** (Parallel Learning Machines 2)語言模型，增強邏輯、數學、因果關係的理解能力，增強程式語言能力，支援超過20種程式語言，可以生成也可以協助除錯。Bard的回應會提供三種答案讓使用者選擇，還有圖片作為輔助答案，還可以將回應結果輸出成Docs文件，或是存在Gmail當作草稿，如圖7-7所示。

圖7-7 Google Bard (https://bard.google.com)

　　Bard也將智慧鏡頭功能加入，例如：提供兩隻貓的照片，就可以請Bard生成相關的文案，Bard會自行理解貓的品種，並提供幾個相關文案供用戶參考選擇。

　　Bard能做的事非常多，你可以請它幫你規劃簡報大綱、撰寫電子郵件、可撰寫程式碼及程式碼除錯(圖7-8)、製作表格(圖7-9)等。除此之外，Bard與Adobe Firefly合作，導入生成圖片的功能，並將Bard整合到Google文件、Google雲端硬碟、Gmail、Google地圖等服務中。

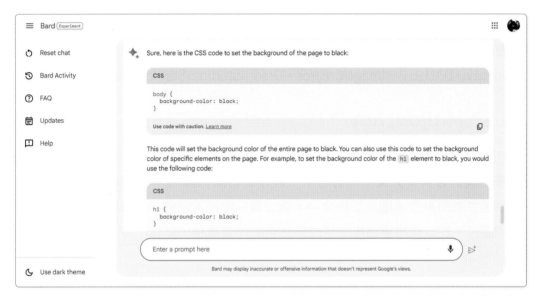

圖 7-8　Google Bard 可以撰寫程式碼

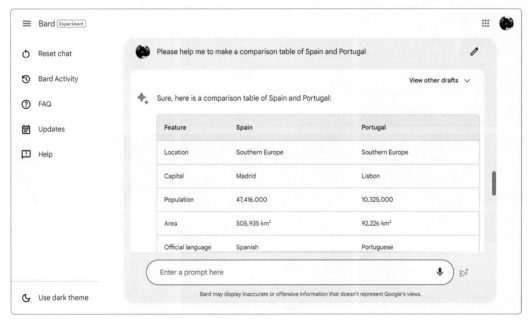

圖 7-9　Google Bard 可以將問題整理成表格

7-3 AI生成圖片工具

AI生成圖片工具成為了熱門話題，AI的進步，讓即使沒有繪圖天分的人，也可以輕鬆成為藝術創作者，而隨著AI所使用的演算法愈來愈複雜且多變，因此AI繪圖開始被運用在商業和藝術等領域上。

AI生成圖片工具夠透過學習大量的圖片資料和模式，生成逼真的圖像。這些工具大多使用深度學習的自然處理語言和生成對抗網路等技術，創造出具有高解析度、豐富細節、藝術風格、有創意且令人驚艷的圖片。常見的AI生成圖片工具有：Midjourney、DALL-E 2、Image Creator、DreamStudio、Stable Diffusion、Canva等。

7-3-1 Midjourney

Midjourney掀起了「人人都是藝術家」的風潮，還有創作者的作品在美國的科羅拉多州博覽會美術大賽中，奪得了「數位藝術類」獎項。Midjourney功能強大，已成為最主流的AI生成圖片工具之一，該工具只要輸入關鍵字，系統會搜尋資料庫中相關的圖片，加以解構重組後，生成最適合的繪畫風格，創作出令人讚嘆的作品，如圖7-10所示。

圖7-10　使用Midjourney創作的作品(創作者：楊昭琅)

Midjourney目前最新版本為V5.1，能夠處理更大、更複雜的語言數據集，能夠生成更真實、更細緻、更少錯誤、風格更加奔放、無縫紋理、更寬的縱橫比的圖片。Midjourney須付費才能使用，收費方式有月繳或是年繳，最低費用是月繳10美元(年繳的話每月8美元)，而生成出的圖片是可以商用的。

Midjourney依附在 **Discord**(免費的網路即時通訊和數位發行平臺)中，所以，進入官網(https://midjourney.com)後，點選「**Join the beta**」，即可進入Midjourney的Discord，若已有Discord帳號可直接登入，若無則須先進行註冊及驗證。

進入Discord後，在左邊欄位中可以看到許多聊天室和對話串，還有歡迎新手加入的聊天群組，除此之外，還有一些作品可以觀看，如圖7-11所示。

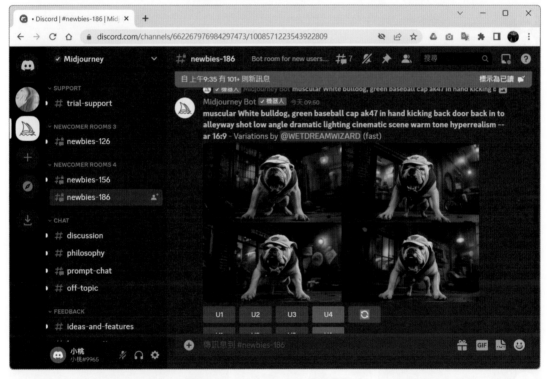

圖7-11　進入聊天群組觀看作品

Midjourney使用時像是和機器人對話的模式，輸入產生圖片的描述**提示詞**(prompt，或者稱為詠唱、咒語)及**相關參數**(--ar(建立長寬大於2:1圖片)、--hd(高畫質)、--niji(漫畫風格)、--test(藝術風格)、--tile(無縫重複圖像或填充空白))後就會快速產生四張圖片。在下提示詞時掌握「人事物+風格+細節設定+相關參數」原則，詳細的提示詞用法可以參考Midjourney所提供的教學(https://docs.midjourney.com/docs/prompts)。

上機實作 用Midjourney創作

1 進入 Midjourney 後,於左側找到「newbies-xxx」開頭的頻道,任意選擇一個即可。

2 進入後,會看到很多使用者都在生成作品,可以參考他們輸入的提示詞有哪些。接著在下方的聊天框中輸入建立圖片的指令「/imagine」,再點選「prompt」。

3 輸入要創作的關鍵字,單字、句子、一連串的敘述都可以。你也可以透過 ChatGPT 產生建議的 AI 提示詞,輸入完後即可送出提示詞。

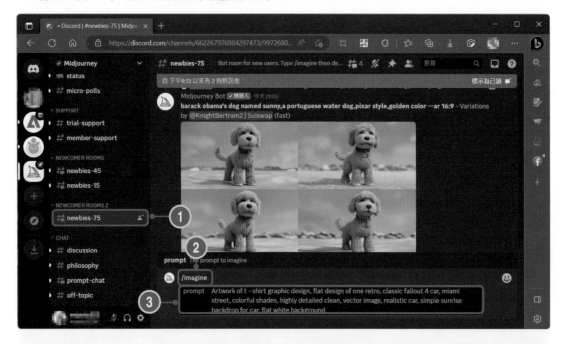

4 接著 Midjourney 就會快速生成四張概念圖片,接著選擇使用其中一張來產生構圖、風格類似的新結果,或是選定其中一張產生較大尺寸的圖片(尺寸為 1024×1024)。

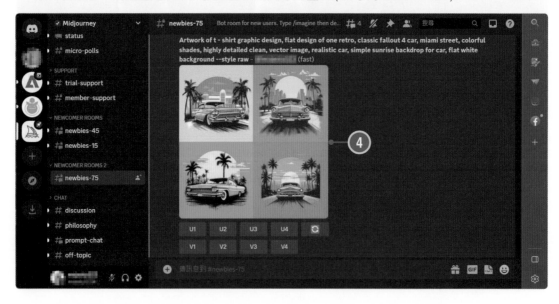

5 選擇使用其中一張來產生構圖、風格類似的新結果，透過下方的按鍵來調整細節，**U** (Upscale) 代表能選擇其中一張圖片，放大像素並提升細節；**V** (Variations) 會根據所選的圖片來延伸畫面；按下🔄按鈕可以重新運算，再重新生成四張圖片。

6 或是選定其中一張產生較大尺寸的圖片。例如：選定 U1 這張圖，畫面就會出現這張圖的指令，若還想進行變化，可以按下「**Make Variations**」按鈕；按下「**Web**」按鈕，就會顯示大尺寸的圖片。

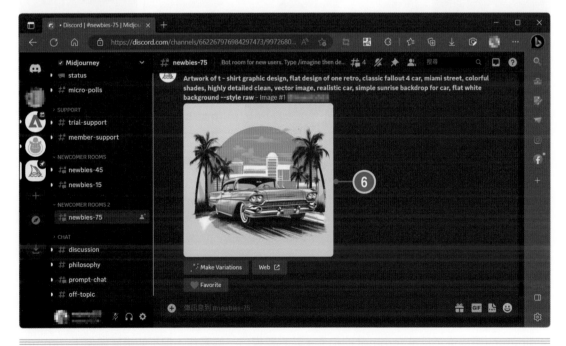

　　在Midjourney生成的圖片，若要下載時，先開啟該圖片，再按下「**在瀏覽器開啟**」按鈕，圖片就會顯示在另一個視窗中，在圖片上按下**滑鼠右鍵**，於選單中點選「**另存圖片**」選項，即可將圖片儲存起來，如圖7-12所示。

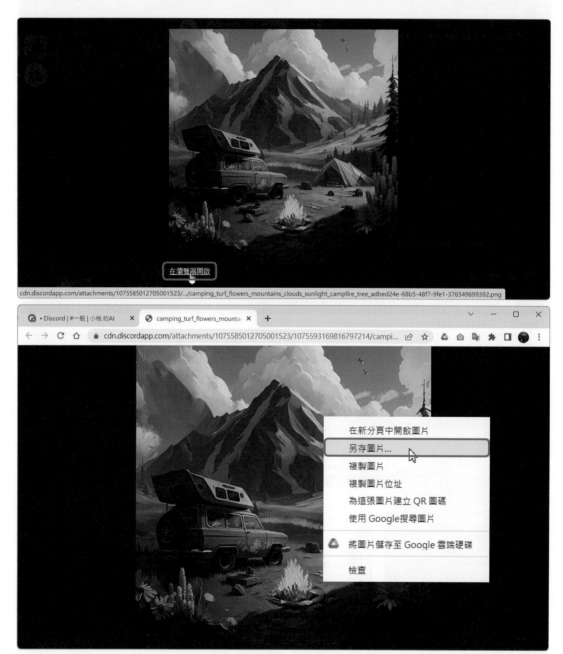

圖7-12　儲存圖片

知識補充

Midjourney還提供了反推/prompt的指令，若想要模仿一幅畫作，但不知道該如何下/prompt時，只要使用**/describe**指令，Midjourney就會分析圖片，告訴你要怎麼下/prompt提示詞。

7-3-2　DALL-E

　　DALL-E是OpenAI所發布的，可以依據使用者輸入的語意描述，來產生一組圖片，也可上傳照片讓DALL-E以圖繪圖。DALL-E的命名是來自於超現實主義畫家達利(Dali)，以及皮克斯動畫電影中的機器人瓦力(WALL-E)兩者名稱的結合。

　　DALL-E最新版本為DALL-E 2，能生成出更精緻、更逼真及能編輯的圖片，使用者可以使用文字敘述新增、替代或是移除圖片上的物品，甚至融合兩張現有圖片。而圖片解析度也從原本的256 x 256像素提升至1,024 x 1,024像素。

　　DALL-E 2是需要付費使用的，使用介面相當簡潔，只要透過網頁介面輸入描述就可以生成圖片(圖7-13)，輸入時，官方規定嚴禁涉及仇恨、騷擾、暴力、自殘、裸露及非法活動等主題，以及假新聞、政局、醫療乃至疾病相關圖，只要在不違反OpenAI的政策，是允許商業用途的。

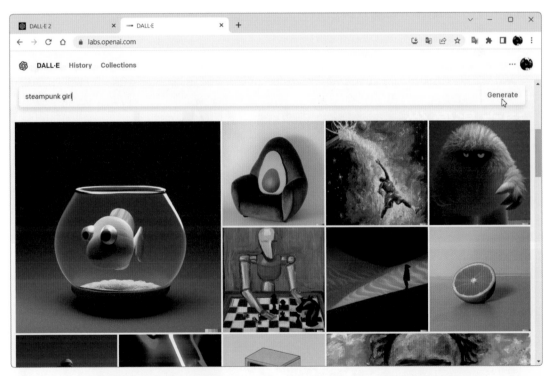

圖7-13　DALL-E 2操作介面(https://openai.com/product/dall-e-2)

7-3-3　Image Creator

Image Creator (影像建立者) 是微軟開發的，使用OpenAI的DALL-E圖片生成技術，只要輸入圖片關鍵描述提示詞，就能夠在幾秒內立即生成圖片，該工具也整合到新版的Bing和Edge瀏覽器中。

Image Creator只要使用微軟帳號登入，就可以免費使用，可透過電腦、手機或平板用任何一款瀏覽器都能夠直接開啟，首次使用時，會免費提供25個「加強功能點數」，每生成一張照片會消耗一點。

進入頁面後，在文字框中描述要生成的主體、裝扮、做什麼或繪畫風格，中英文皆可(描述時禁止生成傷害個人或社會的內容)，若不知道該輸入什麼關鍵字，可以使用「**形容詞＋名詞＋動詞＋風格**」的格式試試看，輸入完成後便會生成出圖片，生成的圖片可能會出現人體某個部位比例不對的問題，如：手太小、手指太長、臉型與身體其他部分不匹配等，如圖7-14所示。

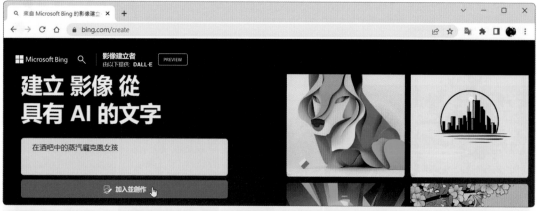

圖7-14　Image Creator的使用 (https://www.bing.com/create)

生成出圖片後，點選圖片，就可以預覽圖片(圖7-15)，並將圖片分享出去，或是下載到裝置中，在預設下圖片大小為1024x1024，格式為jpg。

圖7-15　預覽圖片

7-3-4　DreamStudio

DreamStudio是由Stability AI公司所開發的，與Midjourney相比更加簡單、快速，是一款非常方便的生成工具，且圖片可允許在商業用途上(CC0)。使用時，進入DreamStudio網頁後，可以使用Google、Discord帳號進行登入。

DreamStudio有提供免費的25 credits(約125張圖)，如圖7-16所示。每次生成所需的credits會依照不同的圖片設定而有不同，圖片品質要求越高所需的credits就越多，品質低所需的credits就越少，免費額度的credits用完後就需要付費。

圖7-16　DreamStudio網頁畫面(https://beta.dreamstudio.ai)

進入頁面後，在左側欄位中設定圖片風格、提示詞、圖片比例及要產生幾張圖片，都設定好後按下 **Dream** 按鈕，便會開始生成圖片，如圖7-17所示。

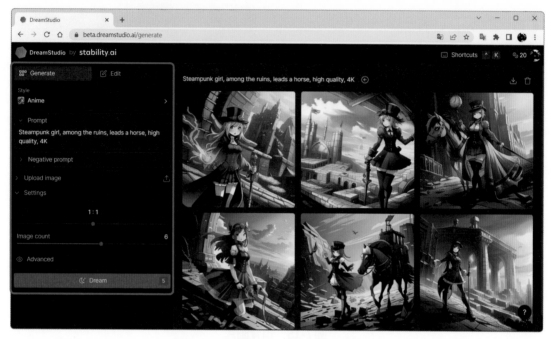

圖7-17　使用DreamStudio生成圖片

圖片生成好後，可點選其中一張圖片進行預覽，並查看相關資訊，或下載該張圖片，如圖7-18所示。

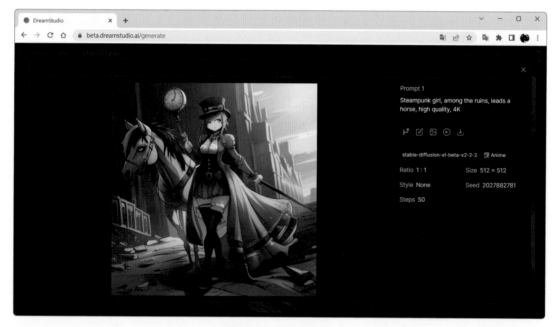

圖7-18　預覽圖片

7-4 AI生成影音工具

數位化的浪潮已勢不可擋,影音內容已廣泛應用在社群經營、品牌形象、行銷、教育訓練、產品介紹、數位學習等,利用影音內容推廣、傳播,能更快、更清楚的表達希望傳遞的資訊。但製作影音內容需耗費龐大人力及成本,因此開始有了藉由AI技術所開發出的生成工具,為影片創作和編輯帶來了新的可能性,生成各種類型的影音內容,使用者只要提供相關的內容,就可以快速地製作出有聲有色的影片。不過,使用這些工具時需要遵守法律及道德準則,並確保合法使用。

7-4-1 Make-A-Video

Make-A-Video是Meta推出的AI影片生成器,使用者只要輸入文字描述,再加上單張或多張圖片,即可透過進行訓練的人工智慧模型運作,在短時間內生成自然生動且獨特的影片內容。

Make-A-Video是藉由圖片、圖片的描述,以及未被標註的影片來訓練AI,訓練的素材來自WebVid-10M和HD-VILA-100M資料庫,總計數百萬部影片,其中也包括來自Shutterstock等圖庫的內容。

Make-A-Video提供了現實、寫實及風格化三種影片類型,目前所有生成影片皆會有浮水印,確保觀眾知道該影片是透過AI生成,而不是真實拍攝。Make-A-Video會透過GitHub公開相關技術資源,並且提供開發社群研究使用。圖7-19所示為Make-A-Video網站,對此有興趣的讀者可以進入網站閱讀詳細資訊。

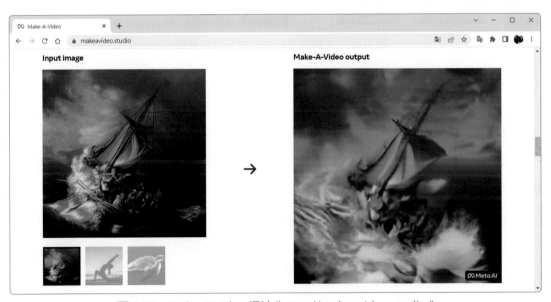

圖7-19 Make-A-Video網站(https://makeavideo.studio/)

7-4-2 Pictory

　　Pictory可以將文字或網站連結轉換成影片，會自動分析文字的內容、選擇適合的圖片、音樂和配音，生成為影片。Pictory可免費使用，而且沒有浮水印或廣告。如圖7-20所示，輸入網站連結，便會開始抓取資料，再依步驟選擇版型及影片尺寸，便可完成該網站的影片製作。

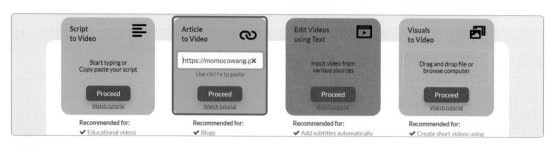

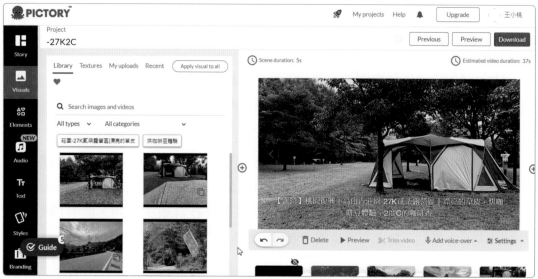

圖7-20　將網站連結內的內容製作成影片

7-4-3 RunwayML

　　RunwayML是Runway在iOS推出的App，只要上傳一段影片、圖片或文字，就能生成相應的魔幻效果影片。RunwayML會識別出視訊中的物品，並把所有物品都變成統一的風格。

　　RunwayML預設許多影片風格，包括雲朵、摺紙、水彩、紙墨、素描、泥塑等，使用者只要拍攝影片或上傳一段影片，再選擇喜歡的風格，即可生成相對應的AI效果，例如：選擇素描風格時，影片就會變成素描世界，如圖7-21所示。

圖7-21　RunwayML App

7-4-4　音樂生成工具

隨著生成式AI技術的成長，現在在串流平臺上出現了許多由AI創作的歌曲，使用這些生成工具，便能輕鬆創作出各種音樂，然而這也引發了創作者及版權公司的擔憂，這些工具在未經授權的情況下，直接從現有的歌曲中擷取旋律或歌詞；或者直接讓AI從現有的歌曲中進行翻唱，彷彿該歌手真正表演一樣，但這些根本未經允許，這已侵犯了創作者和歌手的權益，這是我們在使用這些工具時必須要注意的。

MusicLM

MusicLM是Google所研發的，可以根據使用者的想法或描述來生成獨一無二的歌曲，就會自動生成符合描述情境的歌曲音樂，也可以自定類型、音樂氛圍、情緒和情感等。MusicLM是由280,000小時的音樂數據集訓練而成，不過其生成音樂中有1%是直接從有版權作品複製而來，所以目前還在測試階段，並做持續的調整和修改。不過，使用者可以在AI Test Kitchen、Android、iOS平臺上註冊試用，只要輸入一個提示詞，MusicLM就會創作出兩個版本的歌曲。

MuseNet

MuseNet (https://openai.com/research/musenet)是OpenAI開發的，它能透過深度神經網路獲得的資訊進行反覆訓練，並模仿出如莫札特等作曲家的作品，可以用10種不同的樂器生成4分鐘的音樂作品。

Soundraw

Soundraw可以輕鬆客製免版權的歌曲與音樂，使用者只需要設定音樂長度、類型、樂器、心情等，便可即興創作並調整音樂，如圖7-22所示。

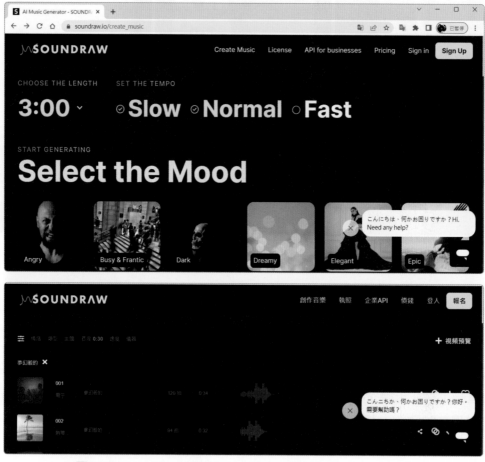

圖7-22　Soundraw網站(https://soundraw.io/create_music)

AIVA

AIVA(https://www.aiva.ai)是世界上第一個正式註冊的AI作曲家，還發表了許多專輯，使用者可免費使用並提供下載，但限於個人非營利使用，若要將音樂商用或營利，則要使用付費訂閱服務，才能獲得完整音樂授權。

AI所生成出的音樂仍有侵權疑慮，例如：Spotify因為環球音樂集團的投訴，刪除了來自新創公司Boomy的數萬首AI生成歌曲。不過，在防堵侵權外，也有創作者利用AI激發自我潛能，帶來超越過往的作品，例如：陳珊妮發布的單曲《教我如何做你的愛人》，從歌聲到封面設計皆由AI生成，成果受到好評。

AI 時代下的新職業

根據世界經濟論壇(World Economic Forum, WEF)預測，到了 2025 年，AI 技術將創造 9,700 萬個新工作崗位。投資銀行高盛(Goldman Sachs)的報告指出，在生成式人工智慧的發展下，全球多達3億個全職工作可能受到衝擊，不過該報告也指出，從歷史經驗可以得知，當自動化取代某些工作時，往往也會創造新工作。

提示工程師（Prompt Engineer）

提示工程師的職責是訓練和調整 AI，讓它更了解人類意圖，而輸出想要的或正確的答案。提示工程師需要掌握 AI 和機器學習的基礎知識，並對深度學習模型和語言模型有較深入的了解。

英國行銷公司 Ladder 創辦人 Michael Taylor 指出，一個出色的提示工程師，其特點是能夠清晰地溝通，「當你可以創造任何你想要的東西時，你能多準確地表達『那是什麼』的能力就變得很重要。」

OpenAI 執行長奧特曼說，寫提示「是一種具有高附加價值的技能」。

目前開出的待遇為年薪介於 25 萬至 33.5 萬美元不等。

AI 倫理專家（AI Ethicists/Ethics Experts）

負責確保AI和機器學習系統的開發和部署，符合道德規範並符合社會價值觀的專業人員。AI倫理專家必須具備的技能有：機器學習演算法、數據分析知識、倫理專業知識及強大的溝通技巧。 AI 倫理專家的薪水約在79,000美元到189,000美元之間。

INTERNET 自我評量

▲ 選擇題

( ) 1. 下列何者是賦予電腦能像人一樣智慧思考的科學？ (A) CAD (B) IA (C) AI (D) OA。

( ) 2. 請問下列何人在 1956 年的達特茅斯會議上正式提出了「人工智慧」的概念？ (A)比爾蓋茲 (B)約翰‧麥卡錫 (C)史蒂夫‧賈伯斯 (D)艾倫‧圖靈。

( ) 3. 達文西手術機器人的應用是屬於？ (A)強 AI (B)弱 AI (C)中 AI (D)超級 AI。

( ) 4. 使用 Gmail 收發電子郵件時，會自動進行垃圾郵件過濾，甚至還可以根據每個人的特殊需求慢慢學習改進，請問這是因為 Gmail 具備下列哪種技術？ (A)機器學習 (B)電腦輔助設計 (C)深度學習 (D)資料分類。

( ) 5. 下列關於生成式 AI 的敘述，何者正確？ (A)讓使用者可以用自然語言與 AI 互動 (B)主要依賴於深度學習技術 (C) DALL-E 2 是生成式 AI 的應用 (D)以上皆是。

( ) 6. 下列關於「ChatGPT」的敘述，何者不正確？ (A)是美國人工智慧研究實驗室「OpenAI」開發的 AI 聊天機器人 (B)是大型語言模型 (C)是知識發現的應用之一 (D)能寫論文、算數學、寫詩、寫歌詞、寫程式等。

( ) 7. 下列關於「Midjourney」的敘述，何者不正確？ (A)可以免費使用 (B)是生成圖片工具 (C)使用 GPT-3.5 架構的大型語言模型 (D)可以使用單字、句子或一段敘述當提示詞。

( ) 8. 下列何者非 AI 音樂生成工具？ (A) MusicLM (B) MuseNet (C) Soundraw (D) Make-A-Video。

▲ 問題與討論

1. 試著請 ChatGPT 幫忙想一個新飲料的名字。

範例：請幫我想一個新飲料的名字，飲料的成份有芒果、葡萄柚、椰奶、西米露。

 請幫我想一個新飲料的名字，飲料的成份有芒果、葡萄柚、椰奶、西米露

 以下是一個可能的新飲料名字：「瑰爽椰芒柚露」

INTERNET

8-1 物聯網

物聯網(Internet of Things, **IoT**)是指透過各種現有的網際網路技術,讓真實世界中的各種實體與裝置彼此串連並交換資訊,構建一個物與物之間相互通訊連結的網路。

8-1-1 物聯網發展歷程

物聯網最初起源於比爾蓋茲在1995年《The Road Ahead (未來之路)》一書之中;1998年,美國麻省理工學院Auto-ID (自動化身分辨識實驗室) 探索RFID的應用時,中心主任愛斯頓(Kevin Ashton) 正式提出物聯網一詞。

2005年,國際電信聯盟在《ITU網際網路報告2005:物聯網》中指出,無所不在的物聯網時代即將來臨,在網際網路的基礎上,利用RFID、無線通訊等技術,將可建構一個覆蓋世界上所有事物的物聯網。在這個網路中,物品能夠自動識別,彼此進行資訊交流,而無需人為的干預,並以Internet Of Things為名,正式提出「物聯網」架構,強調未來數位生活中網際網路將無所不在的發展趨勢。

2008年,Bosch、Ericsson、Intel、SAP、Google等國際會員,成立IPSO (Internet Protocol Smart Objects Alliance) 聯盟,該聯盟致力於使物聯網設備能在基於開放標準下互相交流。

2010年為第一代物聯網,無所不在的運算與感測形成智慧空間,各種智慧應用開始出現;2020年,智慧機器與人工智慧普及化,將進入**智慧物聯網**(Artificial Intelligence of Things, **AIoT**)時代,只要在物件(例如:家電產品、車輛或商品)上裝設電腦或感測器,透過無線技術,結合感測裝置與後端系統,彼此溝通並交換資訊以達成特定功能,準確即時且自動化的程序,更能節省大量人力成本。

8-1-2 物聯網發展趨勢

麥肯錫全球研究所(MGI)的報告顯示,2025年物聯網將在工廠、零售以及城市等九種環境中創造出3.9兆～11.1兆美金的產值。全球物聯網市場規模將從2021年的3,006億美元倍增至2026年的6,505億美元,2023年,全球的微控制器出貨量預計將達到300億顆,且仍會持續地成長,物聯網應用場景的成長速度相當驚人。

在臺灣,物聯網也已經成為國家發展重點技術,未來將透過智慧感測器收集到的大數據做出更好的決策與行動,可以提高工業生產品質、提升生活品質。

　　而5G的發展及技術,也將在物聯網中帶來優勢,超可靠的特性,可以將物聯網部署於那些不容許任何差錯的環境,例如:智慧交通;而低延遲的特性,讓業者可以將物聯網部署於那些不能接受任何延遲的環境中,例如:自動駕駛、工業機器人(圖8-1)、智慧家電等應用。

圖8-1　工業機器人

　　物聯網的普及,數十億人口將透過數千個應用程式與千億台聯網裝置,藉由感測器蒐集各項資料,使得物聯網安全也成為了值得關注的議題。2021年上半年,IoT裝置資安攻擊事件就比去年同期大幅倍增,物聯網安全威脅已不能等閒視之。

　　未來幾年內「**智慧聯網**」將改變電子產品的製造、研發、消費方式等,也會為企業與人們的生活帶來巨大的轉變。未來家中的任何裝置都將成為物聯網的一部分(圖8-2),還能以跨裝置、跨領域、跨系統平臺方式,整合家電、家具、警示系統、電燈、穿戴配件、智慧機器人等。

圖8-2　任何裝置都將成為物聯網的一部分

8-2 物聯網的架構

根據**歐洲電信標準協會**(European Telecommunications Standards Institute, **ETSI**)之定義物聯網架構，主要可分為三層，第一層為**感知層**(Perception Layer)；第二層為**網路層**(Network Layer)；第三層為**應用層**(Application Layer)，如圖8-3所示。

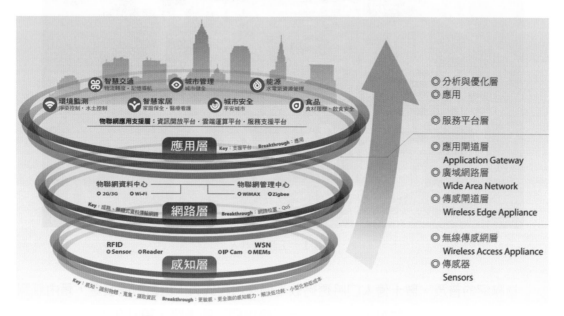

圖8-3　物聯網架構(圖片來源：資策會FIND(2010))

不過，隨著物聯網的發展，三層架構在某些應用上有些不足，故提出了五層架構，分別為：**商務層**(Business Layer)、**應用層**(Application Layer)、**處理層**(Processing Layer)、**傳輸層**(Transport Layer)、**感知層**(Perception Layer)。

8-2-1 感知層技術

感知層可說是物聯網發展與應用的根基，透過各類**感測器**(Sensor)所擷取的數據，將匯集成龐大資料庫，以供後端決策制定的輔助。感知層主要可分為**感測技術**與**辨識技術**。

感測技術

感測技術主要是**讓物體具有感測環境變化或物體移動的能力**，而日常生活中常被用來嵌入物體的感測裝置，包括了紅外線、溫度、濕度(圖8-4)、亮度、壓力、音量、三軸加速度計等。

圖8-4　溫濕度感應器(圖片來源：小米官網)

辨識技術

辨識技術最常見的便是使用RFID技術，將RFID標籤嵌入物體中，便可讓裝置得知身分或狀態。(關於RFID請參考本書2-4節的說明)

感測器

感測器**能夠探測、感受外界的反應，並轉化成可量化的訊號。**感測器的應用範圍非常廣泛，一般可分成家庭、商務、汽車、軍事、工業、醫療等，而在穿戴式裝置上的應用更是普及。在穿戴式裝置上常用的感測器有：用陀螺儀(圖8-5)感測水平的改變、用三軸重力加速器感測動作、走路或姿勢的變化、用計步器計算步數、用GPS感測所在的地理位置及運動、健身、減肥及睡眠品質等生理上的應用。表8-1所列為常見的感測器種類。

圖8-5　陀螺儀

表8-1　感測器種類

種類	範例
聲波	音訊感測器、超音波感應器等。
控制與監測	觸摸式感測器、電流／電壓感應器、磁感應計及加速感應器／陀螺儀等。
環境偵測	紅外線熱能感應器／模組、紅外線偵測儀、煙霧偵測器、液位／流量感應器、近程感測器、溫濕度感測器、壓力感應器及氣壓計／高度計等。
生物感測器	電化學生物感測器、半導體離子感測器、光纖生物感測器、壓電晶體生物感測器、肌電圖(EEG)感測器等。市面上所販售的生物感測器中，最普遍的就是「血糖感測器」(Glucose Sensor)。

3D感測器

3D感測(3D Sensing)是**透過影像感測器、鏡頭、紅外線(IR)、處理器等零件，加上演算法，來捕捉特定影像、不被混亂的背景或距離干擾。**

　　3D 感測的應用範圍相當廣泛,包含了生物辨識、居家自動化、穿戴式裝置、機器人、遊戲、電視、汽車等,都是 3D 感測可以應用的領域。3D 感測技術大多採用光學方式,較常見的方法有:**結構光** (Structured Light)、**飛時測距** (Time of Flight, **ToF**)、**立體視覺** (Stereo Vision) 等三大測距技術。

⊙ **結構光**:是 3D 掃描的一個光學方法,原理為對目標物體打出條紋光,再透過打出去的光紋變化與原始條紋光比較,利用三角原理計算出物體的三維座標,再將獲取到的資訊進行深入處理的技術。

⊙ **飛時測距**:將雷射光發射出去,再由偵測器接收散射光,去計算光子雙向飛行時間,進而推導出發射點與物件之間的距離,以掃描出被拍攝物的形狀,甚至人臉也能精準描繪出來,最後達到臉部辨識的功能。

⊙ **立體視覺**:是基於人眼視差的原理,在自然光源下,透過兩個或兩個以上相機模組從不同的角度對同一物體拍攝影像,並且擷取深度資訊,立體視覺是最接近人類大腦以視覺量測距離的方式,也是 3D 影像技術的重要部分。主要應用在**虛擬實境** (Virtual Reality, **VR**)、**擴增實境** (Augmented Reality, **AR**) 頭戴式裝置 (圖 8-6)、機器人等領域。

圖 8-6　VR/AR 使用了立體視覺技術

8-2-2　網路層技術

網路層扮演感知層與應用層中間的橋梁，用於傳遞資訊和處理資訊，負責將分散於各地的感測資訊集中轉換與傳遞至應用層。

為達到此目的，通常會將無線通訊技術嵌入於智慧裝置中，使其具有連上網路的能力，常見的無線通訊技術包括了：**內部網路**(Wi-Fi Aware、Wi-Fi Direct、RFID、藍牙、Zigbee、WSN、NFC、紅外線) 及**外部網路**(4G、5G、LTE)，智慧裝置透過無線或有線的方式連結至網際網路，將訊息傳遞至位於雲端的主機，使用者可以隨時掌握該裝置的狀態或對該物體進行遠端操控，如圖8-7所示。(關於網路的部分請參考第1章及第2章的說明)

圖8-7　行動裝置只要連上網路，就能遙控家中或辦公室的任何裝置

無線通訊技術是物聯網的傳輸基礎，而物聯網的發展，讓**低功耗廣域網路**(Low Power Wide Area Network, **LPWAN**)應用需求大增，而相關技術也順勢而生，最熱門的莫過於 Sigfox、LoRa 及 NB-IoT。

LPWAN是透過感測器收集資訊，並透過網路上傳至雲端，是戶外大規模物聯網應用裡常見的無線技術。具有低耗電、低速度、低資料量、低成本等特性，因此非常適合用在智慧能源、智慧城市、智慧農業、停車位管理、農場生畜追蹤、魚塭水質監控、土石流監控等低頻次資料傳輸的應用場域。

SigFox

　　Sigfox是由法國Sigfox公司開發的無線技術,也是一種網路服務,具有長距離、低功耗、全球的聯網服務、簡易的使用模式及低總運營成本等特點,使用非授權的Sub-1GHz ISM頻段,傳輸距離在一般市區約5公里,郊區可達20~30公里,可傳輸12 Bytes以下的數據,由於降低了數據傳輸量,因此大幅節省了物聯網裝置的電力消耗。

LoRa

　　LoRa (Long Range)是美國半導體製造商Semtech所開發的,並由Semtech、IBM、Cisco等多家廠商所組成的LoRa聯盟推動。網路架構是屬於典型的星形拓撲結構,由應用伺服器、網路伺服器、閘道器與終端節點組成,任何人都能自行設置基地台來建置網路環境的模式。

　　LoRa的傳輸距離約2~5公里,在遮蔽物較少的郊區則為15公里,使用非授權的Sub-1GHz ISM頻段,適合應用在不用長時間連網,只需定期收到特定資訊,例如:空氣品質、電錶、水錶等。

> **知識補充:ISM(Industrial Scientific Medical Band)頻段**
>
> LPWAN頻段分為授權頻段以及免授權頻段,ISM即為免授權頻段,是開放給工業、科學及醫學機構使用的頻段,無須許可證及費用,只需要遵守一定的發射功率(一般低於1W),不要對其他頻段造成干擾,即可使用。授權頻道則取得許可的成本高昂,多為電信業者使用。

NB-IoT

　　NB-IoT (Narrow Band-IoT)是由國際電信標準制定組織3GPP所發展出來的,具有多連接、低功耗、低成本以及廣覆蓋等優點,使用需授權的GSM和LTE頻段,所以必須藉由電信業者買下頻段授權,使用者只能透過電信業者或第三方代理商取得授權技術和頻段,才能使用NB-IoT相關服務。NB-IoT是由現有電信業者推出的技術,不需重新布建網路,只要更新軟體,就能使用現有的4G、5G電信基地台和相關設備。

　　NB-IoT的覆蓋性很高,穿透力強,訊號也很強,一個基地台可以提供5~10萬個節點,其網路不限制傳輸訊息次數,所能攜帶的資料量也更高,因此適用於重視網路傳輸穩定性和即時性的智慧工業領域,或者是需要聲音、影像檔等高資料傳輸的IoT裝置。

表8-2所列為目前物聯網主要採用的5款無線傳輸技術。

表8-2 物聯網常用的無線傳輸技術

技術名稱	使用頻段	傳輸範圍	最大資料傳輸速率	通道頻寬	制定標準的組織
SigFox	868MHz 915-928MHz	20+km	100 kbps	250 KHz 500KHz	與歐洲電信標準協會(ETSI)合作
LoRa	915-928MHz	15 km	50 kbps	100 Hz	LoRa 聯盟
ZigBee	902-928MHz 2.4GHz	小於1 km	250 kbps	2MHz	ZigBee 聯盟
Wi-Fi	2.4-60GHz	100 m	10 mbps	20 MHz 40 MHz	IEEE 802.11
NB-IoT	700MHz 800MHz 900MHz	1 km(城市) 10 km(郊區)	200 kbps	200 KHz	第三代合作夥伴計畫(3GPP)

8-2-3 應用層技術

應用層是物聯網和使用者(包括人、組織和其他系統)的介面,它與行業需求結合,實現物聯網的各種應用,諸如智慧工廠、智慧居家、智慧公車、智慧物流、智慧電網、智慧醫療、智慧健康照護及智慧節能等多種領域的應用服務。

物聯網的應用必須串連與整合多套子系統的數據資料,除了提供系統連動自動處置之外,還要進一步進行大量資料分析。因此,商業智慧(線上分析處理、資料探勘、資料倉儲)、決策支援等,都成為應用層重要的技術。

商業智慧

商業智慧(Business Intelligence, **BI**)是指運用各種資料管理技術,來辨認、擷取與分析企業內部資料庫的資料,並呈現資料分析的結果,主要用於支援企業決策判斷。一般在商業智慧上所常用的技術有**線上分析處理、資料探勘、資料倉儲**等,而隨著資訊形態的演進,新一代的商業智慧系統則可支援**大數據**(Big Data)的運用。

⊙ **線上分析處理(Online Analytical Processing, OLAP)**:概念最早是由英國計算機科學家 Edgar F. Codd 於 1993 年所提出,主要用於大型資料庫的資料分析、統計與計算。OLAP 將資料庫分為一或多個多維數據集。這裡的**維**(Dimension)是指人類觀察客觀世界的角度,相同屬性(如時間、地點)的資料便可組成一個維。因為資料庫的資料已事先定義並計算過,因此可即時、快速地提供整合性的決策資訊。

⊙ **資料探勘(Data Mining)**：是一個結合多種領域的技術。它運用各種不同的統計方法、專家系統、機器學習等分析技術，對大量的資料進行分析，以擷取出資料庫中隱含的有用且具關聯性的資訊或法則。其結果可應用在醫療業、金融業、零售業、製造業或科學等不同領域上，用於提供企業預測趨勢、解決問題，或提升製程效率等。

⊙ **資料倉儲(Data Warehouse, DW)**：是美國William H. Inmon於1990年所提出的概念。它將多個資料來源透過篩選、分類後，整合儲存在一個大型資料庫中，並配合有效的資料分析工具，提供綜合性分析結果，主要支援決策者制定中長期決策之用。因為在組合資料的過程中，已預先進行計算與分析，因此可快速回應使用者的特定查詢。

決策支援系統

決策支援系統(Decision Support System, **DSS**)是一套**用來協助中高階主管制定決策的資訊系統**。相對於EDP與TPS的目的是以電子化「取代」人工作業來增加工作「效率」，決策支援系統其作用則是「支援」管理階層制定決策與執行決策，透過資訊系統來協助決策者提高決策「效能」。

面對不斷變化的企業環境，決策支援系統可說是管理資訊系統的延伸，管理資訊系統主要協助例行性的內部決策，而決策支援系統則是用來協助較複雜的非例行性決策。決策支援系統除了使用企業內部MIS、TPS、EDP等系統所提供的資訊，也會結合外界環境的動態資訊，能為管理階層提供多方位的分析角度與深度資訊，來協助決策者訂定決策。

8-3 智慧物聯網

第一代物聯網出現於2010年代，無所不在的運算與感測形成智慧空間，各種智慧應用開始出現，而5G加**人工智慧**(Artificial Intelligence, **AI**)，將物聯網正式帶入**智慧物聯網**(AIoT)時代。

8-3-1 認識智慧物聯網

智慧物聯網(AIoT)這個名詞，簡單來說，就是指人工智慧(AI)結合物聯網(IoT)的新興智慧應用。隨著物聯網的基礎建設日益成熟，且人工智慧領域也快速進步，因而發展出的新興複合科技應用。

　　AIoT 數據不一定要像傳統的物聯網那樣回傳雲端,而是可以就近於終端的邊緣節點進行即時處理與數據分析,也就是所謂的**邊緣運算**(Edge Computing)。AIoT 建構原理是透過物聯網的網路基礎設施,將物聯裝置上所蒐集到的大量資訊進行分析整合利用,再將這些大量數據以 AI 的深度學習技術找出模型,歸納出預測與異常模式,使其成為有用的商業智慧,再反饋給使用者,以更智慧的方式輔助人類的生活,讓物聯網進化成智慧物聯網。

　　我們熟知的機器人、無人機、自駕車等,都與 AIoT 息息相關。除此之外,經濟、教育、環境、安防、交通或生活,也都可以透過物聯網數據輔以 AI,發展創新應用。

8-3-2　工業物聯網

　　智慧物聯網的來臨,工業應用領域也開始整合各種技術而進入了「**工業 4.0**」(Industry 4.0)時代,透過大量數據的擷取與分析,改變服務模式,讓工廠朝智慧化邁進。

　　工業物聯網(Industrial Internet of Things, **IIoT**)是指將具有感知、監控能力的各種感測或控制器,以及智慧分析、人工智慧、機器學習等技術,融入到工業生產環節中,以大幅提升製造效率、提升品質、降低成本,是實現工業 4.0 不可或缺的環節。

　　在工業物聯網所架構的環境中,架構一個專為工業領域應用所設計的物聯網平臺,透過**機器至機器**(Machine to Machine, **M2M**)的通訊,將所有生產製造範圍內的機具設備、嵌入式裝置與控制系統整合在一起,進行智慧化的管理,而成為**智慧製造**(Smart Manufacturing),如圖8-8所示。

圖8-8　智慧製造示意圖

智慧製造提供了許多效益,許多的工廠從產品設計、分析、流程控管,到最後的成品測試,都是透過電腦及智慧化系統來掌握一切流程,以達到**工廠自動化**(Factory Automation, **FA**)的目標,管理階層能遠端遙控與監看生產作業,機台也能自動發送異常報告,以提高產品良率,還能節省人工盤點除錯的資源與時間,減少了營運成本。

晶圓製造龍頭台積電,從2011年開始導入大數據分析、機器學習、人工智慧等技術,開啟智慧化;2016年啟動深化機器學習計畫,成功開發出智慧診斷引擎、先進數據分析等平臺,而發展出獨門的製程精確控制系統,減短生產週期至少50%的進度。

工研院在「2030技術策略與藍圖」的計畫下,於智慧製造領域裡,會協助中小企業將設計、生產,到售後服務等各環節的製造資訊、技藝或經驗,加以數位化,以提升製造與設備效率、勞動生產力,並縮短產品上市時間、最小化資源的使用。

知識補充:工業4.0

工業4.0一詞(臺灣稱生產力4.0),是指第四次工業革命,於2011年德國漢諾威工業展首次被德國政府提出。簡單的說,在生產製造的過程中,大量運用自動化機器人、通訊與控制的虛實系統整合及大數據分析,連結物聯網,以智慧生產、智慧製造建置出智慧工廠,形成智慧製造與服務的全新商機與商業模式,就是工業4.0的概念。

8-3-3 智慧交通

美國ITS協會將智慧交通定義為:「係利用先進電子、控制、電信、資訊等技術與運輸系統結合,以協助運輸系統之有效監控與管理,而達到減少擁擠、延滯、成本及提高效率與安全之目的」。智慧交通主要的作用就是減少交通壅塞情形,透過物聯網及車聯網所形成之車路聯網協同運作,使交通更加安全與便利,提升運輸效率,減少交通事故。

智慧型運輸系統

智慧型運輸系統(Intelligent Transportation System, **ITS**)乃是應用先進的資訊、通訊、電子等技術,以整合人、路、車的管理策略,提供即時的資訊而增進運輸系統的安全、效率及舒適,同時也減少交通對環境的衝擊。

ITS系統應用的範圍小至個人,大至國家,例如:臺北市與高雄市的大眾捷運系統、高速公路電子收費系統、臺灣高鐵的智慧軌道等,都是智慧型運輸系統的應用。

　　智慧軌道導入無人載具智慧巡檢、列車數值監控、車上運行攝影回傳及安全防護等技術，可以提升營運品質、運輸安全及防災應變。例如：臺灣高鐵的災害監測系統，在軌道沿線布建感測器蒐集監控軌道周邊，並連結外部氣象、水文、交通機具等即時查詢資訊，提供防颱、落石、地震等災後回報與查檢功能。

車聯網

　　車聯網(Vehicle To Everything, **V2X**)是物聯網在交通領域的應用，主要是構建一個智慧交通網路(圖8-9)，透過在車輛上搭載的裝置，並結合感測器、通訊、網路、自動控制、數據處理等技術，將資訊在平臺上進行智慧化存取及利用，可有效掌握即時且準確的資訊，在提升運輸安全的同時，還能依照不同需求提供各項服務。

圖8-9　智慧交通網路示意圖

　　V2X還可再細分為：**車輛對車輛**(Vehicle-to-Vehicle, **V2V**)、**車輛對基礎設施**(Vehicle-to-Infrastructure , **V2I**)、**車輛對行人**(Vehicle-to-Pedestrian, **V2P**)、**車輛對網路**(Vehicle-to-Network, **V2N**)等類別。

⊙ **V2V**：使用短程無線通訊技術(Dedicated Short-range Radio Communication, DSRC)交換周邊車輛速度與位置等相關訊息，並協助採取相對應措施，如防碰撞安全系統。

⊙ **V2I**：車輛行駛過程中遇到的所有基礎設施，如：交通號誌、公車站、電線桿等，駕駛在等紅燈時，透過儀表板顯示紅燈的倒數計時讀秒功能，或是提醒駕駛煞車以防誤闖紅燈。

> **V2P**：車輛行經交叉路口時，可以偵測是否有行人要過馬路，即時提供行人碰撞預警系統通知車輛。

> **V2N**：車輛與行動網路後台溝通，車輛可以接收交通壅塞或事故發生等警報，例如：交通繁忙時，車輛可配合讓出一條道路讓救護車或消防車先行。

智慧車

　　智慧車使用了**先進駕駛輔助系統**(Advanced Driver Assistance System, **ADAS**)、汽車防撞系統、新能源、通訊及光電等技術，整合了感測器、雷達、無線通訊及攝影機等裝置，提供以往所未能達到的許多功能，例如：自動駕駛系統、主動式安全系統、即時車流導航資訊系統等，未來發展的方向將跨入科技應用的下一個世代，成為越來越符合人性的智慧車輛。

　　輔助駕駛人進行汽車駕駛控制的系統稱為「先進駕駛輔助系統」，主要功能是為駕駛人提供車輛的工作狀況與車外的行駛環境變化等資訊。ADAS是由多個子系統所組成，常見的有：

盲點偵測系統 (Blind Spot Detection System)	停車輔助系統 (Backup Parking Aid System)
車道偏離警示系統 (Lane Departure Warning System)	碰撞預防系統 (Pre Crash System)
適路性車燈系統 (Adaptive Front-lighting System)	夜視系統 (Night Vision System)
主動車距控制巡航系統 (Adaptive Cruise Control System)	煞車電子輔助系統 (Breaking Electrical Assist System)

自動駕駛汽車

　　自動駕駛汽車又稱為**無人駕駛汽車**(Autonomous Car)，具有傳統汽車的運輸能力，不需要人為操作即能感測其環境及導航，如圖8-10所示。自駕車已成為全球熱門的議題，許多廠商也紛紛推出各種自駕車，例如：自駕巴士、自駕物流車、自駕計程車等。

圖8-10　自動駕駛汽車示意圖

8-3-4 智慧農業

　　智慧農業基於物聯網技術，可透過各種無線感測器，採集農業生產現場的光照、溫度、濕度等參數，進行遠程監控，並利用智慧系統進行定時、定量的計算處理，及時遙控農業設備自動開啟或是關閉，如圖8-11所示。

圖8-11　智慧農業示意圖

　　農委會推動了「智慧農業4.0」計畫，希望能做到無人飛機穿梭於農田上空，一邊監控作物生長狀況，一邊將資料傳送雲端，透過雲端運算，進行符合成本與對環境傷害最少的農藥與化肥施用分析及對水資源做最有效的管理，而農民只要透過一只手機或平板電腦連上雲端，即能輕鬆完成「巡田」任務，創造安全又便利的從農環境，促進農業永續發展。

8-3-5　智慧零售

　　全球零售業已掀起數位轉型，越來越多品牌導入「智慧零售」模式，讓傳統的商店逐漸轉型為智慧商店，改變過往消費者購物模式。智慧零售運用物聯網、AI、大數據等科技，提供顧客更方便、快速、安全的消費體驗，並整合品牌內的系統、資源、善用數據分析提高品牌營運效率。

　　當實體零售店安裝了具有人臉辨識的AIoT裝置後，可以判斷出顧客是否在某些貨架上露出驚訝或生氣的表情，擷取這些行為模式後，由AI進行分析，根據這些資料採取應對措施，例如：妥善規劃店內人流動線、規劃熱門商品以及促銷活動的位置安排、在不同區域提供針對性的商品推播資訊等，如圖8-12所示。

圖8-12　智慧零售示意圖

　　亞馬遜公司(Amazon)於2018年開了一間無人智慧商店Amazon GO，顧客只需要先用專屬App掃描確認身分，進入商店後，就會藉由店裡裝設的攝影機及感測器，與人工智慧、電腦視覺、深度學習演算法等技術，判斷顧客到底選取了哪些商品，並將商品加入虛擬購物車中，顧客拿了商品便可直接走出店門，虛擬購物車便會自動進行結帳，顧客也能馬上透過手機檢查購物金額是否正確。

　　除了Amazon Go外，Amazon還將無人店技術應用在Amazon Fresh生鮮超市，打造了Dash購物車，讓僅購買少量商品的消費者可直接在購物車完成扣款，無需依序排隊離開，藉此加快結帳效率。Amazon在未來也準備將無人商店技術擴展至機場、電影院及球場等場景。

8-16

8-3-6 智慧建築

　　近年來新一代的建築物，紛紛加入智慧化的概念，並融入了綠能環保。所謂的「智慧建築」，是透過多元的網路及科技設備導入及應用，使得建築空間本身具備智慧化功能，提升使用上的便利，使建築物更安全健康、便利舒適、節能減碳又環保。

　　目前智慧建築發展的三大趨勢，包括綠能環保、智慧感測與萬物互聯等。智慧建築整合了監控、門禁、空調、照明、充電樁、電梯、消防、給排水等，建築內部設置環境感測器與網路通訊系統，可以全天採集建築內部的數據，像是室內亮度、溫度及人員數量等數據，再依這些數據判別內部的照明亮度、室內冷氣、人流走向等情況，便可自動關燈或是降低亮度，如此能有效的避免不必要的能源浪費。

　　智慧建築可以減少能源消耗、降低維護成本、排除設備故障並防制各種異常災害，提供更安全舒適的居住環境等。在臺灣有許多智慧建築，如臺灣首座綠建築圖書館「北投圖書館」、士林電機仰德大樓、成功大學裡的「綠色魔法學校」、花博新生三館、臺北大巨蛋、南山人壽商業辦公大樓、臺北市萬華區青年公共住宅(圖8-13)等。

圖8-13　青年社會智慧住宅納入了智慧三表(水表、電表、瓦斯表)，並取得智慧建築銀級標章

▨ 知識補充：智慧電表

智慧電表(Advanced Metering Infrastructure, **AMI**)與傳統機械式電表最大的差異在於它能即時提供用戶用電的資訊，並記錄電力的使用情況，將用電數據即時回傳到電力公司的控制中心，可進行大數據分析，能讓電力公司精確掌握用戶的用電行為與習慣，用戶也能到電力公司的用戶網頁資訊平臺取得自己的用電累積度數，就能進一步分析用電習慣並找出適合的節能方法，達成節省電費支出的目標。

8-3-7　智慧城市

　　智慧城市 (Smart City) 最初的概念來自IBM的「**智慧地球**」，是指將物聯網、AI、雲端運算、智慧型終端等工具，應用到城市裡的電力系統、交通系統、自來水系統、建築物、工廠、辦公室及居家生活等各種物件中，讓所有設備系統能形成有效率的互動，以提升政府效能，改善人民的生活品質。簡單的說，就是**利用數位科技與數據來解決城市的問題，並提高生活品質**。

　　而根據聯合國歐洲經濟委員會(UNECE)與國際電信聯盟(ITU)之定義：智慧城市是指運用資通訊技術與其他新興科技，提升資源運用效率，優化都市管理和服務，以改善市民生活品質，同時確保現在和未來於經濟、社會、環境與文化方面的永續發展，如圖8-14所示。

圖8-14　智慧城市示意圖

　　阿姆斯特丹以綠色環保為訴求，打造包含生活、勞動、運輸與公共空間等四個主軸的永續智慧城市，例如：可以監控用電量的智慧電表、可有效降低能源消耗的智慧建築、可監控購物街狀況的「氣候街道」等。

　　臺北市將數位基礎建設與市民生活密切結合，並成立「大數據中心」，整合各局處專業資料，彙整出視覺化資訊儀表板、數據分析報告，讓市府掌握城市脈動，打造更貼近生活的智慧化服務，積極邁向智慧城市。

8-4 大數據

大數據(Big Data)又稱「**巨量資料**」、「**海量資料**」。顧名思義,它意指非常大量的資料,這些資料具有大量、多樣、即時、不確定等特性。Big Data可應用於各種領域,**將龐大資料量進行集合、分析與運算,便能從解讀出的數據資訊中,找出潛藏的線索、趨勢,以及商機。**

8-4-1 大數據的特性

大數據的資料和傳統資料最大的不同是,資料來源多元、種類繁多,大多是非結構化資料,而且更新速度非常快,導致資料量大增。大數據必須藉由電腦對資料進行統計、比對、解析才能得出客觀的結果。

一般而言,大數據的定義從3V、4V、5V到8V都有,3V是指:資料量**龐大**(**V**olume)、資料處理**速度**(**V**elocity)及資料類型**多樣性**(**V**ariety),但也有人另外加上資料的**真實性**(**V**eracity)及資料的高度**價值**(**V**alue)兩個V,變成5V,近期甚至有人提出了8V,增加了資料的**關聯性**(Viscosity)、資料的**揮發性**(Volatility)及資料的**視覺化**(Visualization)。圖8-15所示為大數據8V示意圖;表8-3所列為大數據8V說明。

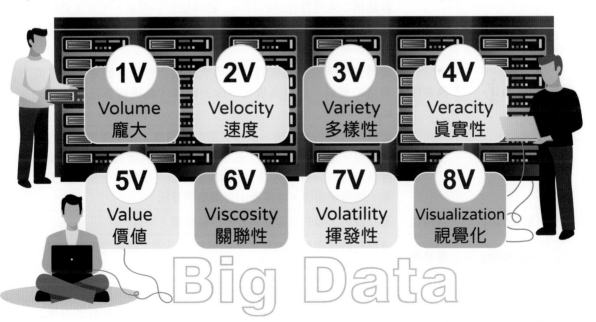

圖8-15 大數據8V

表8-3　大數據8V說明

8V		說明
Volume	龐大	根據維基百科的定義，資料量的單位可從 **TB** (Terabyte，**一兆位元組**) 到 **PB** (petabyte，**千兆位元組**)、**EB** (Exabyte，**百京位元組**)、**ZB** (Zettabyte，**十垓位元組**)，甚至更大的單位，但到目前為止，還沒有一個標準來界定大數據的大小。其實資料量的大小，也不是大數據的重點，能夠從這些資料量取出有用的資訊，才是大數據的「價值」。
Velocity	速度	資料的傳輸流動是連續且快速的，資料處理的時間極短，且處理速度非常的快速，即時得到結果才能發揮最大的價值。
Variety	多樣性	大數據的資料類型包羅萬象，可以有很多不同的形式，例如：社群網站的貼文或留言等文字內容、IG上的動態圖像、抖音中的影音短片、衛星導航的行車路線、交易資料、類比訊號、語法等，都是資料，而這些資料大致上都是以**結構化**、**半結構**和**非結構**等方式儲存。 **結構化：**資訊內容有精確定義的模式，如Google試算表呈現出來的資料都是結構化資料。 **半結構：**介於結構與非結構資料之間，資料格式以文字為主，其長度不固定，大多是用於資料交換，如Log檔、CSV、JSON、XML等。 **非結構：**未經整理過的資料，資料格式不固定，也就是資料的本質，如文字、圖片、音樂、影片、PDF、網頁、社群網站上的訊息等。
Veracity	真實性	資料蒐集時是不是有資料造假或誤植？分析並過濾有偏差或異常的資料，只有真實而準確的數據才能獲取真正有意義的結果。
Value	價值	資料經過分析加值後，能得到更高的價值。如果僅是大量的數據集合，是沒有價值的，必須對未來趨勢與模式進行預測及深度且複雜的分析，例如：迴歸模型分析、多變量分析、人工智慧、機器學習等，才能產出有價值的資訊。
Viscosity	關聯性	不同資料之間的關聯性需要分析與處理。
Volatility	揮發性	資料有時是短暫且波動的，在分析資料時，要確定資料的有效期限及儲存多久。
Visualization	視覺化	將數據視覺化可以更加闡釋數據的意義、並理解數據的結果，例如：使用即時資料儀表板、互動式報表、圖表和其他視覺呈現各種資訊，有助於使用者更快且更有效地進行決策制定、規劃、策略和行動。

8-4-2 資料的價值

因為科技的進步,物聯網的發展,全球各行各業的資料量成長更是急速攀升,IDC (國際數據資訊) 預測,全球資料量在2025年將成長至163 ZB(等於1,000億GB),是2016年所產生的資料量十倍。

資料的取得成本相比過去開始大幅下降,過去要十年才能蒐集來的資料,如今一夕之間即能達成。也因為取得數據不再是科學研究最大的困難,如何「儲存」、「挖掘」數據,並成功地分析結果,才是研究重點。

當蒐集到這麼大的資料量時,可以做什麼用途?又能獲取什麼重要的資訊呢?若只是將資料儲存起來是不夠的,資料必須派上用場才具有價值。經過整理後能產生重要分析結果的資料,必須要花很大的工夫,**資料科學家**必須投入時間整理並準備資料,這樣資料才能真正派上用場。

知識補充:資料科學家(Data Scientist)

隨著大數據的熱門,資料科學家這幾年成為最熱門的工作職缺之一,《哈佛商業評論》將它譽為「21世紀最性感工作」。資料科學家也包括資料工程、資料分析師,主要工作就是為資料賦予價值,一般資料科學家應該具備的能力有:

❖ **基本工具**:數據建模、機器學習、演算法、商業智慧、R語言、Python,以及資料庫查詢工具SQL等基本技能。

❖ **基礎統計學**:應該熟悉統計測試、分布、最大似然法則等基礎知識。

❖ **多變量微積分、線性代數**:應具備基礎多變量微積分與線性代數的知識,因為資料科學就是由這些技術型塑而成。

❖ **清理數據(Data Munging)**:發現並糾正數據文件中可識別的錯誤的最後一道程式,包括檢查數據一致性,處理無效值和缺失值等。

❖ **資料視覺化(Data Visualization)**:要能利用圖形化工具(如:Excel統計圖表、Power BI 立體模型等)從龐大繁雜的數據庫中取出有用的資料,使其成為易於閱讀、理解的資訊。

❖ **軟體工程(Software Engineering)**:須具備軟體開發技術和軟體專案管理能力。

知識補充:資料廢氣(Data Exhaust)

資料廢氣指的是經由主要動機的附屬行為而產生的相關資料。使用者和網站間的互動,都會產生資料廢氣,例如:滑鼠滑過哪裡、點擊哪裡、在同一頁面停留多久等,原本這些被視為沒什麼價值的資料,往往在經過整理發掘後,會找到有利用價值資訊。

INTERNET

8-5 大數據的分析技術與工具

因大數據的熱潮，許多處理資料分析與管理的技術也因應而出。以下將介紹大數據分析步驟及一些熱門的大數據分析工具、視覺化工具。

8-5-1 大數據分析步驟

大數據分析的工作可以簡單分為**採集、儲存與處理、統計與分析**及**視覺化**等四步驟，說明如下。

採集

根據大數據分析的目的蒐集有用資訊與相關資料的過程。例如：家電品牌想要了解顧客的產品使用體驗，就必須從買過家電的顧客身上獲取資訊，而不是蒐集陌生客源的數據。

一般數據採集主要可以從資料庫採集(Sqoop、ETL、Kettle)、網路爬蟲獲取(藉由解析網頁程式碼，自動抓取網頁中資料的技術)及感測器採集等方式。除了上述的採集方式外，也能透過統計軟體來取得資料，常見的工具有Google表單及SurveyCake，可以免費製作問卷，蒐集使用者的資料。

儲存與處理

針對篩選出來的資料進行儲存及初步的檢驗處理，以確保資料的正確性及完整性。任何大數據平臺都需要安全、可擴展及耐用的儲存庫，才得以存放處理前後的資料。建議使用分散式處理系統，將數據分割及備份，減輕記憶體負擔，同時也能提升資訊的安全性。

Apache Hadoop可做為大數據儲存工具，使用Apache Hadoop時，會將資料切割成很多小份，並為每一份資料製作多個備份，如此一來，即使部分資料損毀也能還原完整的資料。

統計與分析

透過統計與分析資料庫建造模型，使用分析工具將數據分類、排序、進行關聯分析，甚至執行更進階的演算法，找出其中有用的資訊，解讀數據代表的意義，作為決策的重要依據。大數分析工具有：Spark及Hadoop MapReduce。

視覺化

　　完成大數據分析之後,將數據分析的結果以簡單明瞭的方式呈現,讓決策者更容易理解及判讀,進一步提升大數據分析的價值。常見的大數據視覺化工具有: Tableau、Data Studio、Apache ECharts (圖8-16)及Power BI等。

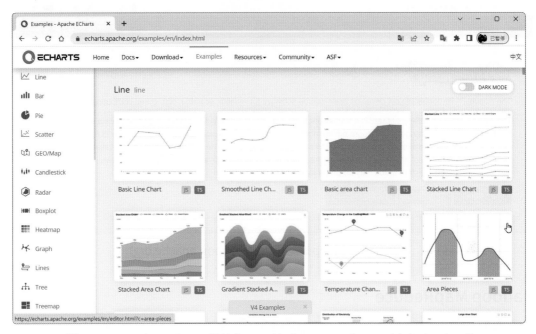

圖8-16　Apache ECharts網站(https://echarts.apache.org/zh/index.html)

8-5-2　大數據儲存及分析工具

　　常見的大數據儲存及分析工具有Apache Hadoop、Hadoop MapReduce及Apache Spark等。

Apache Hadoop

　　Apache Hadoop是一個開放原始碼軟體,能夠讓用戶輕鬆架構和使用的分布式計算平臺,使用者可以輕鬆地在Hadoop上開發和執行處理巨量數據的應用程式,具有可靠性、擴展性、高效性及高容錯性等優點。

　　Hadoop不使用單一大型電腦來處理和存放資料,而是將商用硬體結合成叢集,以平行方式分析大量資料集。Hadoop主要核心是使用Java開發,使用者端則提供C++、Java、Shell、Command等程式開發介面,可在Linux、macOS、Windows及Solaris等作業系統平臺執行。

目前IBM、Adobe、eBay、Amazon、AOL、Facebook、Yahoo、Twitter、紐約時報、中華電信等企業，皆採用Hadoop運算平臺。對Hadoop有興趣的讀者，可至Hadoop官方網站查詢相關資訊，如圖8-17所示。

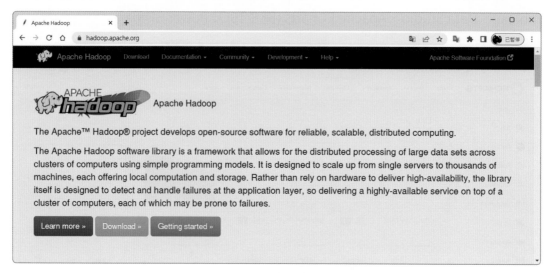

圖8-17　Hadoop網站(http://hadoop.apache.org)

Hadoop MapReduce

屬於Apache Hadoop系統的MapReduce工具，可以分析、處理Hadoop資料庫中的數據，將要執行的問題，拆解成Map和Reduce的方式來執行，以達到分散運算的效果。MapReduce程式設計容易，不需要掌握分散式並行程式設計細節，也可以很容易把自己的程式執行在分散式系統上，完成大數據的計算。

Apache Spark

Apache Spark是一種開放原始碼處理架構，可執行大規模資料分析的應用程式。利用記憶體內計算引擎建立而成，最著名的特色是能對巨量資料展現高度的查詢效能。其運用平行資料處理架構，可視需要來將資料永久保存在記憶體內和磁碟中，能在資料尚未寫入硬碟時，就在記憶體內進行分析運算。

Spark是以Scala程式語言撰寫而成，支援多種程式語言所撰寫的相關應用程式，如：Java、Python、R、Clojure等。在**資料排序基準競賽**(Sort Benchmark Competition)中，Spark用23分鐘完成100TB的資料排序。對Apache Spark有興趣的讀者，可至Apache Spark官方網站(http://spark.apache.org)查詢相關資訊。

8-5-3 大數據資料視覺化工具

　　大數據資料蒐集與分析技術進步，要如何快速處理與分析大量資料，產生簡單易懂的圖表結果，讓**資料視覺化**(Data Visualization)，能廣泛應用至各個領域，已是目前大家所重視的一環。資料視覺化是指運用特殊的運算模式、演算法將各種數據、文字、資料轉換為各種圖表、影像，成為易於吸收，容易讓人理解的內容。

Tableau

　　Tableau是**商業智慧**(BI)與**資料科學**(Data Science)軟體，提供Big Data處理與資料視覺化能力。結合了資料探勘和資料視覺化的優點，可以將多種資料文件如xlsx、txt、xml等格式轉變成圖表形式呈現，使用者可以在電腦、平板等裝置上，透過簡單的拖放方式，進行資料分析，並創造視覺化、互動式的圖表。

　　Tableau分為三種版本：Tableau Desktop、Tableau Server及Tableau Online，此三種版本皆須付費購買。

Looker Studio

　　Looker Studio是Google推出的數據分析工具，它提供強大的視覺化編輯工具，只要把資料匯入，就可以輕鬆產生專業的圖表，並與他人共享視覺化資料圖表。圖表種類則提供了橫條圖、圓餅圖和時間序列、重點式圖表等圖表樣式。DataStudio無須安裝軟體，透過瀏覽器便能免費使用，如圖8-18所示。

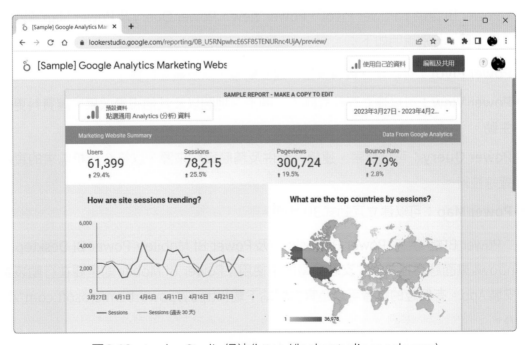

圖8-18　Looker Studio網站(https://lookerstudio.google.com)

Power BI

　　Power BI(圖8-19)是 Microsoft 推出的可視化數據商務分析工具套件,可用來分析資料及共用深入資訊,將複雜的靜態數據資料製作成動態的圖表。

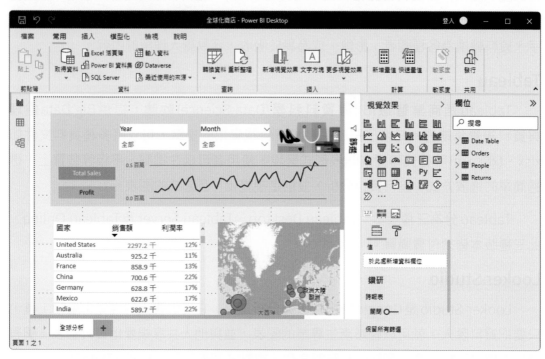

圖8-19　Power BI 操作環境

　　Power BI 提供了 Power Pivot、Power View、Power Query 及 Power Map 等四個增益集工具,分別說明如下:

⊙ **Power Pivot**:可以建立資料模型、建立關聯,以及建立計算。

⊙ **Power View**:可以建立互動式圖表、圖形、地圖以及其他視覺效果,讓資料更加生動。

⊙ **Power Query**:可以探索、連線、合併及精簡資料來源,以符合分析需求的資料連線技術。

⊙ **Power Map**:可以建立互動式 3D 地圖。

　　Power BI 提供了 Power BI Desktop 及 Power BI Mobile,Power BI Desktop 是 Windows 桌面應用程式,要安裝於電腦中使用;Power BI Mobile 則是要在行動裝置中安裝 App。有興趣的讀者可以至官方網站下載(https://powerbi.microsoft.com/zh-tw/)。

8-6　大數據的應用

大數據的應用早已在你我生活中，例如：使用瀏覽器在購物平臺購買一個衣櫥時，瀏覽器上的廣告欄便會不斷出現相關的物品，因為瀏覽經歷已經被瀏覽器和電商所記錄，透過對用戶瀏覽記錄進行大數據分析，就可以推測出目前是一種什麼狀態，今後又將經歷哪些狀態，於是，專為你定製的廣告就在你需要的時候自動出現。

8-6-1　疫情儀表板

新型冠狀病毒(COVID-19)在全球大爆發，全球醫務人員及科學家挺身而出，積極參與防疫工作。例如：數據科學家利用大數據技術去跟蹤「新型冠狀病毒」的傳播路徑，藉以盡快控制疫情。

臺北大數據中心(Taipei Urban Intelligence Center, **TUIC**)建立疫情資訊聯合儀表板，以綜觀全市的角度，透過視覺化儀表板及大數據分析，提供市府高層瀏覽，能快速掌握最新疫情發展、臺北市各地的消毒防疫準備、口罩、負壓病床等資源的調度情形。圖8-20所示為臺北大數據中心的數據研析會議室。

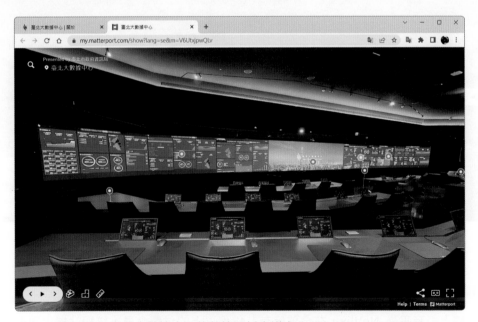

圖8-20　臺北大數據中心的數據研析會議室 (https://tuic.gov.taipei)

在疫情的儀表板上可以看到全球和臺灣疫情發展情形，如確診人數、康復及死亡人數，更進一步可看到臺北市的確診病例，以及居家檢疫、居家隔離人數，這些資料由臺北市衛生局每日更新風險評估。

臺灣政府以科技工具防制，運用健保大數據資料庫，透過與內政部移民署及疾管署的合作，完成由武漢、湖北、中港澳入臺名單與健保卡就醫資料的逐日勾稽。藉由建構健保卡的「即時警示」資訊，讓第一線醫師能在看診時得知民眾過去在中國大陸地區的旅遊史，協助發燒篩檢站更能有效防堵疫情。

8-6-2　Netflix影片推薦

美國Netflix線上影音服務公司根據消費者長期的收視習慣、觀看影片紀錄、評價等進行巨量資料分析，除了據此提供用戶個別的影片推薦名單，也能針對不同觀眾推出他們更加喜歡的節目。

Netflix首頁(圖8-21)是由不同主題的影片排列組成，而這些主題選擇、影片挑選、排列順序便是由演算法推算出來，透過大數據優化演算法，為個人量身打造推薦介面。例如：機器學習會找出喜好喜劇片類的的用戶，藉此推斷這類觀眾會喜愛與此類型貼近的相關影片。

圖8-21　Netflix網站(https://www.netflix.com/tw/)

知識補充：Netflix

美國的線上影音平臺-Netflix，在全球擁有1.48億以上的付費會員，該網站提供原創影集、紀錄片、電視影集、電影、卡通等節目，支援多國語言，包括了阿拉伯文、韓文、簡體中文和繁體中文。Netflix可以使用不同裝置收看，像是：電視、電腦、筆電、平板、手機等，只要能連上網的都有支援，除此之外，Netflix還能追蹤分析收看者的喜好，利用數據推算出建議的其他節目。

8-6-3 Uber

　　Uber成立至今已累積上百億次的乘載紀錄，資料量更從幾PB暴增至數百PB，這些資訊堆積起了龐大巨量資料。

　　Uber擁有了這些巨量資料後，也將數據資料公開給政府學術單位乃至於大眾，推出了「Uber Movement」網站(圖8-22)，該網站彙整分析出不同區域在不同時段的交通情況，希望能幫助政府解決交通問題，幫助大眾預估交通時間，讓城市的交通資源與規劃可更有效率地分配。

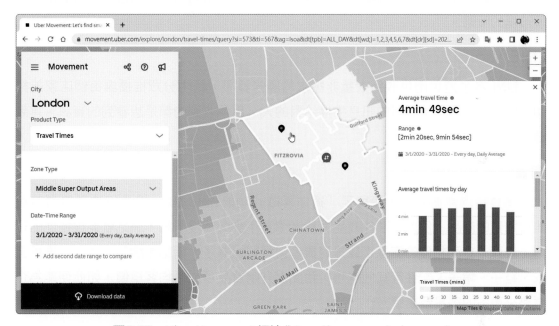

圖8-22　Uber Movement網站(https://movement.uber.com)

　　Uber仰賴AI、ML和大數據分析來優化顧客體驗，使用Hadoop、Kafka、Spark及Hive等開源平臺來進行大數據分析。Uber將要建立一個統一、通用的儲存系統，來處理線上系統和分析系統的查詢，也要制定計價機制，來將資源分配給真正需要的使用者，提高大數據平臺運用效率。

8-6-4 Amazon

　　Amazon透過大數據分析精準預測客戶的未來需求，追蹤消費者在網站以及App上的一切行為，以蒐集最多的資訊，因此更了解該客戶偏好的產品，並可對照其線上消費紀錄和瀏覽紀錄，發送相對的行銷訊息及客製化的促銷活動。

Amazon在全世界有超過200萬的賣家,服務約20億的消費者,藉著分析大數據推薦給消費者他們真正想要買的商品,以及他們真正在尋找的商品,為Amazon增進了10%~30%的營收。

8-6-5 精準行銷

精準行銷(Precision Marketing)是指透過數據分析及工具的輔助,找出目標市場現況、分析受眾輪廓與需求,鎖定特定對象,對其實施不同的行銷策略。透過數據分析,可以觀察現階段的市場環境及消費者動態、找出幫助銷售、改善客戶體驗或是拓展市場的策略。

LINE

LINE為了避免用戶收到大量非需求的廣告資訊,藉由分眾推播讓每個店家能夠和不同的族群對話,將對的訊息推播給對的人,用戶收到的都是想看到的資訊,達到精準行銷的效果。

淘寶

淘寶透過數據分析,使用了「猜你喜歡」功能(圖8-23),推薦每位消費者有可能會購買的商品,例如:某件商品消費者瀏覽了許久卻沒下單,網站就能根據他的行為,推薦一系列相似的商品;或是消費者曾經買過褲子,網站後續就能進一步推薦上衣、鞋子、帽子、配件等其他選項,藉此提升購買品項或平均客單價,如此便能為企業帶來更多的銷量及業績。

圖8-23 「猜你喜歡」功能會推薦每位消費者有可能會購買的商品

ZARA

ZARA可在數周內就挖掘最新流行趨勢，提供顧客最佳的購物體驗，主要是因為透過大數據，替他們快速設計出顧客最需要、最想要的服飾。ZARA透過自動化分析平臺，將商品售價、時段、客戶、各部門營運等相關數據都記錄、保存下來，精準掌握顧客消費習性，作為推出產品的決策及依據。

8-6-6　醫療應用

在醫院，每天都會產生數以萬計的資料。病人到了醫院會做各種不同檢查，像是量測病人的身高、體重、血壓、心跳、呼吸速度或是放射影像。

而這些檢查的結果都會被存放在醫院的資料庫內，並且隨著時間不斷的倍數增長，對於醫師和研究員來說，它能夠提供前所未有的決策與預測能力。透過大數據資料庫統整，客製化病患療程服務，提供療程建議，對特定病人和特定病情來說，哪些會是較好的治療方式。

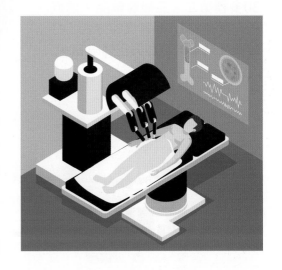

大數據與AI在醫療產業的應用愈來愈廣，例如：在藥物開發方面，AstraZeneca與DeepMatter合作，利用AI提升藥物化合物合成的生產率；賓州大學開發一套機器學習系統，找出2,891種藥物交叉副作用，約110,495種藥物組合，當藥物混合時，能夠提醒醫師和病患可能的副作用，以減少病患致死和住院。

在臺灣也有許多醫院導入智慧醫療，例如：臺北榮總和臺灣人工智慧實驗室協力建立的「臨床人工智慧腦瘤自動判讀系統」，系統就可以直接讓醫師校正和確認AI判讀的結果，同時也能持續訓練模型；義大醫院用AI「文字分析」，建立骨質疏鬆預警機制，AI系統會自動檢視患者的病例紀錄，自動追蹤與辨識骨質疏鬆高風險族群，建議患者是否做骨質疏鬆症的檢查。

IoT自動販賣機

在萬物皆聯網的時代，任何裝置只要結合物聯網技術，就可以變身為智慧裝置。例如：將傳統的自動販賣機搭配IoT模組，就能升級成為智慧販賣機，且還提供了行動支付、雲端庫存管理、銷售資料報表等服務。

日本大正製藥發表了IoT醫藥品販賣機，販售感冒、頭痛及鼻炎等30多種第二、三級醫藥品，透過藥劑師連線IoT販賣機的方式，打破藥品購買的時間與空間限制。

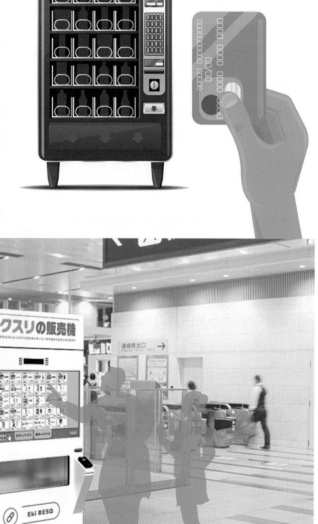

圖片來源：大正製藥株式会社公式サイト (https://www.taisho.co.jp/company/news/2022/20220329000975.html)

INTERNET 自我評量

▲ 選擇題

( ) 1. 下列關於物聯網的敘述，何者不正確？ (A)物聯網的簡寫為IoT　(B)物聯網指的是將物體連接起來所形成的網路　(C)通常是在物體上安裝感測器與通訊晶片，然後經由網際網路連接起來，再透過特定的程序進行遠端控制　(D)物聯網的架構主要分為應用層、傳輸層及網路層三個層次。

( ) 2. 歐洲電信標準協會(European Telecommunications Standards Institute, ETSI)將物聯網劃分為三個階層，但不包含下列哪一層？ (A)應用層　(B)呈現層　(C)感知層　(D)網路層。

( ) 3. 在物聯網架構中，下列哪一層扮演感知層與應用層中間的橋梁，負責將分散於各地的感測資訊集中轉換與傳遞至應用層？ (A)表示層　(B)傳輸層　(C)網路層　(D)實體層。

( ) 4. 下列哪一種感測器屬於環境偵測感測器的一種？ (A)音訊感測器　(B)血糖感測器　(C)紅外線熱能感測器　(D)煙霧偵測器。

( ) 5. 下列哪一項是目前未被開發出來的感測器元件？ (A)超音波感測器　(B)三軸加速度計　(C) COVID-19病毒感測器　(D)溫溼度感測器。

( ) 6. 下列敘述何者不正確？ (A)工業4.0大量運用自動化機器人生產　(B) OLAP是一套以多維度方式分析資料的資料處理系統　(C)混合實境是介於VR與AR之間的一種綜合狀態　(D)資料倉儲是一套用來協助中高階主管制定決策的資訊系統。

( ) 7. 下列何者不正確？ (A) V2V是指智慧車　(B) V2N是指車輛對網路　(C) V2I是指車輛對基礎設施　(D) V2P是指車輛對行人。

( ) 8. 物聯網的架構中，「大數據分析」屬於下列哪一層架構的內容？ (A)網路層　(B)應用層　(C)連結層　(D)感知層。

( ) 9. 物聯網的架構中，「智慧交通」屬於下列哪一層架構的內容？ (A)網路層　(B)應用層　(C)連結層　(D)感知層。

( ) 10. 下列關於大數據的敘述，何者不正確？ (A)數據交換是大數據資料分析的重要步驟　(B)將這種龐大資料量進行集合、分析與運算，便能從解讀出的數據資訊中，找出潛藏的線索、趨勢以及商機　(C)又稱巨量資料　(D)大數據3V是指Volume、Velocity、Variety。

( ) 11. 從大數據(Big Data)的觀點來看，下列關於資料價值的敘述，何者正確？
(A)政府公開的資料沒有價值　(B) Facebook表情符號的點擊數是有價值
(C)資料擺久一定不會貶值　(D)資料廢氣(Data Exhaust)沒有價值。

( ) 12. 大數據中的資料類型包羅萬象，可以有很多不同的形式，請問下列何者是屬
於半結構資料？ (A) XML檔　(B)圖片　(C)影片　(D)網頁。

( ) 13. 大數據資料分析的重要步驟，不包括下列何者？ (A)數據採集　(B)數據儲存
(C)數據分析　(D)數據交換。

( ) 14. 下列哪套軟體可以開發和執行處理巨量數據？ (A) Tableau　(B) Data Studio
(C) Apache Hadoop　(D) Power BI。

( ) 15. 下列哪套軟體可以將巨量數據產生簡單易懂的視覺化圖表？ (A) Apache
ECharts　(B) Word　(C) PowerPoint　(D) Photoshop。

▲ 問題與討論

1. 物聯網的應用不勝枚舉，你可以想像一些應用情境嗎？

2. 說說大數據是如何影響我們日常生活的？

CHAPTER 09
雲端運算與雲端服務

INTERNET

9-1 雲端運算

雲端是你不能不知道的科技新知識,它正在改變使用電腦資訊的習慣,這節就讓我們一起認識雲端運算吧!

9-1-1 認識雲端運算

雲端運算(Cloud Computing)最早是由Amazon所提出的一種軟體技術,為因應網路購物平臺而生的,2007年Google正式提出「雲端運算」一詞,而這個技術,其實早就已經存在我們的生活中,成為生活中不可或缺的一部分。

雲端運算是一種**分散式運算**(Distributed Computing)的運用,主要概念是透過網際網路將龐大的運算處理程序,分解成無數個較小的子程序,再交由多部伺服器所組成的系統,進行運算與分析,再將處理結果傳回給使用者端。簡單地說,就是**把所有的資料全部丟到網路上進行處理**,如圖9-1所示。

雲代表了規模龐大的運算能力,由服務供應商建造大型機房,提供各種軟體應用供使用者使用

使用者所需的資料,不用儲存在個人電腦上,而是放在網路的「雲」上面,在任何可以使用網路的地方就可以使用

圖9-1 雲端運算示意圖(圖片來源:freepik)

NIST(National Institute of Standards and Technology, **美國國家標準技術研究所**)對雲端的定義為:「雲端運算是一種模式,依照需求能夠方便地存取網路上所提供的電腦資源(如網路、伺服器、儲存空間、應用程式和服務等),並可透過最少的管理工作,快速提供各項服務」。整體架構如圖9-2所示。

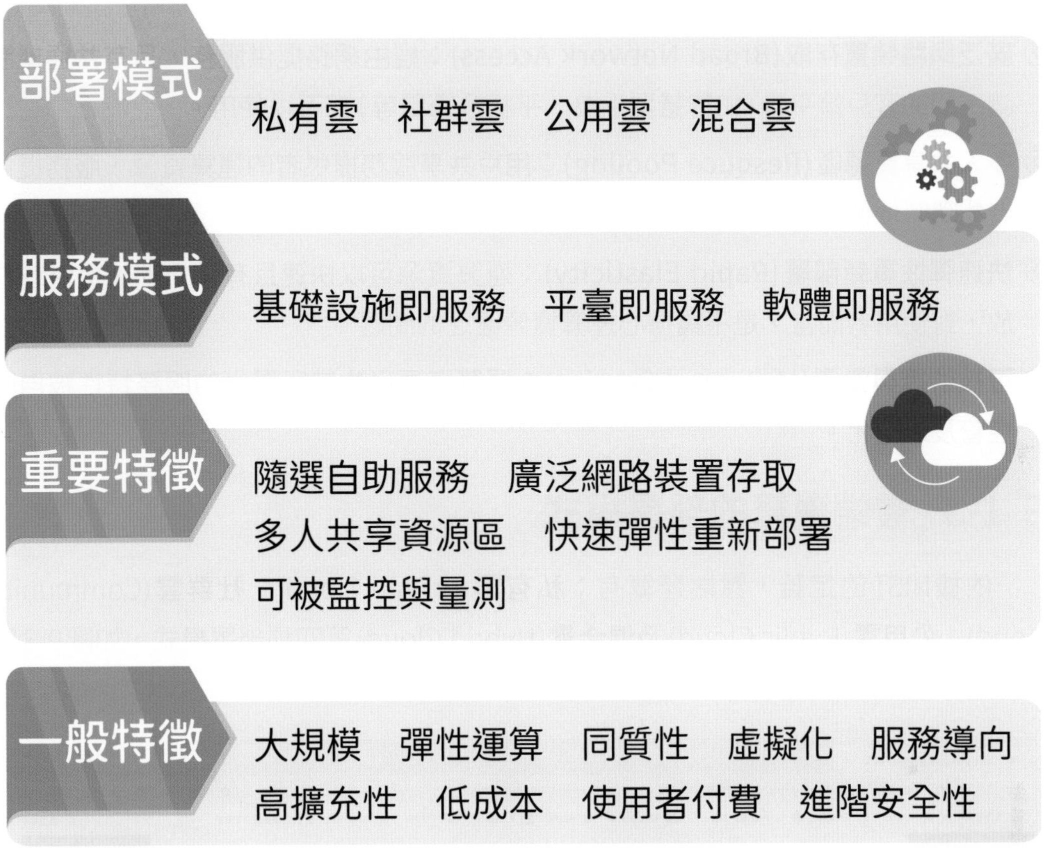

部署模式 私有雲 社群雲 公用雲 混合雲

服務模式 基礎設施即服務 平臺即服務 軟體即服務

重要特徵 隨選自助服務 廣泛網路裝置存取
多人共享資源區 快速彈性重新部署
可被監控與量測

一般特徵 大規模 彈性運算 同質性 虛擬化 服務導向
高擴充性 低成本 使用者付費 進階安全性

圖9-2 雲端運算整體架構

雲端運算具有以下優點:

⊘ 資料在雲端不怕遺失及不用備份。

⊘ 軟體在雲端不必下載到電腦中安裝,且軟體會即時更新,可減少軟體、硬體及資訊技術基礎設施的成本。

⊘ 無所不在的雲端,任何設備登入即可使用。

⊘ 有無限的儲存能力及無限用戶。

⊘ 部署速度快、風險更低。

⊘ 提高計算能力,減少維護問題。

9-1-2 雲端運算的特徵

依據 NIST 的定義，雲端運算具有五大特徵：

⊙ **隨選自助服務 (On-demand Self-service)**：使用者可以依其需求要求運算資源，且要求資源的過程是自助式的配置。

⊙ **廣泛網路裝置存取 (Broad Network Access)**：經由網路提供服務，且有共通機制讓不同的客戶端平臺 (如智慧型手機、平板及筆電等) 都可以使用。

⊙ **多人共享資源區 (Resouce Pooling)**：用戶共享服務提供者的運算資源，服務提供者能隨時依使用者需求重新分配。

⊙ **快速彈性重新部署 (Rapid Elasticity)**：運算資源可以快速且有彈性地被提供或釋放，對使用者而言，是不需擔心運算資源匱乏的問題。

⊙ **可被監控與量測 (Measured Service)**：運算資源可依其所提供的服務特性被自動控管及最佳化。

9-1-3 雲端運算的部署模式

依據 NIST 的定義，雲端運算有：**私有雲** (Private Cloud)、**社群雲** (Community Cloud)、**公用雲** (Public Cloud) 及**混合雲** (Hybrid Cloud) 等四種部署模式，如圖 9-3 所示。

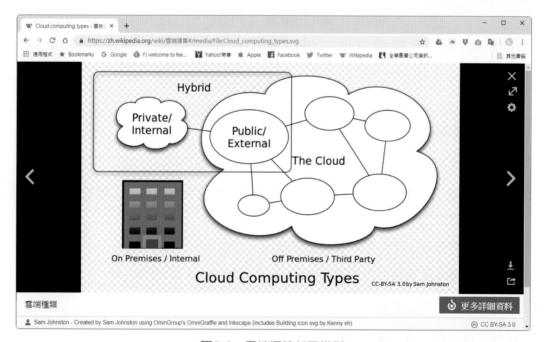

圖 9-3　雲端運算部署模型

⊙ **私有雲**：為特定組織而運作的雲端基礎設施，管理者可能是組織本身，也可能是第三方。具有可掌握、更具安全性、可根據企業需求客製化及資料傳輸效率高等優勢。

⊙ **社群雲**：為幾個組織共享的雲端基礎設施，它們支持特定的社群，有共同關切的事項等。

⊙ **公用雲**：是第三方 (如 Google、Azure、AWS 等) 提供給一般公眾或大型產業集體使用的雲端基礎設施。具有節省系統建造及維護成本、可供多個組織共用及彈性計價等優勢。

⊙ **混合雲**：由兩個或更多雲端系統組成的雲端基礎設施，這些雲端系統包含了私有雲、社群雲、公用雲等。具有兼具安全性與便利、幫助企業節約成本及擴張性佳等優勢。

9-2 雲端運算的服務模式與應用

透過雲端運算技術，網路服務提供者即可提供**雲端服務** (Cloud Service)，**雲端服務是指可以讓使用者直接透過瀏覽器，來使用網路服務提供者所提供的各項服務**，例如：Google 提供的 Gmail、文件、日曆、雲端硬碟等，都是屬於雲端服務，如圖 9-4 所示。

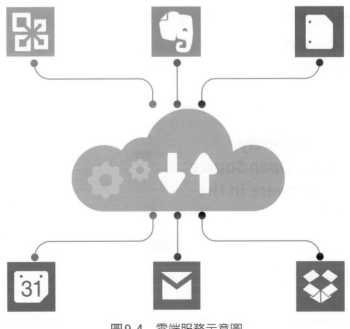

圖 9-4　雲端服務示意圖

在使用這些雲端服務時，只需要透過瀏覽器，而無須安裝軟體，即可在電腦上收發電子郵件，或是使用線上文書、試算、簡報等應用軟體。雲端應用不但使用方便，同時公司組織也可以透過各種雲端服務，節省各種硬體成本。

9-2-1　基礎設施即服務

基礎設施即服務(Infrastructure as a Service, **IaaS**) **提供基礎架構為主的服務**，將基礎設備(例如資料庫)整合起來，讓一般企業及軟體開發廠商使用，用戶不需要採購伺服器、網路設備及軟體來自行建置機房，而大部分提供雲端機房的環境亦提供恆溫、24小時監控、機房本身又具備防震，可以減少企業內部機房的採購與維護硬體的成本。IBM Cloud、Amazon EC2、OpenStack、中華電信的HiCloud等都是屬於IaaS。

Amazon EC2

Amazon EC2 (Amazon Elastic Compute Cloud)是由Amazon所提供的雲端運算服務。EC2是一個虛擬伺服器，使用者可以透過它的網路服務介面來存取和設定雲端電腦，可依需求設定要使用的作業系統、CPU、記憶體、儲存容量、IP位址、防火牆、虛擬網路等。

OpenStack

OpenStack是一個自由、開源的雲端運算平臺，2010年由美國航空暨太空總署(NASA)和Rackspace共同發表的，採用集中式虛擬資源來建構和管理私有雲及公共雲。該平臺允許使用者將虛擬機器或其他應用部署在資料中心裡，還提供協作、故障管理等功能，確保服務的穩定性和可靠性。圖9-5所示為OpenStack官網。

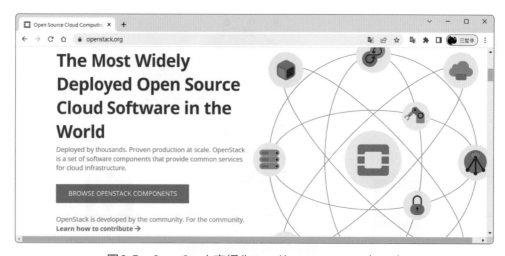

圖9-5　OpenStack官網(https://www.openstack.org)

9-2-2 平臺即服務

平臺即服務 (Platform as a Service, **PaaS**) 是**提供系統平臺為主的服務,讓人員可在平臺上進行程式的開發與執行**,根據資策會的定義,PaaS 指的是「將整合設計、開發、測試、部署、代管等功能的平臺提供給使用者的雲端運算服務,藉由打造程式開發與作業系統平臺,讓開發人員可以透過網路撰寫程式與服務,並依據流量或運算資源使用量來進行收費」。Google Cloud Platform、Microsoft Azure、Amazon Web Services、IBM Bluemix、Apple Store 等都屬於 PaaS。

Google Cloud Platform

Google Cloud Platform (GCP) 是 Google 提供的雲端服務平臺 (圖9-6),平臺包含了運算 (Compute Engine、Google Kubernetes Engine)、資料分析 (Big Query、Cloud Dataflow)、儲存 (Cloud Storage、Cloud Filestore) 及 API 管理 (Apigee API 平臺、API 數據分析)、機器學習 (Cloud TPU、Cloud Machine Learning Engine) 等眾多產品。

圖9-6 GCP 網站 (https://console.cloud.google.com)

GCP 的資料中心及海底電纜遍布世界各大洲,且在臺灣彰濱工業區也設有公有雲資料中心,因此 Google 建構了 **VPC** (Virtual Private Cloud) 虛擬網路生態,使用者可以在網路上透過 UI 介面操作、透過程式呼叫 GCP 的 API,或是用 Cloud VPN、Cloud Interconnect 的方案連線到 Google Cloud 後,就可以彈性的調度及取用全球或地區的資源。

Microsoft Azure

Microsoft Azure是由Microsoft所提供的雲端服務平臺，Azure最初是以IaaS提供基礎雲端服務，不過，現在也提供了PaaS及SaaS雲端服務。該平臺建置了自動化及可擴充性服務，使用者只需要建立一個自動化系統，有需要時再開啟，且開發資源庫也很豐富，能大幅的降低應用程式的開發成本。

Amazon Web Services

Amazon Web Services (AWS)是Amazon所推出的雲端運算服務，提供了雲端IT、雲端運算、人工智慧、大數據、物聯網等服務，透過全球資料中心提供超過200項計算、儲存等雲端服務。

9-2-3 軟體即服務

軟體即服務(Software as a Service, **SaaS**)是**提供應用軟體為主的服務，讓任何使用者可以隨時隨地的存取使用**，使用者只需要向廠商訂購該服務，不需要布署資訊系統，也不需要支付軟體授權金，就能使用該軟體的服務，例如：Google提供免費的Gmail電子郵件服務給大眾使用外，還針對企業推出付費的網路郵件服務，如此一來，企業就不需要另外採購電子郵件的軟體及硬體設備，只要訂購Google的Gmail服務，就能取代自建的電子郵件系統。

Facebook、Google Map、YouTube影音服務、Zendesk線上客服、Codepen線上程式編輯器(圖9-7)等也都屬於SaaS。

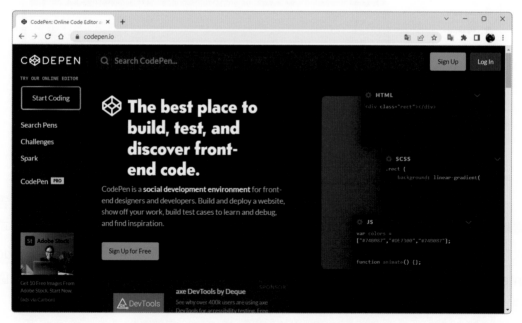

圖9-7　Codepen 網站(https://codepen.io)

除此之外，文件管理、群組管理、企業資源管理(ERP)與商業智慧(BI)等軟體也紛紛推出SaaS模式，供消費者與企業使用，例如：鼎新的雲端ERP B2、Salesforce.com ERP&CRM、Cisco WebEx、趨勢科技的SPN (Smart Protection Network)。

9-2-4 資料中心

資料中心(Data Center)又稱「**數據中心**」，是指**專門用來執行應用程式或儲存巨量資料的特定地點**，它通常擁有大量的電腦系統、伺服器、網路通訊系統和儲存設備。而資料中心具有能量密度高、耗電量大及用水量多等特點，所造成的碳排放量，大約占全球總量的2%，因此背負了「不環保」的惡名，有鑑於此，企業皆做出淨零排放及重視ESG的承諾。

人工智慧、物聯網、元宇宙、區塊鏈、智慧城市、智慧家電、影音串流、挖礦、電競、加密貨幣等新興科技，都須仰賴大數據支持，因此資料中心的需求也與日俱增，致使各雲端服務供應商在全球各地不斷增設其運算機房和資料中心。其中最受矚目的是「**超級資料中心**」(Hyperscale Data Center)，主要集中在歐美，Hyperscale指的是擁有數十萬台到數百萬台伺服器組成的資料中心，大部分是大企業才會擁有這樣的資料中心，如AWS、Google及Microsoft等。

全球超大規模資料中心數量自2015年以來已增加至597座，主要分布於美國、中國、日本、德國、英國及澳洲。在臺灣Google第一座資料中心位於彰濱，第二座位於臺南(目前正在興建中)，近期又宣布將在雲林斗六成立第三座資料中心。全球第二大公有雲服務商微軟也宣布將在臺灣建置資料中心，讓臺灣成為全球第66個資料中心區域，目前微軟在全球的資料中心區域已達78個。

9-2-5　雲端運算應用

以下列舉一些雲端運算應用的案例。

聯發科半導體設計導入雲端運算

臺灣聯發科利用雲端高效能運算，滿足複雜設計所對應的運算需求，利用雲端資源，爭取時效，提前交付生產。

在7奈米5G專案裡，聯發科除了自建雲外，也使用公有雲(AWS)，建置自己的混合雲環境，並將RD研發設計使用的**電子設計自動化**(Electronic Design Automation, **EDA**)工具，搬上AWS雲端執行，並新增上千台高階伺服器，以備研發單位進行大量運算，並同時兼顧使用者體驗與雲端資源運用，提早三個月發表7奈米5G手機晶片。

零售業者導入雲端POS系統

隨著雲端運算與行動科技的崛起，傳統的POS機已被行動裝置所取代，後台服務功能也走向雲端加App化。零售業導入雲端POS系統(圖9-8)，不僅能降低系統導入的風險與門檻、大幅減少店家投入時間與成本，透過數據蒐集，消費者在收銀機前的結帳、App上的點餐，到每天進店的次數，都能彙整到雲端的管理平臺。

透過這些紀錄，零售業者能精準掌握客戶偏好及行銷方案，也有助於即時精準掌握銷售情況以快速做出應對，更能輕鬆整合行動支付，迎接「嗶」經濟時代。

圖9-8　雲端POS系統(https://www.jinglin.tw)

保險公司導入雲端機器學習

　　保險公司在傳統理賠審查，幾乎完全人工作業，費時費工，當受理案件數目增加，就會有人為疏失的可能，更無法及時偵測新型態的詐欺行為。美國富達保險公司利用雲端機器學習，結合流程機器人，將理賠案件的審查，加以自動化。

　　導入雲端機器學習之後，大幅提升人工調查的派件品質，有效降低誤判。更透過機器學習提供的異常偵測，找出新型態的詐欺行為，便可及早規劃防範機制。

Airbnb

　　Airbnb成立於2008年，擁有超過700萬個房源，以及4萬項以上的獨特體驗，供客戶在Airbnb的公司網站預定。Airbnb成立的第二年，由於經歷了原始供應商的服務管理挑戰，決定將大部分的雲端運算功能移轉到AWS。Airbnb使用Amazon EFS及Amazon SQS等託管服務，大大減少了維護基礎設施所需的操作，如此一來，公司員工可以專注於構建新功能並為客戶帶來價值。

臺南市政府智慧停車柱

　　臺南市政府將路邊停車格透過科技的應用升級為智慧化，透過智慧科技所設置的停車柱、地磁偵測器等設施，可將資訊回傳到「智慧停車雲端數據平臺」，即能提供市民最即時停車資訊，如圖9-9所示。

圖9-9　臺南市政府即時停車位系統 (https://citypark.tainan.gov.tw)

　　臺南市府與宏碁智通及臺灣微軟，運用IoT、AI、Microsoft Azure雲端運算等科技，解決日常生活中的停車困擾。目前智慧停車柱與智慧地磁偵測系統所蒐集到的資訊，皆會上傳至微軟的Azure雲平臺系統，由後台傳送停車格位即時資訊至App、進行AI車牌辨識、自動計算停車費並開立停車繳費單、記錄繳費資訊等。

9-3 邊緣運算

近年邊緣運算成為IT界熱門話題,這節就讓我們一起認識邊緣運算吧!

9-3-1 邊緣運算的架構

邊緣運算(Edge Computing)與雲端運算一樣是分散式運算,係指將資料的處理與運算,往資料來源移動得更近一點,縮短網路傳輸的延遲,加快現場即時反應,以更快的獲得資料分析的結果,讓雲端資料中心負載降低,以提高資料分析的速度與效率等。

邊緣運算主要是透過點、邊、雲等三個元素構成,而這三個元素可以組織出**邊緣設備、邊緣網路、邊緣運算中心**及**雲端運算中心**四層架構,如圖9-10所示。

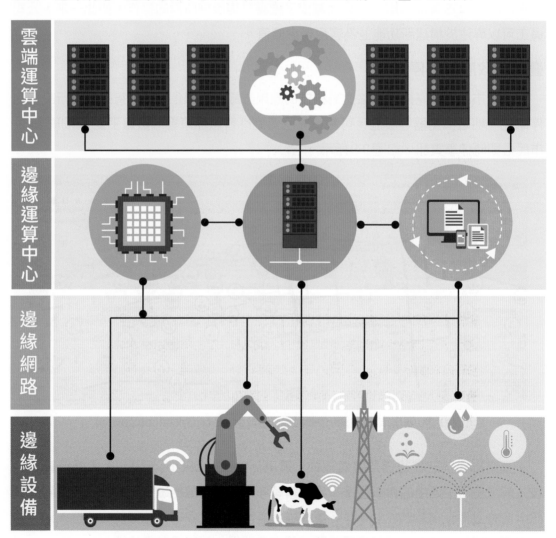

圖9-10 邊緣運算架構圖

⊙ **邊緣設備**：是指數據資料的生產者，例如：行動裝置、感測器等。

⊙ **邊緣網路**：透過無線網路、有線網路或衛星傳輸等通訊網路，連接邊緣設備及邊緣運算中心，以傳遞數據資料。

⊙ **邊緣運算中心**：是提供資訊源頭的運算、訊息轉發及資料存取等功能或決策服務，並提供雲端運算中心所需的資料。

⊙ **雲端運算中心**：是蒐集與彙整的決策單位，將邊緣運算中心所提供的資料進行整體性的分析、建模、策略擬定等服務。

在混合雲架構中，邊緣運算是設備、雲端及資料中心之間的中介者，除了用於設備數據的存取外，同時也提供即時分析，以減少往返於資料中心及各雲端可能發生的延遲，還能減少頻寬成本。

9-3-2 邊緣運算應用

根據 **ITIS** (Industry & Technology Intelligence Service, **產業技術知識服務計畫**)的報告分析，邊緣運算依照應用場域對資料傳輸時間、成本和效能的不同需求，可分為四大應用，如圖9-11所示。

圖9-11　邊緣運算的四大應用

自動駕駛

自駕系統必須做出如閃電般快速，而且100%準確的決策。如果有行人突然衝到街上，在系統傳達指令到讓車子剎車之前是不允許有任何延遲。其中，雲端運算要連回集中式的資料中心，在另一端處理數據需要花費較多時間。反之，邊緣運算就在網路邊緣，能就近處理數據，省去了連接到資料中心的時間，不僅避免不必要的通訊和儲存成本，縮短回應的延遲，也能降低車禍發生的風險。

醫療保健

醫療保健上，在邊緣的醫療裝置可以結合感測器啟動邊緣運算，例如：透過醫院裡的攝影機、揚聲器，就可以協助醫護人員監測人流、評估院內的安全社交距離，還可以蒐集可穿戴裝置上的數據資料，藉以理解治療方式、支援遠距診斷、監測患者，更有助於維護患者的健康狀態。

智慧路燈

臺北市與光寶科技合作，採用邊緣運算架構，在臺北市健康路上部署多個智慧IoT路燈共桿(圖9-12)，打造出可以在本地區網內執行的邊緣運算閘道器，讓資料先在本地端運算、處理後再上雲端，如此可以有效降低對頻寬的負擔，節省網路成本支出，還可以對資料預先處理，以利於後續分析再利用。

圖9-12　智慧IoT路燈號誌共桿(圖片來源：臺北市政府)

9-4 霧運算

霧運算(Fog Computing)為雲端運算的延伸，介於雲端運算與邊緣運算兩者之間。這個概念是由思科提出，2015年11月，ARM、戴爾、英特爾、微軟等公司以及普林斯頓大學也加入了這個概念陣營，並成立了**開放霧聯盟**(OpenFog Consortium)，該聯盟主要在推廣和加快開放霧運算的普及，促進物聯網發展。

9-4-1 認識霧運算

根據開放霧運算聯盟的定義，霧運算是一種**水平的、系統級的分散式協作架構**，任何裝置若具備連網、運算以及儲存功能，就能夠成為一個霧運算的節點。霧運算擴大了雲端運算的網路運算模式，將網路運算從網路中心擴展到了網路邊緣，如圖9-13所示。

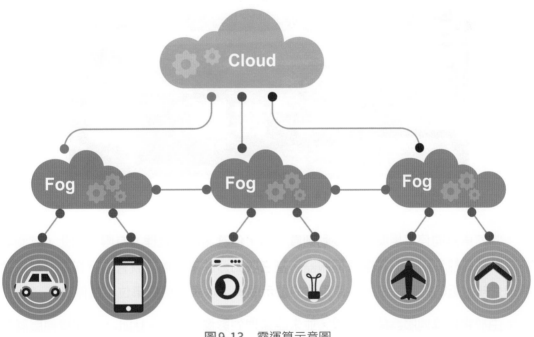

圖9-13　霧運算示意圖

霧運算與雲端運算相比，雲是在天空上，而霧則在你我周邊，而雲端強調中央伺服器，大家把數據上傳到指定的伺服器，再進行運算、下載或分享；而霧運算則強調數據儲存、運算和應用，都集中在彼此附近的網路設備，所以霧運算更接近終端用戶。

9-4-2　霧運算的應用

　　IoT 的實際應用面臨延遲、網路頻寬等挑戰，這些問題在雲端運算架構下無法解決，而霧運算正是專門設計來滿足 IoT、5G、AI、AR、車聯網等資料密集應用需求的通用技術。

　　由於霧運算採用的架構更接近網絡邊緣，因此存取速度就能非常快，實現超延遲的運算，所以可以應用在智慧停車場。智慧停車場透過感應器可以知道哪個位子的車輛離開了車位，並告知其他使用者這裡有車位，如圖9-14所示。

圖9-14　臺北智慧停車場示意圖

　　當汽車離開停車場時，會觸動到感測器，但感測器的處理力有限，因此，感測器會將數據傳輸到附近的霧運算伺服器，當它收到這件事件後，就會進行初步分析，並快速通知附近的警示系統，將停車位的警示關掉，以表示這個車位可供停車。

　　由於霧運算伺服器能力有限，並未能處理到影像的部分。因此，霧運算伺服器就會將車的影像傳輸到遠端的雲端伺服器中，處理汽車的影像，分析到汽車的車牌後，就會將車牌號碼送回到霧運算伺服器中。由於車輛從停車位到離開處還有段時間，霧運算伺服器就能利用這段時間等待雲端伺服器計算，並將車牌結果顯示為已離開。

9-5 雲端工具軟體

雲端工具軟體種類繁多(如雲端硬碟、Google文件、Google協作平臺、Google日曆、Google表單等),且皆可以獨立使用,還能與其他工具進行整合及多人共同使用。這節將介紹一些熱門的雲端工具軟體。

9-5-1 雲端硬碟

隨著雲端的興起,網路上也出現了許多「雲端硬碟」服務,提供了許多免費的儲存空間,讓使用者儲存各式各樣的檔案,並與工作團隊即時分享檔案。基本上雲端硬碟服務大部分都提供了**檔案儲存、檔案備份、檔案共享及協同編輯**等功能,目前較為大家所熟悉的雲端硬碟如表9-1所列。

表9-1 各家雲端硬碟服務比較說明

服務名稱	支援系統	網址
Dropbox	Windows、macOS、Linux、iOS、Android	www.dropbox.com
OneDrive	Windows、macOS、iOS、Android	onedrive.live.com
Google雲端硬碟	Windows、macOS、iOS、Android	drive.google.com

除了上述幾家雲端硬碟外,還可以在Google Play、App Store或Microsoft Store中,只要鍵入Cloud、雲端硬碟等關鍵字,就可以找到相當多雲端硬碟服務,如圖9-15所示。

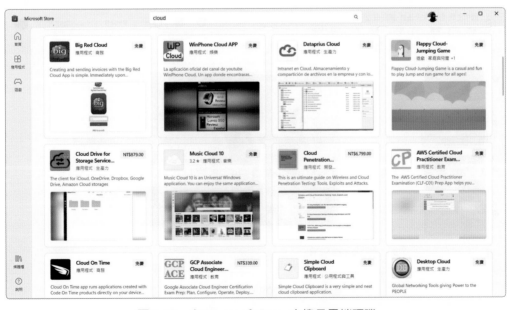

圖9-15 在Microsoft Store中搜尋雲端硬碟

9-5-2 雲端辦公室軟體

若團隊成員要共同編輯報告，電腦中又沒有安裝相關軟體時，那麼可以使用雲端辦公室軟體，進行文書處理、試算表、簡報製作等。常見的雲端辦公室軟體有：Google文件、Microsoft 365網頁版等。

Google文件

Google文件提供了線上編輯文件、試算表、簡報、繪圖、表單等服務，且還導入生成式AI，協助使用者更快速地製作出文件。使用者只要擁有Google帳戶，便可在電腦、平板電腦、智慧型手機等裝置中，直接登入雲端硬碟來建立或編輯文件，並可線上存取檔案，或與他人分享。

⊙ **文件**：可以直接編輯Microsoft Word、PDF、HTML等類型的檔案，還可以使用AI輔助寫作，只要輸入主題，就會自動生成一份草稿，使用者再自行加上其他資料、精簡內容或調整語氣，即可完成一篇文章，還可以進行文章的潤稿和編輯，讓AI提出使用者可以接受、編輯和更改的建議。

⊙ **試算表**：可以計算、分析資料，以及製作各式各樣美觀的圖表，還能使用AI自動分析或分類原始資料，讓使用者以文字描述來自動產生試算用的方程式。

⊙ **簡報**：可以介紹一份產品、一件事情及一個回顧(圖9-16)，還能使用AI在簡報中生成圖片、音訊、影片等，還會自動辨識做好的簡報等內容，自動生成簡報詞給演講者。

圖9-16　Google簡報操作介面

Microsoft 365網頁版

　　Microsoft 365網頁版(圖9-17)是微軟推出的，只要擁有Microsoft帳戶，就可以免費使用。使用者只要透過網頁瀏覽器，即可開啟Word、Excel、PowerPoint、OneNote及PDF等文件，不論在公司、家裡或戶外時，都能在線上建立或開啟檔案，而這些文件可依照所設定的權限，開放給其他人瀏覽或進行線上編輯。

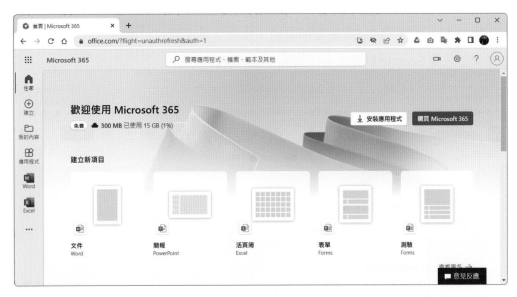

圖9-17　Microsoft 365網頁版

知識補充：Microsoft 365 Copilot

Microsoft 365 Copilot是微軟推出的人工智慧助手，將導入到Microsoft 365應用程式中，包括了Word、Excel、PowerPoint、Outlook、Teams等，幫助使用者透過對話方式更有效率地完成工作，例如：Word中的Copilot只需要簡單的提示，就可以與你一起寫作、編輯、摘要、創作，還能提出加強論點或消除前後矛盾之處的建議，提升你所寫內容。

9-5-3 雲端問卷

雲端問卷可以協助使用者快速地製作出問卷，讓調查或蒐集資料變得更輕鬆，常見的有 Google 表單、SoGoSurvey、Survey Monkey、Typeform、SurveyCake 等。

Google表單

Google 表單是非常實用的工具，透過幾個簡單的步驟就能輕鬆規劃活動、製作問卷、幫學生出考題，或者收集其他資訊。除此之外，還可以進行統計的動作，並將統計結果匯入至 Google 試算表中，如圖9-18所示。

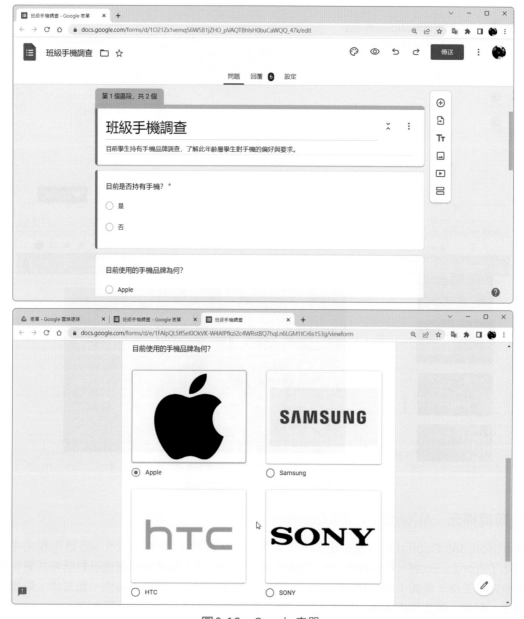

圖9-18　Google 表單

SoGoSurvey

SoGoSurvey是免費版的雲端工具，提供了問卷設計、分享和數據分析等功能，還可以將問卷結果匯出成XLSX及CSV格式。

Survey Monkey

Survey Monkey提供了付費及免費版，免費版本有些限制，例如：每個問卷最多10個問題、最多100名問卷受訪者、支援15個問題類型等。

Typeform

Typeform是免費的線上問卷工具，使用自適應網頁設計(RWD)技術，讓問卷調查能在各種裝置、螢幕大小和平臺上正常顯示，預設提供5,000個受訪者、3份問卷及20個問題項目。

SurveyCake

SurveyCake是由臺灣新創公司25sprout所開發的線上問卷系統服務(圖9-19)，提供超過50種專業範本、超過10種問卷題型，每個問卷擁有專屬的短網址和QR Code，可輕鬆蒐集使用者意見，並且提供即時互動圖表分析。

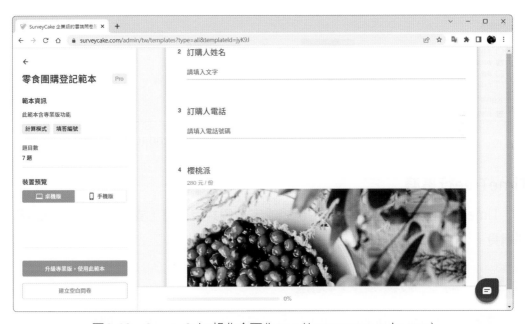

圖9-19　SurveyCake操作介面(https://www.surveycake.com)

9-5-4 雲端行事曆

　　雲端行事曆可以輕鬆又快速地建立工作會議、家人出遊行程、同學聚餐等事項，還可以與其他成員共用。

Google日曆

　　Google日曆是個相當好用的線上行事曆服務，它除了可以記錄自己的行程，還可以為家人、朋友、社團建立專屬的共用行事曆，讓成員都可以輕鬆掌握重要的活動資訊，還可以參考其他成員的行程，安排適當的活動時間，如圖9-20所示。

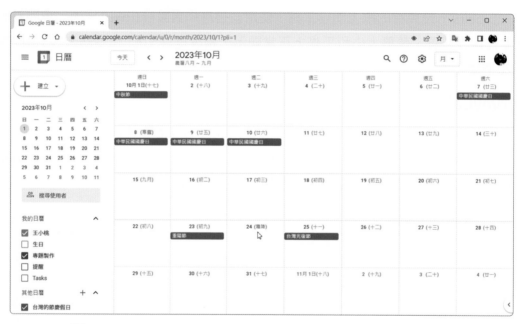

圖9-20　Google日曆 (https://www.google.com/calendar?hl=zh_TW)

TimeTree行事曆

　　TimeTree行事曆可針對不同的群組設定多個共用日曆，支援Android、iOS和電腦網頁。

9-5-5 線上影像處理軟體

　　隨著網紅及YouTuber的興起，拍照與攝影類的軟體也跟著熱門起來。網路上也有許多線上版的影像處理軟體。

Photopea

　　Photopea與Photoshop類似，使用者不必安裝軟體，可免費使用，提供了各種影像編修的功能，還支援PSD、XCF、Sketch等檔案格式，如圖9-21所示。

圖9-21　使用者可以直接編修照片或開啟Photoshop 檔案 (https://www.photopea.com)

Pixlr

　　Pixlr 是一款簡單易用的線上影像處理工具，提供了圖片拼貼、濾鏡、特效、批次修圖、AI 去背等功能，使用者可依需求選擇要使用的工具，如圖 9-22 所示。

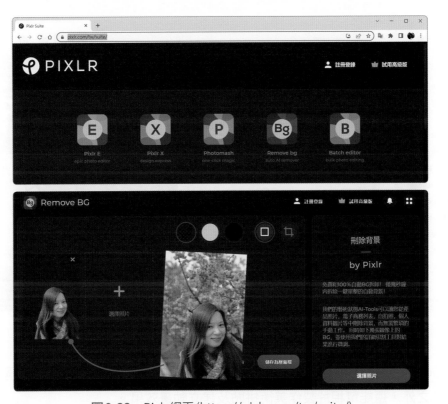

圖9-22　Pixlr 網頁 (https://pixlr.com/tw/suite/)

9-5-6 雲端相簿

網路上有許多個人化的網路服務，相簿平臺就是其中之一，它讓使用者可以輕鬆分享生活中的照片。提供相簿平臺服務的網站有很多，像是：Flickr、Google相簿等，而各大部落格也都有提供相簿的功能，可以上傳大量的相片。

Flickr

Flickr提供了免費空間，讓使用者可以上傳自己的相片，只要加入該網站會員，即可建立自己的相簿，且還可以在Android、iOS等系統的行動裝置中安裝App，便可隨時隨地使用Flickr上傳和分享相片。

Google相簿

Google相簿可以備份相片及影片，且可以使用電腦、智慧型手機或是平板電腦等裝置存取相片或影片。Google相簿具有強大的辨識功能，會分析相片內容，自動辨識出相片裡的人物、景色、地點及情境等。而辨識人物臉孔這方面，更是強大，會自動依據人物臉孔做出分類，查看不同人物的相關照片。只要擁有Google帳戶，即可免費使用，如圖9-23所示。

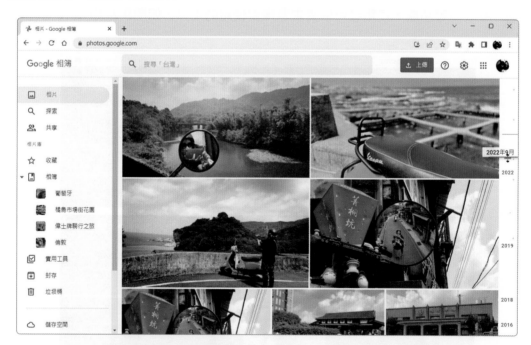

圖9-23　Google相簿 (https://www.google.com/photos/)

在Google相簿中可以幫相片套用濾鏡、裁剪、旋轉或調整色彩，如圖9-24所示。除此之外，還能幫相片製作美術拼貼及建立動畫效果。

圖9-24　Google 相簿提供相片編修的功能

　　Google 相簿支援使用 iOS 及 Android 系統的行動裝置，只要安裝相關 App，即可在行動裝置中使用 Google 相簿，如圖9-25所示。

圖9-25　Google 相簿可以在行動裝置中使用

9-5-7 Google Colab

Google Colab (Colaboratory)是一個在雲端運行的編輯執行環境,提供開發者虛擬機,並支援加速硬體(GPU 及 TPU),隨時隨地都可以編輯 Python 程式語言,還導入了以 Codey 模型為輔助的生成式 AI 工具,模型是由 PaLM 2 衍生的 Python 編輯輔助用特殊模型,可以直接用自然語言輸入,即可生成想要的 Python 程式碼,幫助開發者提高開發速度與提升程式碼品質。

只要有 Google 帳號,進入網站就可以開始使用,可以從官方提供的範例、雲端硬碟、GitHub 或自行上傳等方式建立筆記本,而程式碼預設會直接儲存在開發者的 Google 雲端硬碟中,執行時由虛擬機提供強大的運算能力,不會用到本機的資源,如圖 9-26 所示。

圖 9-26　Google Colab(https://colab.research.google.com)

十大雲端應用開發趨勢

Google Cloud 發布 2023~2025 年十大雲端應用開發趨勢，預測將出現更多突破性革新，像是：包容神經多樣性的設計、低程式碼的盛行、永續發展成為開發原則、企業自由切換雲端供應商等。

1 AI解決方案有助於推動週休三日

2 透過機器學習獲得可作為行動依據的即時資料

3 將有過半企業的應用程式是由非IT開發人員打造

4 永續發展將成為重要開發理念

5 透過開放原始碼管理提高可靠度

6 防護措施將走向自動化，並以程式碼的形式管理

7 包容神經多樣性的設計可增加使用者採用率

8 交易和分析工作負載的效率提升

9 自動處理雲端基礎架構的相關決策

10 企業將可自由切換公有雲服務供應商

https://cloud.google.com/blog/topics/inside-google-cloud/10-it-predictions-from-google-cloud-to-welcome-2023
https://mashdigi.com/google-cloud-predicts-the-top-10-cloud-application-development-trends-between-2023-and-2025/

INTERNET 自我評量

▲ 選擇題

(　　) 1. 下列何者是雲端運算具有的特性①隨選自助服務②廣泛網路裝置存取③多人共享資源區④快速彈性重新部署⑤不可測量的服務 (A)①②③④　(B)①⑤　(C)②⑤　(D)③④⑤。

(　　) 2. 下列何者是雲端運算的服務模型①基礎設施即服務 (IaaS) ②資料即服務 (DaaS) ③平臺即服務 (PaaS) ④軟體即服務 (SaaS) ⑤硬體即服務 (HaaS)。(A)①②③④　(B)①②⑤　(C)①③④　(D)②③④⑤。

(　　) 3. 下列何者是雲端運算的部署模式①私有雲 ②社群雲 ③公有雲 ④混合雲 ⑤公司雲 (A)①②③④　(B)①②⑤　(C)①③④⑤　(D)②③④。

(　　) 4. 下列關於霧運算的敘述，何者不正確？ (A)概念是由思科提出的　(B)介於雲端運算與邊緣運算兩者之間　(C)是一種水平的、系統級的分散式協作架構 (D)霧運算更接近雲端。

(　　) 5. 下列何者非雲端硬碟所提供的功能？ (A)製作文件　(B)檔案備份　(C)協同編輯　(D)檔案共享。

(　　) 6. 小桃想要設計網路問卷，請問下列哪個雲端工具最適合？ (A) Google 文件 (B) Dropbox　(C) Google 表單　(D) Office Online。

(　　) 7. 下列何者非雲端行事曆應該具備的功能？ (A)記錄行程　(B)會議排程 (C)檔案儲存　(D)建立週期性行程。

(　　) 8. 小桃想要裁切一張圖片的大小，請問下列哪個雲端工具最適合？ (A) Google 文件　(B) Photopea　(C) Google Colab　(D) Dropbox。

(　　) 9. 下列何者非 Google 相簿所提供的功能？ (A)會將上傳的相片自動依檔案大小分類　(B)自動辨識出相片裡的人物　(C)提供智慧搜尋，只要輸入關鍵字即可搜尋出相關的相片　(D)可以編修相片。

(　　) 10. 下列哪個雲端工具可以編輯 Python 程式語言？ (A) Google Colab　(B) Dropbox　(C) Photoshop　(D) OneDrive。

▲ 問題與討論

1. 請列舉政府部門在雲端方面提供了哪些應用。

2. 請與大家分享你覺得最棒的雲端應用。

CHAPTER **10**
網路發展趨勢與應用

INTERNET

10-1 元宇宙

元宇宙(Metaverse)為目前最流行的話題之一,到底什麼是元宇宙,這節就來認識它。

10-1-1 元宇宙的由來與現況

元宇宙最初的概念來自於**尼爾‧史蒂文森**(Neal Stephenson)出版的科幻小說《潰雪(Snow Crash)》,書中的Metaverse是平行於現實世界的虛擬數位世界,人類在現實世界擁有的一切,在虛擬數位世界裡都可以實現,人類在現實世界無法完成的事情,也可以在這個數位虛擬世界裡完成。

除了《潰雪(Snow Crash)》外,《脫稿玩家》、《阿凡達》、《一級玩家》、《無敵破壞王》等電影,也都使用了元宇宙的概念。而元宇宙概念目前還在發展中,但元宇宙必備了**虛擬世界、互動性、獨立經濟體系及創造性**等四個要素。

Facebook創辦人**馬克‧祖克伯**(Mark Zuckerberg)指出,元宇宙是個可以讓人們互動、工作、創造產品與內容的地方,所以將Facebook轉型為元宇宙公司,並將公司名改為「Meta」,並開發AR與VR的軟硬體相關內容。除此之外,中國搜尋引擎公司百度也註冊了「metaapp」商標。

不過,元宇宙的概念至今都尚未形成確定內容,而目前形態也還處於討論及爭議之中。發展到現在,目前的視覺及聽覺模擬較為符合,玩家只要戴上VR頭盔裝置(圖10-1),就能利用視覺及聽覺連結元宇宙,瞬間從真實空間進入虛擬世界。除了視覺和聽覺之外,還有嗅覺、味覺、觸覺等感官感受及意識的模擬技術也持續發展中。

圖10-1 玩家載上VR裝置就能連結元宇宙

10-1-2 元宇宙的發展

元宇宙是網際網路的未來發展型態之一，Metaverse Group公司聯合創始人**邁克爾·高德**(Michael Gord)表示，「元宇宙成為世界第一社群網路是不可避免的趨勢」。元宇宙利用創新的技術，讓使用者以數位公民進入虛擬網路世界，進行各種真實世界中的行為，並自由的在各種時空中穿梭。不過，現今科技並不足以支持元宇宙所要求的沉浸感，需待量子科技與物聯網發展成熟，才是元宇宙所需求的真正科技。

市場分析機構Gartner預測，到了2026年，全世界將有25%的人在元宇宙虛擬世界中待上一小時，包括工作、購物、教育、社交和娛樂。在幾年之內，元宇宙將發展成為一個營運穩定的經濟體，許多科技大廠也都在積極布局元宇宙產業。例如：工研院推出的「多觸感擬真體感衣」(iMetaWeaR)，穿上後可感受各式運動帶來觸覺回饋，包括拳擊、西洋劍等，讓運動更身歷其境，如圖10-2所示。

圖10-2　工研院開發的多觸感擬真體感衣

資策會產業情報研究所(MIC)表示，元宇宙與**數位轉型**將驅動軟體產業發展，並隨生態系持續成形，將引發辦公、娛樂與數位資產領域的變革契機。未來將不僅僅是「**線上＋線下**」，而是虛擬辦公環境、XR遠距協作、AR現場支援等「**虛擬＋實體**」的混合工作模式。

10-1-3 元宇宙的應用

元宇宙主要是透過VR、AR及MR技術實現，以連接現實生活及由多人共享的虛擬世界，讓居住在世界不同角落的人們一同在虛擬世界中玩遊戲，或是工作、和朋友相聚、看演唱會、看電影等。

元宇宙平臺依據使用方法和目的大致可分為以下類型：

◉ **3D移動式平臺**：主要用於遊戲、人際交流、經濟活動等，如：Roblox、ZEPETO App、ifland App、Minecraft等平臺。

◉ **2D線上虛擬世界**：以2D建構線上虛擬世界，在虛擬世界中可以進行視訊會議、教育、學習、典禮、業務等活動，如：Gather Town平臺。

◉ **3D線上虛擬世界**：以3D建構線上虛擬世界，在虛擬世界中可以進行視訊會議、教育、學習、典禮、業務等活動，如：Spatial、Glue等平臺。

◉ **頭載式裝置**：使用頭戴式裝置或眼鏡進入虛擬世界環境，即可進行遊戲、工作等。

虛擬網紅及VTuber

元宇宙讓人們充滿想像，讓真實與虛幻重新定義，娛樂產業也有了新型態，**虛擬網紅**(Virtual Influencers)及**虛擬YouTuber** (Virtual YouTuber, **VTuber**)，也應運而生，而將成為一種新趨勢。

不論是虛擬網紅還是VTuber，處處都可以看到娛樂事業走向虛擬化。例如：日本的絆愛、兔田佩克拉、噶嗚・古拉等；臺灣的李聽、杏仁咪嚕(Annin Miru)等；泰國的永遠21歲美少女AI Ailynn、曼谷淘氣鬼等；中國的洛天依，及時尚界最火紅的Lil Miquela，這些虛擬偶像都已經隨著科技的創新，成為新世代的明星。圖10-3所示為hololive production公司網站，該公司為知名的VTuber經紀公司。

圖10-3　hololive production公司網站(https://en.hololive.tv)

元宇宙遊戲

Roblox是被認為最接近元宇宙的社交平臺，成立於2004年，用戶可以在遊戲內創造互動的虛擬角色，還舉辦虛擬演唱會，讓許多用戶利用數位分身參與。過去玩家只能依照規則，解任務、打怪、買寶物，而Roblox讓9歲起的玩家也能成為創作者(開發遊戲)，採用**低程式碼/無程式碼**(Low-Code/No-Code)的概念，利用簡單的拖、拉動作，讓沒有程式設計能力的創作者，自行製作遊戲或其他虛擬產品來賺取收入。

Roblox平臺上有超過4,000萬款遊戲(圖10-4)，超過800萬名開發者，分潤給開發者的金額高達1.3億美元，而其中有67%用戶未滿16歲。

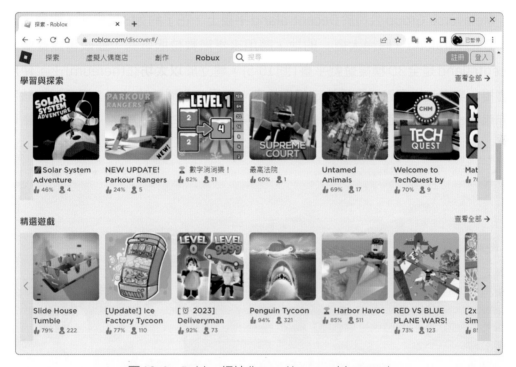

圖10-4　Roblox網站(https://www.roblox.com)

▨知識補充：低程式碼 / 無程式碼

低程式碼是指使用少量程式碼開發出軟體，所以使用者需具備一定的技術；**無程式碼**則是指不需任何技術背景及撰寫程式碼即可開發出軟體，無程式碼開發平台會提供現有的功能模組及直覺的產品設計畫面，讓使用者透過視覺化介面，只要以拖拉或點擊方式將所需的功能進行排列組合，即可完成軟體開發。

虛擬房地產

在 2021 年元宇宙裡的虛擬房地產掀起了熱潮，多次創下虛擬房地產交易金額新高，不過，隨著熱潮退燒，虛擬房地產似乎正走向泡沫化，根據元宇宙土地分析平臺 WeMeta 的調查，Decentraland 虛擬土地的成交價中位數，已從 2022 年的 45 美元，跌至目前的 5 美元，下跌幅度高達近 90%。

目前虛擬房地產是由 Sandbox、Decentraland、Cryptovoxels 及 Somnium 等平臺主導元宇宙的房地產空間，在元宇宙中建造房屋，能擁有土地的真正所有權，並記錄在區塊鏈上。

Metaverse Group 公司於 Decentraland 平臺上，花了約 243 萬美元，購買了一塊位於 Decentraland「時尚大道」的地，將用來舉辦數位服裝秀，並販售虛擬服飾。Decentraland 是全 3D 模擬遊戲平臺(圖 10-5)，建立於**以太坊**(Ethereum)上，使用者以虛擬化身在其中漫遊，自行決定想做的事，享受完全開放的遊戲，還可以在該平臺上面購買虛擬土地、買賣交易房地產、建造房子、裝修自己的房子、開設店面等。

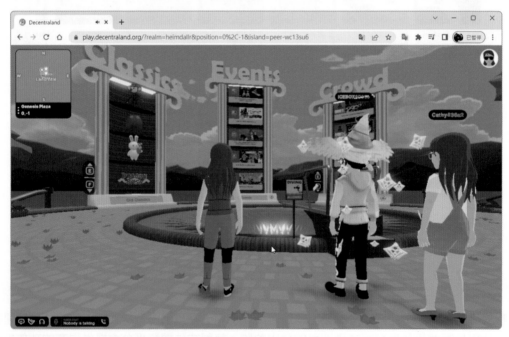

圖 10-5　Decentraland 網站 (https://decentraland.org)

虛擬辦公室

因 COVID-19 疫情的關係讓數位轉型加速，新的生活和工作方式急速發展，LINE、Google Meet、Gather Town 等視訊功能被運用在生活及商務會議等場景中，其中 Gather Town 將朝元宇宙發展，讓使用者可以在虛擬空間建立專屬辦公室。

Gather Town 有別於一般的視訊會議軟體，同事加入後還能用視訊或文字聊天、討論公事等，甚至還有白板可以共同書寫開會，若要與同事交談，只要「走近」同事，視訊和聲音功能就會開啟，如圖 10-6 所示。

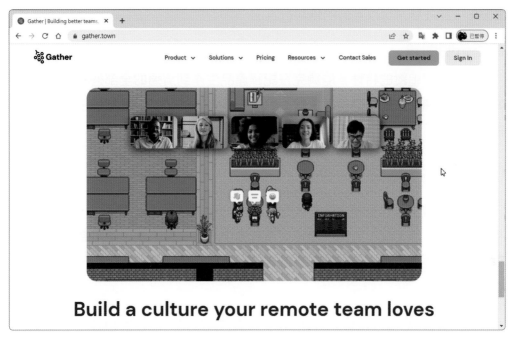

圖 10-6　Gather Town 網站 (https://www.gather.town)

10-2 區塊鏈

區塊鏈 (Blockchain) 已成為眾所矚目的熱門議題，這節就來認識區塊鏈吧！

10-2-1　認識區塊鏈

區塊鏈是中本聰在 2008 年，於《比特幣白皮書》中提出的概念，使用了**去中心化** (Decentralized) 的**分散式帳本技術** (Distributed Ledger Technology, **DLT**)，整合複雜的密碼學來加密資料，採用分散式的共識演算法，藉由分散式節點進行數據的儲存、驗證、傳輸，形成一個大型**電子記帳本**，任何寫入的資料都會被當作「**區塊**」鎖住，沒人能夠更改，因為如此，所以能解決版權、信用及資訊不透明等問題。

版權問題

透過導入區塊鏈技術、版權認證機制，可解決內容盜版、抄襲，還能讓使用模式紀錄變得更加容易，同時也讓內容被使用情況更容易被追蹤。

信用問題

過去兩個互不認識和信任的人要達成協作必須要依靠第三方，例如：轉帳時必須要有像銀行這樣的機構存在，但透過區塊鏈技術，可以實現在沒有任何中介機構參與的情況下，完成雙方可以互信的轉帳行為。

資訊不透明問題

區塊鏈有可追蹤的特性，能夠完整記錄產品生產到流通的全部過程，如此便能打擊仿冒品。區塊鏈技術基礎是開放的，除了交易各方的私有訊息被加密外，區塊鏈的數據對所有人開放，任何人都可以透過公開的介面查詢。

10-2-2　區塊鏈的特色

在金融領域上，過去是由政府或是可信任的金融機構作為中間者，確保我們的借貸、匯款、交易等手續，而區塊鏈技術具有**去中心化、匿名性、不可竄改性、可追蹤性**及**加密安全性**等特色，可以讓各參與者在互不相識的情況下建立信任機制。

去中心化

我們一般常見的銀行是具中心化性質的第三方機構，而在區塊鏈中沒有第三方管理機構或硬體設施，也就是說沒有所謂的管理員，每個使用者都是平等的、擁有相同的權限，如果有其中一個人想要改變內容，需要經過大家同意。

匿名性

匿名性讓區塊鏈中的節點得以不具名參與其中，主要都是使用「英文搭配數字」作為代碼呈現，只要不跟別人透露，就沒有人知道節點背後的人是誰，能保護用戶的隱私。

不可竄改性

區塊鏈中的每一筆資料一旦寫入就不可再更改，只要資料被驗證完就會永久寫入該區塊中。此特性使用了 **Hashcash 演算法**，藉由將前一個區塊的 **hash** (哈希) 值加入新區塊中，讓每個區塊環環相扣，所以能具有可追蹤且不可竄改的特性。

加密安全性

區塊鏈的加密性質，實現了個人資產完全自主管理，也解決了人與人之間的信任問題，大幅提升安全性與交易效率。

10-2-3 區塊鏈的運作

以金融轉帳流程為例,當A要匯款給B,該筆交易資訊被稱為「**區塊**」,網路上參與交易流程的人稱為**節點(礦工)**,每個節點會為區塊進行真偽驗證,透過驗證的區塊才會被允許進入區塊鏈並記入公開的帳本內,最終B才能得到款項,如圖10-7所示。

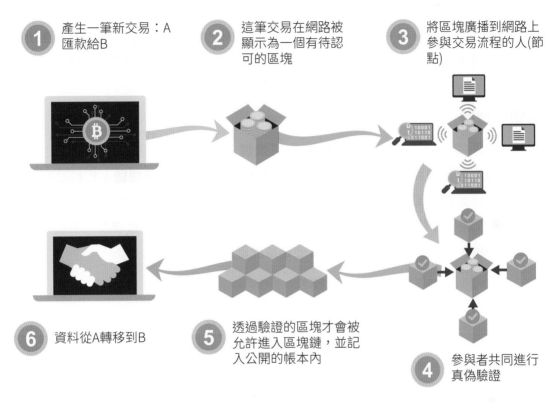

1 產生一筆新交易:A 匯款給B

2 這筆交易在網路被顯示為一個有待認可的區塊

3 將區塊廣播到網路上參與交易流程的人(節點)

6 資料從A轉移到B

5 透過驗證的區塊才會被允許進入區塊鏈,並記入公開的帳本內

4 參與者共同進行真偽驗證

圖10-7 區塊鏈運作(以金融轉帳為例)

10-2-4 區塊鏈的種類

區塊鏈主要可被分為三種類型,分別是**公有區塊鏈**(Public Blockchain)、**私有區塊鏈**(Private Blockchain)及**聯盟區塊鏈**(Consortium Blockchain),各自的去中心化程度與信任程度皆有所不同。

公有區塊鏈

公有區塊鏈是**任何人都可以加入和參與**,完全公開、透明的區塊鏈,所有人都能夠自由參加,能夠按照達成共識所扮演的角色而受到獎勵,是目前大多數區塊鏈的型態。具有所有交易皆公開透明、去中心化程度高,具不可篡改、匿名公開等優勢,但缺點是因採共識決議,所以交易速度相對較慢。

目前市場上較著名的公有區塊鏈包括有**比特幣**(Bitcoin)、**以太坊**(Ethereum)及**萊特幣**(Litecoin)。

私有區塊鏈

私有區塊鏈是一種**分散式對等網路**，須有授權才可以進入，適合單一公司、單一機構內部使用，能提升公司內部交流的效率，具有交易速度快、保有內部隱私、交易成本低等優勢，缺點是完全中心化、遭駭風險較高。Quorum(是摩根大通集團所推出的區塊鏈平臺，不過，2020年8月被區塊鏈開發商ConsenSys併購)便是屬於私有區塊鏈。

聯盟區塊鏈

聯盟區塊鏈介於公有區塊鏈與私有區塊鏈之間，結合了兩者的主要特色，**須有授權或為聯盟成員才可進入，可由多個組織一起分擔維護區塊鏈**。相較公有區塊鏈，能降低節點數量、提升運作效率，與私有區塊鏈比較，則能減輕交易對手的風險。具有交易速度快、擴充性高等優勢，缺點是相關技術要求較複雜及架設成本高。**Hyperledger** (超級帳本)及R3 Corda便是屬於聯盟區塊鏈。

表10-1所列為區塊鏈種類的比較。

表10-1　區塊鏈種類比較

	公有區塊鏈	私有區塊鏈	聯盟區塊鏈
進入限制	無	有	有
節點記帳權限	無須許可均可參與	獲得許可之節點	獲得許可之節點
節點讀取權限	無須許可均可參與	限受邀之節點	相關聯之節點
節點組成	任何節點	特定組織或機構	多個組織或機構
資料被竄改可能性	低	較高	較高
交易速度	慢	快	快

知識補充：Hyperledger

Hyperledger是Linux基金會於2015年發起的推進區塊鏈數位技術和交易驗證的開源項目，由30個創始會員組成，是全球最大的區塊鏈聯盟。

Hyperlecger聯盟採取開源、協作的方式，建置具有區塊鏈關鍵特性及跨產業別的區塊鏈技術平臺，以促進區塊鏈技術的發展及全球商業交易的轉型，並確保區塊鏈技術平臺，能適用於任何一家公司或行業，並推出五大開發架構與四大工具專案，目前最受歡迎的兩大專案為Hyperledger Fabric及Hyperldger Composer。

10-3　區塊鏈的應用

　　區塊鏈會應用於任何領域，如：存在性證明、智慧合約、物聯網、身分驗證、預測市場、資產交易、電子商務、社交通訊、檔案儲存、資料API等，為人類生活帶來極大的改變，將會在各種領域發揮效力。

10-3-1　虛擬貨幣與加密貨幣

　　虛擬貨幣(Virtual Currency)又稱**數位貨幣**(Digital Currency)，相對於實體貨幣，不具有可見性，沒有可觸摸的實體存在，在任何轄區內均不具法定貨幣功能，由非國家政府之開發者發行及管控，在特定虛擬社群成員中接受和使用的數位貨幣。例如：遊戲點數、LINE Point、**比特幣**(Bitcoin)等，都算是虛擬貨幣。

　　虛擬貨幣依貨幣之流通方向及使用環境主要有：

單向兌換	單向兌換	雙向兌換
只能在虛擬環境內使用。	可在虛擬和部分實體環境下使用。	有買入價和賣出價，類似貨幣。
例如　遊數點卡	例如　飛行的里程點數	例如　比特幣

　　加密貨幣(Cryptocurrency)是一種**透過區塊鏈技術的應用而成的電子貨幣**，必須**透過密碼學來加密每個貨幣**，透過加密，可以確保流通貨幣的資料正確且不被竄改。而加密貨幣是虛擬貨幣的一種，而比特幣是虛擬貨幣，也是加密貨幣，習慣上大家會一起使用「虛擬貨幣」及「加密貨幣」兩個詞語。

　　加密貨幣具有「**去中心化**」的特性，因此不會受到第三方的外力干涉，交易不會記錄在銀行，也並非各國政府發行的法定貨幣，而是直接記錄在區塊鏈上，所以每筆資料有安全性高、匿名及不會被竄改的特性，且只能使用電子(網路)方式進行交易、轉移、儲存。

常見的加密貨幣

　　目前全球加密貨幣種類超過700多種，其中**比特幣**就占了所有加密貨幣市值的絕大部分。表10-2所列為各種加密貨幣說明。

表 10-2　各種加密貨幣說明

種類	說明
Bitcoin (BTC)	**比特幣**於 2009 年問世,是澳洲企業家萊特 (Craig Steven Wright) 所發明,德國是第一個正式認可比特幣為合法貨幣的國家,比特幣目前在國際間被當作支付貨幣,也被視為投資商品,身兼「貨幣」和「商品」兩種特質,在不同的國家各自有不同的監管方式。取得方式除了直接以金錢購買比特幣,也可透過**挖礦** (Mining) 的方式獲得。
Ethereum (ETH)	**以太坊** (Ethereum) 是 2013~2014 年間,程式設計師維塔利克‧巴特瑞恩 (Vitalik Buterin) 提出的區塊鏈創新開放基礎平臺的理念。以太坊是去中央化應用程式的平臺,能執行智慧合約,2014 年 7 月,以太坊發行了 7,200 萬以太幣 (Ether);2015 年 7 月,以太坊網路發布,以太坊區塊鏈正式執行,並以以太幣作為以太坊區塊鏈內的通用支付工具,開始進入各大交易所交易。以太幣的產生方式和比特幣相似,都是透過挖礦協助運算、維護區塊鏈運行,而獲取。
Binance Coin (BNB)	**幣安幣** (Binance Coin) 是加密貨幣交易所「幣安」在 2017 年推出的,類似以太幣,主要用於支付該交易所的手續費,但在旅遊、娛樂、金融等場景都可使用。幣安幣會定時「銷毀」部分貨幣,以維持供給量。
Cardano (ADA)	**艾達幣** (Cardano) 是在 Cardano 區塊鏈平臺交易的貨幣,目的是建立出比以太坊更完善、先進的智慧合約,並且提供點對點支付功能,達到交易安全、快速、低手續費的目標。
Dogecoin (DOGE)	**狗狗幣** (Dogecoin) 和上述加密貨幣不太相同,其目的並非用於投資,大多是在美國社群上拿來打賞用的,後期則常用於慈善活動,例如:牙買加雪橇代表隊,在 2014 年因為沒有經費參與冬季奧運,因此在狗狗幣社群上發起募款,成功募到相等於 5 萬美元狗狗幣。
Litecoin (LTC)	**萊特幣** (Litecoin) 為李啟威 (Charlie Lee) 創辦的,是一種點對點的電子加密貨幣,基於一種開源的加密協議,不受到任何中央機構的管理,架構與比特幣類似,且在技術上也具有相同的原理,在比特幣的基礎上,做了一些優化和改進。
Shiba Inu (SHIB)	**柴犬幣** (Shiba Inu) 於 2020 年 8 月由一位自稱 Ryoshi 的人物或組織創建的,是基於以太坊技術衍伸的加密貨幣。
Polygon (Matic)	**Matic** 幣是 Polygon 區塊鏈上的原生加密貨幣,採用 ERC20 格式發行,可以參與 Polygan 的權益證明賺取獎勵,以及用來支付交易手續費。

最早時加密貨幣只能用於網路線上商店,但近期也有越來越多的實體商店也開始接受以加密貨幣支付的方式。例如:俄羅斯總統下令軍隊攻入烏克蘭後,烏克蘭政府呼籲網民捐款,並表明接受比特幣、以太幣及 USDT 加密貨幣形式的捐款,發布加密貨幣錢包地址後,4 小時內籌到價值逾 330 萬美元的加密貨幣捐款。

加密貨幣交易平臺

　　想要買賣加密貨幣，可以透過線上交易平臺，而依運作模式不同可區分為**中心化交易所**(Centralized exchangem, **CEX**)、**去中心化交易所**(Decentralized Exchange, **DEX**) 兩種。

⊙ **中心化交易所**：類似私人機構或公司開設提供買賣的平臺，用戶註冊會員完成後，經過身分認證並審核通過，就能進行掛單交易，而由交易所進行資產託管，用戶沒有私鑰和資產的實際控制權，是目前常用的交易方式。常見的中心化交易所有 Binance (圖10-8)、Bitfinex、Huobi Global (火幣) 及 MAX 等。

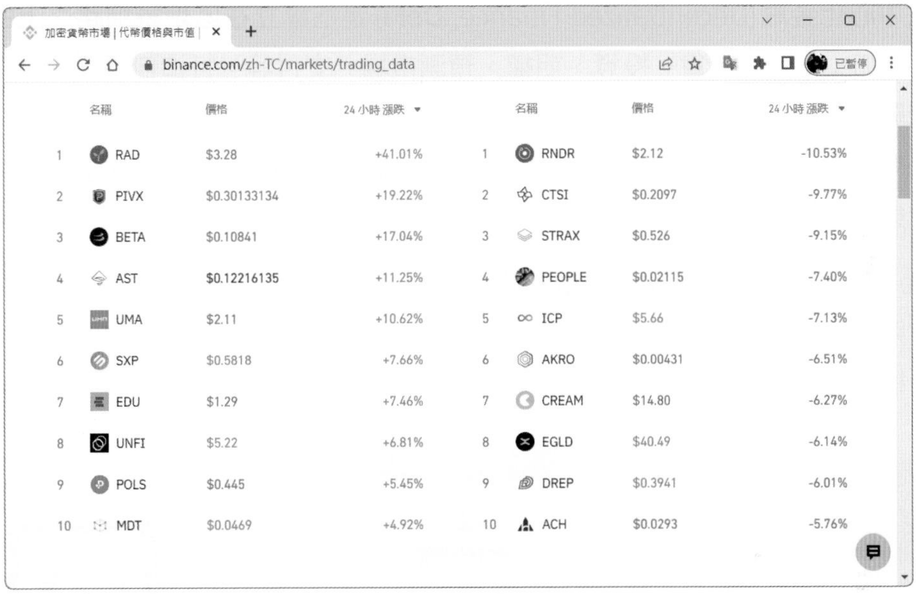

圖10-8　Binance是目前世界加密貨幣交易量前三名的平臺，提供不同國家語言
(https://www.binance.com/zh-TW)

⊙ **去中心化交易所**：類似P2P交易平臺，使用智慧合約自動化履行協議，大家可以在平臺上掛單，不需將加密貨幣資產轉入平臺，直接在區塊鏈上進行交換，完成交易後發回使用者的錢包或保存在區塊鏈的智慧合約中，資產掌握在用戶手中，此方式大大的提升安全性以及中心化交易所被駭的問題。常見的去中心化交易所有 Uniswap、dYdX、Compound 等。

挖礦

　　要取得加密貨幣時，還可以自行**挖礦**(Mining)。例如：加密貨幣發行都有其貨幣產生的機制，以比特幣來說，約每十分鐘會由程式碼發行新的比特幣，人們可利用電腦運算取得這些比特幣的擁有權，這個過程就好比獲得剛出土的金礦，因此獲取新發行比特幣的行為就被稱為**挖礦**。

比特幣的獎勵機制與開採礦物類似，因此將礦工開採礦物的過程比喻成「**挖礦**」；投入比特幣挖礦的人則被稱為「**礦工**」；比特幣則為「**礦場**」；專門用來挖礦的設備為「**礦機**」；結合大量個人算力的挖礦平臺為「**礦池**」。

全球金融科技服務商 Block，將打造一款開放式的比特幣挖礦系統，計畫讓挖掘比特幣變得「**更為分散且具效率**」，希望解決挖礦遇到的價格昂貴、可靠度以及耗電等問題。

10-3-2　去中心化金融

去中心化金融(Decentralized Finance, **DeFi**) 是指**建立在區塊鏈網路之上的金融應用**，例如：保險、借貸、投資、期權、預測市場、支付等，打造無需許可且高度透明的金融服務，以供所有人使用，且無需任何中央授權即可運行。跟傳統金融相比，去中心化金融擁有**交易即清算、抗審查、無地域限制**等特性，只要有連上網路的設備，就能自由享受金融服務。

DeFi 是**以區塊鏈多節點、分散式帳簿的特性來架構智慧合約**，於交易條件滿足時，按照智慧合約自動完成合約內容，雙方直接交易，取代傳統金融中的金融機構作為中介機構的作法，如圖 10-9 所示。

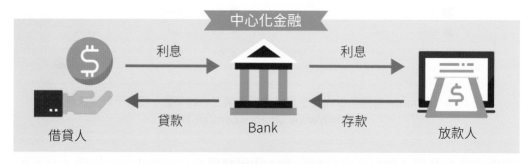
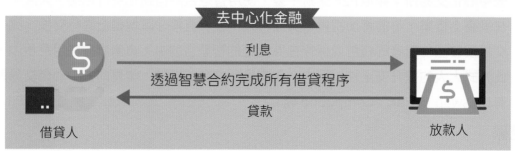

圖 10-9　中心化金融與去中心化金融比較圖

DeFi是被看好的新金融服務，但在交易安全與可靠性，還有許多問題尚待解決，像是不可撤銷的交易具有相當高的風險，例如：Compoud平臺因為程式碼錯誤，誤將價值近9,000萬美元的加密貨幣發送給用戶，只能請求用戶主動歸還。

DeFi在缺乏監管機構下自由度相對高，但對用戶而言也比較缺乏保障，若用戶存於傳統銀行的錢遭盜領，銀行、保險公司或國家會給予賠償，但在DeFi中，沒有專責機構管控，若平臺倒閉、出現程式碼漏洞、被駭客入侵，投資者將求償無門。區塊鏈處於灰色地帶的性質，易滋生洗錢、非法交易等各種犯罪行為，更成為駭客攻擊收取贖金的途徑。

10-3-3　非同質化代幣

非同質化代幣(Non-Fungible Token, **NFT**)是指**具有唯一性及不可分割性的數位資產**，利用區塊鏈的加密技術及去中心化等特性，所產生的獨特數位編號，就像身分證字號，絕不重複。

這些資產的所有權是在鏈上流轉的，從數位商品(如存在於虛擬世界中的物品)到物理資產的債權(如房地產)都可以用NFT表示，讓在網路世界的原生創作與內容，可以如同實體資產一樣，被溯源和認證。

每一個NFT作品都具有不可替代與複製的特點，購買者是購買藝術作品、音樂及數位圖片的「**所有權**」，而非作品本身。NFT不僅可以標記原創，還能結合智慧合約，進行自動化的交易、結算、所有權分割等功能。

NFT應用實例

根據CryptoSlated最新統計顯示，2022年NFT總交易量為555億美元，環比增長175%，相較2020年則增長了390倍。2022年推出了約85,000個NFT系列，約有7,700件藏品的交易額超過10萬美元，可見NFT已進入了主流交易的新時代，NFT市場也越來越熱絡。

網路之父**提姆‧伯納斯-李**(Tim Berners-Lee)在1989年寫下9,555行的全球資訊網原始代碼,由本人親自製作成NFT,以540萬美元賣出。美國藝術收藏家Pablo Rodriguez-Fraile以近6萬7,000美元(約新台幣186萬元),買下數位藝術家Beeple的《十字路口》(Crossroad)影片作品,描述在一個鳥語花香的公園路旁,有一個巨大的美國前總統川普雕像倒在草地上,身上被人塗滿了標語。

《十字路口》作品過了4個多月,價錢就翻了100倍,以約2億臺幣的天價售出。原因就是這件作品有受到區塊鏈鑑定認證,含有藝術家簽名的加密數位檔,也就是以區塊鏈為數位簽名,可以確認誰擁有這件作品及作品的真偽。圖10-10所示為Beeple創作的10秒電腦合成影片《十字路口》。

圖10-10 《十字路口》

美國職業籃球運動員**史蒂芬‧柯瑞**(Stephen Curry)以55個以太幣買下一張猴子的圖片。猴子圖片來自**無聊猿俱樂部**(Bored Ape Yacht Club, **BAYC**)所創作的NFT商品,猴子圖片是以隨機生成的形式,透過五官、服裝與顏色的搭配,創造出10,000個完全不同的JPG圖片,放置到OpenSea上銷售。

在國外,選舉募款、遊戲虛擬資產、運動明星賽場上的精彩片段、音樂人創作、AV女優等,都在發行NFT,而臺灣也有發行各式各樣的NFT,如:霹靂布袋戲、鹽酥雞、雞肉飯、虎年玉璽酒數位套組等。除此之外,還有許多藝人也搭上這股熱潮,例如:周杰倫發行一萬隻起價28,000元的「幻想熊」NFT,四十分鐘銷售一空。

NFT會有如此高的價值，其主要原因有：

⊙ **信仰與支持**：名人發行或經過名人加持後的NFT，會因為信仰與支持而購買。

⊙ **稀缺性**：因為NFT限量發行，所以產生了物以稀為貴的效應。

⊙ **冠名權**：取得NFT後，表示「這件作品是我的」，而產生了一種優越感。

⊙ **投資性**：許多收藏家收藏稀有藝術品在於等待其增值。

2021年NFT掀起一股熱潮，收藏家或是名人皆紛紛將資金投入其中，但2022年後，其交易量急轉直下，交易量由2022年1月份至9月份期間已下跌97%。流行歌手小賈斯汀(Justin Bieber)於2022年初，以130萬美元購入一隻Bored Ape NFT圖像，如今這隻Bored Ape的價格卻可能僅值7萬美元。BAYC大幅下滑的市價，透露了NFT的藝術市場整體呈現的衰退狀況。

NFT交易平臺

購買NFT就像購買任何物品一樣，都會有市場或是平臺可以交易，每個NFT就是一件商品，可以至對應的平臺交易。常見的NFT交易平臺有Opensea、SuperRare、Lootex、Oursong、Nifty Gateway、Binance、LooksRare、X2Y2等。

OpenSea是目前全球最大的NFT交易平臺(圖10-11)，提供了一個點對點交換的系統，讓使用者與區塊鏈上的其他人互動，並不擁有任何人的NFT資產，任何人都可以在OpenSea免費建立和購買NFT。

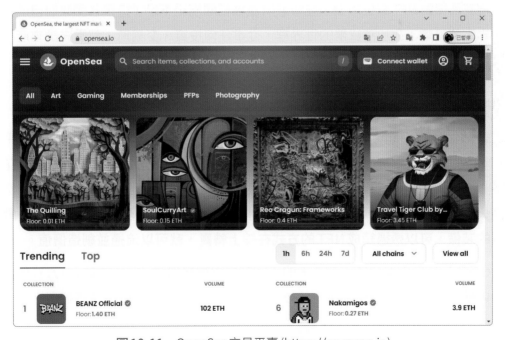

圖10-11　OpenSea交易平臺(https://opensea.io)

發行 NFT

任何人都能輕易將自己的創作製成 NFT 後進行販售，現在大部分的 NFT 發行平臺都有設計簡易上架功能，而作品上架前需要先擁有一個**加密貨幣錢包**（如 Metamask、Math Wallet、Alpha Wallet、Trust Wallet、Coinbase Wallet 等），而錢包需購入加密貨幣，最後只要把檔案上傳，寫好作品描述、作者簡介，便可在交易平臺查詢、登記販售，並交易自己發行的 NFT。

將作品製成 NFT 的過程稱為**鑄造**(Minting)，其手續費則稱為**礦工費**(Gas fee)，將用來支付將你的 NFT 作品上到區塊鏈上的費用。

NFT的隱憂

NFT 市場正在蓬勃發展，在「萬物皆可 NFT」熱潮下，許多**著作權及安全性問題**也一一浮現，從 2021 年 7 月，全球有逾 65 萬筆與 NFT 投資詐騙相關的惡意連結。其中，臺灣占全球總偵測數量 8%。

最大的 NFT 交易平臺 OpenSea，員工利用內線資料買賣 NFT 賺錢，駭客利用平臺上的漏洞，以不到 15 萬美元的價格，購入市值超過 100 萬美元的 NFT。連鎖茶飲店《春水堂》遭歹徒冒用身分，在 Oursong 上販售盜用《春水堂》珍珠奶茶圖片和商標文字的山寨 NFT；歌手陳零九發行的 YOLO-Cat 遭詐騙業者仿冒發行。

雖然任何人都能發行 NFT，但目前沒有方法可以確認著作權是否屬於發行 NFT 的人。現有法律對 NFT 數位市場，在智慧財產權相關規範不足，這是各國政府目前法令難以界定的範疇。在加密貨幣的世界裡，從事任何投資、交易前，都需先調查產品的真實性、蒐集資訊、做好研究，以防成為下一個受害者。

10-3-4　遊戲化金融

遊戲化金融(Game Finance, **GameFi**) 最早是在 2019 年，區塊鏈遊戲發行平臺 Mix Marvel 戰略長 Mary Ma 所提出。當傳統遊戲加入了區塊鏈，可以解決玩家花了很多心力在遊戲裡面建設的世界，購買的寶物，不會因為有一天遊戲停止更新關閉，就消失了。因此，遊戲化金融代表的是**遊戲世界裡存在的資產，如果玩家在遊戲裡打造的裝備，可以透過鑄成 NFT 的方式在線上轉賣，就可以流通並創造價值**。

GameFi 類遊戲與傳統手遊最大的不同就是以**邊玩邊賺**(Play to Earn) 方式參與遊戲，這點也是 GameFi 遊戲最基本的核心。圖 10-12 所示為 GameFi 遊戲類型排行。

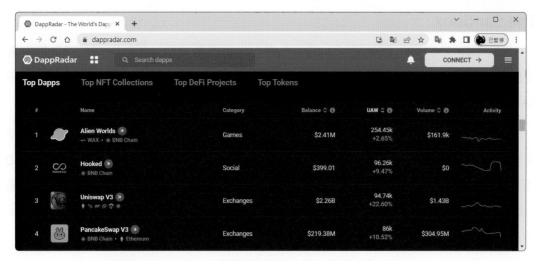

圖10-12　GameFi遊戲類型排行(https://dappradar.com)

DApp

　　DApp (Decentralized Application, **去中心化應用程式**)是指**建構在區塊鏈上的應用程式**,所有的數據皆公開透明且不可篡改。不依賴任何中心化的伺服器運作,可以全自動的運行,遊戲資產的所有權隸屬於玩家,開發商無權控制。

　　當DApp在區塊鏈上運行時,往往需要消耗一些燃料驅動執行,這些燃料通常是使用DApp上流通的加密貨幣(如:ETH、ESO、TRON、IOST)。

▨ 知識補充:DappRadar

DappRadar是全球最大的DApp、NFT等數據分析平臺。DappRadar成立於2018年,具有追蹤DApp數據功能(包括投資組合追蹤器、NFT估值計算器、代幣瀏覽器等),每年有400萬名獨立用戶,追蹤27種不同公有鏈上超過8,300個DApp。DappRadar計畫推出原生代幣$RADAR,藉此推動DappRadar生態系統的治理潛力。

Axie Infinity

　　Axie Infinity是以區塊鏈概念打造的精靈戰鬥遊戲,且是目前最受歡迎的區塊鏈遊戲之一。該遊戲開創了邊玩邊賺的創新模式,玩家可以從遊戲中賺取代幣。當玩家養出各種技能強大的遊戲精靈角色後,可透過發行NFT,賣給其他玩家獲利。

　　要玩這款遊戲時,玩家帳號需要先有3隻Axie (遊戲世界裡的特有生物),才能開始玩遊戲,在Axie Infinity中,每一隻Axie都是獨一無二的存在,本身就是一個NFT,每一隻都有屬於自己的編號。Axie Infinity在未來還會加入虛擬土地,讓玩家可以購置區塊鏈建立自己的領地,還能像《動物森友會》般裝飾自己的家,或是展示自己的NFT戰利品。

The Sandbox

The Sandbox是一個基於以太坊，去中心化的遊戲平臺，用戶可以創造並擁有屬於自己的遊戲世界。平臺還推出了元宇宙活動，在元宇宙的虛擬世界中，玩家可賺取 SAND 幣，在遊戲內創建、購買土地等 NFT 資產。

在 The Sandbox 中可以購置土地，土地擁有人可以舉行不同活動、遊戲、創造屬於自己的世界等，並可以跟進入的人收費。The Sandbox 總共有 166,464 個 **LAND** (遊戲中的虛擬土地)，每個 LAND 都是 NFT，其中可發售的有 123,840 個，作為獎勵分配給合作夥伴、創造者、玩家的有 25,920 個，剩餘的 16,704 個為官方保留作為舉辦活動和遊戲的場所。

許多知名企業、名人紛紛開始購買 The Sandbox 的虛擬土地，Adidas 旗下品牌 Adidas Originals，購買了「12×12 (144 parcels)」虛擬土地，換算下來 144 parcel 為 432ETH，大約價值約 178 萬美元 (約 5,000 萬新台幣)。

美國饒舌樂手史努比狗狗，他以 45 萬美元買了一塊虛擬土地，要用來開發他自己的**史努比宇宙** (Snoopverse)；華納音樂與 The Sandbox 推出音樂元宇宙，將在 The Sandbox 中建造演唱會舞台。圖 10-13 所示為 The Sandbox 的虛擬土地。

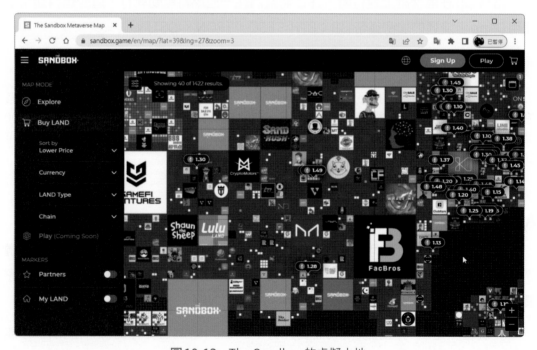

圖 10-13　The Sandbox 的虛擬土地

10-3-5 去中心化自治組織

去中心化自治組織(Decentralized Autonomous Organization, **DAO**)是2016年開始出現在網路上的運作模式。傳統的組織(如政府或公司)都是「中心化」的運作模式,把所有的資源集中管理和運用,DAO則**強調社群共享共治,不需要人來管理的組織**,一群網民在區塊鏈共同發起了一個DAO的項目之後,**所有的共識和協定都寫在智慧合約裡,由電腦自動執行**,組織的一切治理、營運和交易都按照預設規則去運作。

DAO也可以泛指某種加密貨幣的區塊鏈項目,例如:可以把比特幣看成是一個自動化管理的支付交易系統,持有比特幣的人就是組織成員,目的是共同維護好一個區塊鏈帳本。

DAO具有**透明化、公平性、無國界參與、社群性**等特點,但DAO目前在法律上的定位模糊未能受到法律的保障,故被視為無限責任公司,也就是參與者有可能須負損失的無限責任。DAO的應用領域相當廣泛,例如:投資、慈善機構、募款、借貸、金融、遊戲、藝術品、社群、創作、仲裁等。

Compound

Compound是一個去中心化的借貸協議金融組織,用戶可在上面進行流動性挖礦等,並獲得其治理代幣COMP作為獎勵。持有COMP者,就能夠提案變更組織協定,或是參與投票,來決定Compound的未來走勢。

仲裁法庭 DAO － Kleros

Kleros是一個基於以太坊網路的平臺,利用智慧合約建立一個公正且自動化的仲裁系統。其治理代幣名為PNK,PNK持有者可以在Kleros法庭質押他們的代幣,藉此獲得擔任陪審員的資格,並能得到以太幣作為仲裁獎勵。

MePunk

MePunk (https://mepunk.io)是一群對NFT有共同理念的虛擬貨幣信仰者發起的社群,以DAO建立,設計概念為「個人化頭像」搭配「最愛的幣種」,創作出獨一無二的「幣圈通行證」,希望打造人人可以輕易入手又買得起的NFT。

個人化頭像都是畫家根據用戶的需求客製化的原創NFT,人們可以選擇自己信仰或是支持的幣種,成為在虛擬貨幣世界中的身分證及你在社群中的通行證,在社群中可以學習許多虛擬貨幣科普、國際幣種交易、套利、挖礦等完整資訊,大幅縮短幣圈新手在蒐集資訊的時間成本。

10-3-6　區塊鏈與產業之整合

　　區塊鏈也可廣泛應用在多元產業領域，包括醫療健康照護、農產履歷、製造業供應鏈、保險、房地產、旅遊、金融管理等，皆能有效提升產業效率。

農業區塊鏈溯源認證

　　將區塊鏈技術導入在「**農產履歷**」上，可以針對育苗、種植、生長、採收、運送、分裝跟販售等流程進行詳細且獨立的記錄，讓產銷流程成為可追溯的資料。

　　科技整合可為產業創造更多便利與經濟價值。像是透過物聯網結合布設在農園中的感測器，將偵測到的環境數據以及農產品相關履歷、檢驗證明和經銷商等資訊，經由區塊鏈彙整記錄在雲端資料庫中。並利用區塊鏈的**不可竄改**特性為食安把關，讓產銷履歷資料更加透明，更能建立消費者的安心感，如圖10-14所示。

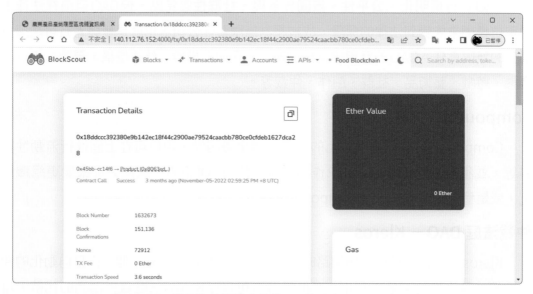

圖10-14　農作物的智慧合約 (http://atb.bse.ntu.edu.tw)

保險理賠

　　台灣人壽與高雄榮民總醫院共同簽署醫療理賠區塊鏈合作備忘錄，為了免除民眾往返醫院申請就醫證明的舟車勞頓，台灣人壽和高雄榮總合作利用區塊鏈的優點，推出「eClaim 理賠區塊鏈」平臺。

　　傳統的理賠流程從出院到理賠金給付，需要約13天的時間，但透過區塊鏈理賠，出院到領到理賠金的時間可縮短至4~5天。區塊鏈理賠，不僅省下往返醫院申請病歷的奔波，還可隨時查看以區塊鏈技術加密的傳送紀錄和個人醫療資料，讓原本只屬於醫院的病歷，成為個人擁有，變成方便自主管理的可攜式病歷，未來也可用於其他醫院就診或諮詢。

數位化學習歷程檔案

　　區塊鏈技術用於「數位化學習歷程檔案」，能簡化驗證學習歷程、成績、文憑和證書的過程，學生可以不用再整理備審資料，也可預防成績造假或文憑偽造的問題。

　　臺灣新創公司圖靈鏈開發出**圖靈證書**(Turing Certs)，這是一張區塊鏈加密簽章的數位畢業證書，此證書透過區塊鏈的不可竄改、透明公開等特性，確保證書來源的真實性，且採用數位方式，記錄及保存學生的個人生涯學習歷程檔案，讓學生不管升大學、考研究所或未來求職的歷程都能完整收錄運用。圖9-15所示為圖靈證書數位履歷平臺。

圖10-15　圖靈證書提供一個在區塊鏈上的數位履歷平臺(https://certs.turingchain.tech)

　　圖靈證書透過符合**W3C DID**標準的數位身分，讓所有證書、證明，難以再被偽造且永久保存於網路，也因此學生能於世界各地輕鬆驗證自身經歷。圖靈證書至今已為17所大學、9家企業與教育單位提供數位發證服務。

　　學生在獲得數位證書後，可將其連結於自己的求職網站，也能在企業提出認證需求時，一鍵認證自身所有經歷。企業則可以透過圖靈證書所採用區塊鏈的特性，保證其所驗證的履歷為真實不可偽造的，大量降低誤信履歷之風險。

知識補充：DID

去中心化身分(Decentralized Identifiers, **DID**)是指讓使用者獲得完整的資料主控權，並保障使用者的隱私權，也能達到身分識別的目的。為了致力於DID技術通過全球標準化程式，DID目前已經提出的標準主要有W3C的DID標準(https://w3c-ccg.github.io/did-primer/)及DIF (Decentralized Identity Foundation)的DID Auth(https://identity.foundation)。

10-4 金融科技

金融科技 (Financial Technology，簡稱 **FinTech**) 的崛起，不但改變了人們對消費金流的使用方式，也衝擊了既有的金融體系營運與獲利模式。

10-4-1 認識金融科技

金融科技簡單的說就是**金融＋科技**，利用如大數據、機器人、人工智慧、區塊鏈等創新的科技，來解決金融服務業的問題。2015 年世界經濟論壇 (WEF) 將金融核心服務分為六大領域，包含了**支付、保險、募資、存貸、投資管理**及**數據分析**，如圖 10-16 所示。

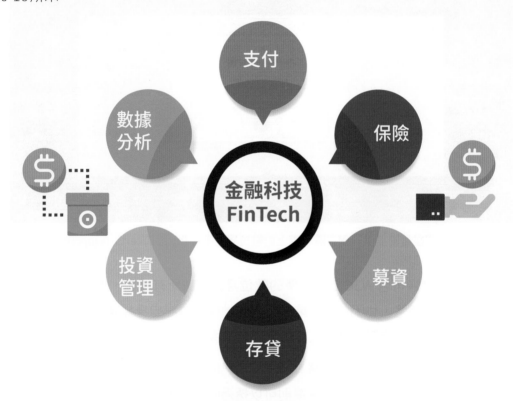

圖 10-16　金融科技涵蓋的六大金融領域

人們的生活早已被金融科技占據，日常生活中使用行動支付、手機無卡感應付款、App 一鍵下單等，都是金融科技的實際應用。金融科技的廣泛應用使我們省去不少和銀行交易的時間，消費者可足不出戶，透過電腦網路、應用程式或理財機器人，便可隨時隨地使用金融服務。

　　我國政府目前對於金融科技的政策也相當支持，在金融總會下設金融科技發展基金，也啟用**金融科技創新基地**，讓許多新創業者，積極發展相關業務及創新實驗。

10-4-2 金融科技類別

　　金融穩定學院(Financial Stability Institute, FSI)於2020年發布報告提出**金融科技樹**(Fintech Tree)的概念，將金融科技環境分為：**樹冠－金融科技活動**(Fintech Activities)、**樹幹－賦能技術**(Enabling Technologies)及**樹根－政策輔佐**(Policy Enablers)等三個部分。

　　金融科技活動是指金融科技內的各種產品和商業模式；**賦能技術**是指金融科技革命的底層技術；**政策輔佐**則是監管機構為促進金融科技發展而採取的行動，如圖10-17所示。

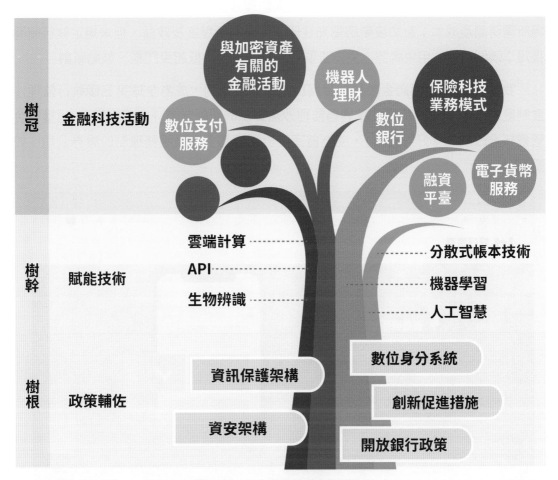

圖10-17　金融科技類別示意圖

資料來源：Financial Stability Institute(2020), Policy responses to fintech: a cross-country overview
https://www.bis.org/fsi/publ/insights23.pdf

10-4-3 金融監理沙盒

　　金融監理沙盒(Financial Regulatory Sandbox)是英國**金融行為監理總署**(Financial Conduct Authority, FCA)於2015年提出「**創新試驗場**」(Regulatory Sandbox)之倡議文件，將這個概念應用在金融科技的創新上，解決現行法規與新興科技的落差，故透過設計一個風險可控管的實驗場域，提供給各種新興科技的新創業者測試其產品、服務以及商業模式，這個模式就被稱為**監理沙盒**。

　　透過在測試過程中與監管者(通常為政府主管機關)的密切互動合作，針對在測試過程中所發現或產生的技術、監管或法規問題，一同找出可行的解決方案，並作為未來主管機關與立法者，修改或制定新興科技監管法規的方向跟參考。

　　除了英國擁有相關監理沙盒制度外，新加坡、澳洲等國家也紛紛建立了監理沙盒制度。英國提供企業不論核准與否都可進入監理沙盒，以測試產品服務、降低進入市場所需時間及成本；新加坡申請需先註冊、佐證創新程度及效益，但未規定執行時間長短；澳洲首創採用免牌照、免審查監理沙盒制度，降低起步門檻、鼓勵新創。

　　我國於2017年通過金融科技發展與創新實驗條例，成為全球第五個執行監理沙盒制度的市場。2021年第一家通過監理沙盒實驗的新創業者「好好投資」，也獲得金管會核准改制為「好好證券」，成為首家提供創新基金交換服務機制的證券公司，如圖10-18所示。

圖10-18　好好證券官網(https://www.fundswap.com.tw)

10-5 金融科技的應用

在全球金融科技已廣泛的被應用,且出現許多新型態金融場景,這節將針對金融科技在各金融領域之應用,分別說明。

10-5-1 普惠金融

金融科技是推動**普惠金融**(Financial Inclusion)的重要力量,打破時間與地域限制,讓社會上不同的人都能享受到完善的金融服務。

全球經濟發展之下,伴隨而來的貧富差距、財富分配不均問題日益嚴重。因此,聯合國於2005年提出普惠金融的概念,指出「**普惠金融是經濟成長、創造就業機會及社會發展的驅動者或加速器**」,並提倡「**金融是為所有人服務,而不只是有錢人**」,其核心要讓社會大眾都能平等享有金融服務,尤其是被傳統金融忽視的偏鄉產業、小微企業、無信用記錄的社會新鮮人等。

在臺灣,國發會將「推動普惠金融」納入 2021 ~ 2024 年國家發展計畫中,金管會依臺灣金融市場發展現況,明訂「普惠金融衡量指標」,針對可及性、使用性及品質三大面向,評估臺灣普惠金融發展狀況及政策執行成效,並鼓勵金融業持續推出符合社會各界需求的金融服務,以促進社會公平與成長。

P2P借貸

P2P借貸(Peer to Peer Lending)是指**透過網路平臺撮合借貸雙方,讓有資金的人透過該平臺可以將錢借給需要資金的對象,並從中賺取利息跟拿回本金**,而在借貸過程中,P2P貸款平臺就扮演媒合與信用評估的角色,是一種個人對個人的C2C信貸模式。

P2P借款在歐美發展已有近15年的歷史,以英國的Zopa及美國的Prosper、Lending Club最具代表性,而在中國就擁有接近3,000家的P2P貸款平臺,成交總額接近人民幣1兆元。目前臺灣的貸款平臺主要有Wow借貸、鄉民貸、易借等。

數位金融

「零接觸」的金融新生活,已成為每個人日常,數位金融是最常見的金融行為,包含了日常的電子支付、信用卡付款、網路銀行App等,數位金融可說是普惠金融最為重要的一環。

保險

保險業引入數位科技中數位通路的概念，結合線上通路、社群媒體、行動裝置、電商平臺等管道，讓資訊傳遞更快、更透明。另外，保險業者或銀行可以使用客戶的大數據資料進行分析，了解其風險影響狀況，對於像是汽車安全險或旅遊平安險，有更多的影響風險資料可供評估。

10-5-2 群眾募資

群眾募資(Crowdfunding)又稱**群眾集資、公眾集資**或**群募**，在中國則大多稱為**眾籌**或**群眾籌資**。

群眾募資是指**透過網路上的平臺，展示及宣傳創意作品，有興趣支持、參與及購買的群眾**，可藉由「贊助」的方式，讓此計畫、設計或夢想實現。在1997年，英國的Marillion樂團就利用群眾募資的方式，募得六萬美元的費用，完成在美國巡迴演出的夢想。

群眾募資的組成

一個成功的群眾募資案例，組成的關鍵因素有**專案推動者、個人、群體**及**適合的平臺**，如圖10-19所示。

專案推動者

提出他自己的理念及構想，也就是去執行的人。

個人、群體

支持這個理念及構想的人，也就是出錢資助的人。

適合的平臺

可以將執行及出錢資助的人連結在一起，實行他們所支持的計畫或行動。

圖10-19 群眾募資的組成

群眾募資的回饋方式

一般的群眾募資,是將贊助者投入的資金視為捐贈及回饋性質,臺灣的群眾募資大部分屬於此類型;回饋捐款者的方式眾多,通常可以依據籌措資金的目的及回報方式,分為商品眾籌及股權眾籌兩類。

⊙ **商品眾籌**:當捐贈一定的金額時,會得到相對應的紀念品或是服務,臺灣目前的募資平臺多屬於此類。而商品眾籌又可分為 **KIA** (Keep-it-All) 及 **AON** (All-or-Nothing, 全有全無) 兩種,前者是當眾籌失敗時,提案者可留下捐贈的款項;後者則是提案失敗時,需將款項全數退回捐贈者。

⊙ **股權眾籌**:贊助者投入資金後,獲得組織的股權,若未來該組織營運狀況良好,價值提升,則贊助者獲得的股權價值也相對應地提高。

除了商品眾籌及股權眾籌外,還有「**債權眾籌**」,提案者向個人或組織募集資金,並在未來某個承諾的時間償付本金與利息,類似「借錢」,不過目前臺灣法律尚未開放使用現金紅利、有價證券作為報償。

國內外常見的群眾募資平臺

國外較知名的群眾募資平臺有 Kickstarter、DonorsChoose、Indiegogo、GoFundMe 等;而國內的募資平臺則有 flyingV (圖 10-20)、嘖嘖、WaBay 挖貝等。

圖 10-20　flyingV 網站 (https://www.flyingv.cc)

10-5-3　投資管理

　　隨著大數據及演算法的日益成熟，**理財機器人**(Robo-advisor)也成為一股趨勢。它能提供自動化、客製化投資的網路平臺，讓投資者以低廉的成本得到財富管理或投資的建議。

　　理財機器人會透過簡單的問題來了解客戶的投資意向、風險屬性，經由AI演算法計算出屬於客戶個人專屬的投資組合。並藉由數位科技的應用進行帳戶管理，再接著由機器人分析資產管理，由目前的資料推測出未來的損益，調整投資策略。大幅應用機器人流程自動化，不僅大量節省營運成本，更提升消費者的體驗滿意度。

　　根據金管會證期局統計，機器人理財自2017年6月開放以來，目前國內已有許多家業者開辦機器人理財業務，包括：復華、野村、群益、富蘭克林、鉅亨、中租、阿爾發、王道、兆豐、國泰世華、永豐、華銀、一銀、新光、合庫、中信銀。

　　中國信託銀行於2020年3月推出新一代智能理財服務「智動GO」，以人機模式解決客戶投資難題，智動GO運用AI智能演算模型、自動買賣基金的機制，若客戶遇到任何問題，不需跑分行，可透過遠端連線與線上理財顧問進行諮詢。

　　根據中國信託銀行統計，持有智動GO的客戶，有高達98%獲得正報酬，平均報酬率介於-1.75%~42%。而根據研調機構預估，全球機器人理財的資產管理規模已經超過9,800億美元，預估2024年，資產管理規模可達2兆4,000億美元。

10-5-4　純網路銀行

　　數位科技的快速變化帶動一波金融改革，**全球純網路銀行**(Internet-only Bank)(簡稱「**純網銀**」)逐漸崛起，我國也於2019年開放對純網銀的執照發放，顛覆了傳統銀行的營運模式。

　　純網路銀行與一般銀行最大的不同，在於「**不能設立實體分行**」，完全運用網路來進行所有的銀行業務，而可承做的業務則與傳統銀行相同。

它不只是將銀行業務改由網路運作如此簡單而已，相較於傳統銀行，純網銀更重視「**金融服務**」，純數位化的服務結合大數據技術的收集與分析，以便提供更優質的金融科技服務。

常見的純網路銀行有樂天銀行、LINE Bank (圖10-21)及將來銀行，這些銀行所有業務都網路化，提供較優惠的活儲利率，但受限於法規，轉帳提款及貸款金額較傳統銀行少。

圖10-21　LINE Bank官網 (https://www.linebank.com.tw)

根據金管會統計，國內目前三家純網銀，截至2022年9月底，整體開戶數累計達162萬4,083戶，10月底存款餘額總計808.38億元、放款206.23億元，整體存放比約僅26%，LINE Bank虧損超過19億元，將來銀行虧損8億元，樂天銀行則虧損5億元，總計已虧逾32億元。

純網路銀行的業務均存放於系統中，內部員工擁有最大的系統訪問權限，如此很容易產生員工監守自盜的道德問題，而管理階層與職員的技術能力若不足，也容易產生操作失誤的問題。另外如網路病毒、駭客、網路釣魚等外來的威脅，都是純網路銀行會面對的問題，這些都攸關純網路銀行的生存。

10-5-5 API 經濟

API (Application Programming Interface, **應用程式介面**)是一種在使用者允許之下,開放給第三方交換資料的程式碼,就能讓各系統順利傳遞訊息並執行指令,以加快彼此溝通的時間。

例如:銀行透過開放API,將金融資料分享給第三方業者(如通訊軟體服務商),並在用戶同意的情況下,便可直接在通訊軟體中轉帳,而不用另外登入網路銀行或是行動App,如此金融服務便能夠落實於生活中,這樣便捷的應用,也使API經濟成為一個成功的金融科技應用之一。

除此之外,醫院網站串接掛號系統、機票比價網站、天氣查詢平臺、口罩及快篩劑的庫存查詢App等,都是開放API的應用範例。如今,API經濟越來越普及,Google、亞馬遜等公司每天透過API處理的交易都是數十億筆以上。

全球將流失1,400萬個就業機會

根據世界經濟論壇 (World Economic Forum, WEF) 的《2023 就業展望報告》(The Future of Jobs Report 2023) 最新報告指出，因人工智慧 (AI)、經濟成長放緩等因素，未來五年全球恐將有 1,400 萬個工作消失。

這份報告調查了 803 家公司，涵蓋全球 45 個經濟體，員工總人數共計 1,130 萬人。報告顯示，約 75% 受訪公司表示，預計會在五年內採用 AI，約 50% 受訪公司預料 AI 會創造就業機會，25% 受訪公司則認為就業機會會減少。

預測未來五年全球近 25% 就業機會將出現變化，會有一些工作將被淘汰，一些將被創造出來。到 2027 年，全球將新增 6,900 萬個就業機會，8,300 萬個職缺將消失，意味著將有 1,400 萬人將沒有工作，約為目前整體工作數量的 2%。

WEF 還預估，受到數位化和自動化的影響，到 2027 年將有 2,600 萬個文書行政工作消失，如收銀員、售票員、會計等；而資訊分析師、科學家、機器學習專家和資安專家的職位預估平均將成長 30%。

https://www.weforum.org/reports/the-future-of-jobs-report-2023/digest

INTERNET 自我評量

▲→ 選擇題

( ) 1. 下列關於「元宇宙」的敘述，何者正確？ (A)是網際網路的未來發展型態之一　(B) Minecraft是屬於3D移動式平臺　(C)元宇宙主要是透過VR、AR及MR技術實現，以連接現實生活及由多人共享的虛擬世界　(D)以上皆是。

( ) 2. 下列哪一類型的區塊鏈交易的速度最慢？ (A)公有區塊鏈　(B)私有區塊鏈　(C)聯盟區塊鏈　(D)以上皆是。

( ) 3. 下列哪一種區塊鏈，任何人都可以加入和參與，完全公開、透明，是目前大多數區塊鏈的型態？ (A)公有區塊鏈　(B)私有區塊鏈　(C)聯盟區塊鏈　(D)以上皆是。

( ) 4. 「虛擬貨幣」與下列哪一種科技領域最有關連？ (A)機器學習　(B)網路行銷　(C)區塊鏈　(D)人工智慧。

( ) 5. 下列哪一個虛擬貨幣是澳洲企業家萊特發明的？ (A)狗狗幣(DOGE)　(B)比特幣(BTC)　(C)艾達幣(ADA)　(D)幣安幣(BNB)。

( ) 6. 下列關於「加密貨幣」的敘述，何者正確？ (A)由國家發行　(B)是各國政府發行的法定貨幣　(C)具有「去中心化」的特性　(D)交易會記錄在銀行。

( ) 7. 下列關於「去中心化金融(DeFi)」的敘述，何者有誤？ (A)需中央授權才可運行　(B)有交易即清算、抗審查、無地域限制等特性　(C)交易條件滿足時，按照智慧合約，自動完成合約內容　(D)對用戶而言也比較缺乏保障。

( ) 8. 金融科技活動是指金融科技內的各種產品和商業模式，請問下列何者不屬於金融科技活動的範圍？ (A)機器學習　(B)機器人理財　(C)數位銀行　(D)融資平臺。

( ) 9. 賦能技術是指金融科技革命的底層技術，請問下列何者不屬於賦能技術的範圍？ (A)人工智慧　(B)數位支付服務　(C)分散式帳本技術　(D) API。

( ) 10. 下列何者不是一個成功的群眾募資案例，所組成的關鍵因素？ (A)專案推動者　(B)個人或群體　(C)適合的平臺　(D)政府。

▲→ 問題與討論

1. 請至加密貨幣交易所平臺(如：Binance、Bitfinex、Huobi Global、MAX)看看加密貨幣的交易量、流通數及市場數量等資訊。

CHAPTER 11
電子商務

INTERNET

11-1 電子商務的基本概念

隨著Internet的盛行，商業行為的「e化」也成為勢在必行的首要改革，許多傳統企業與新興產業紛紛跨足電子商場，**電子商務**(Electronic Commerce, **EC**)遂成了熱門的消費模式，更為企業帶來了無限商機。

11-1-1 電子商務的定義

電子商務是指**將傳統的購買與銷售、產品與服務等商業活動，透過網際網路進行販售，發展成一個虛擬的電子商場**(圖11-1)。只要透過電腦以及網際網路，就能在虛擬空間中進行推廣、行銷、販售、購買、服務等實際的商業行為。例如：線上購物、網路下單、網路拍賣、線上出版、網路廣告等，均屬電子商務行為。

圖11-1 電子商務示意圖(圖片來源：Freepik)

11-1-2 電子商務的發展與趨勢

從70年代開始，電腦的發明也逐漸帶動電子商務的發展。早期的電子商務僅侷限於大型企業，主要是透過大型電腦進行**電子資料交換**，利用網路在企業間傳送業務上的商業文件。

　　而現在我們所熟悉的電子商務,可實際在網路上進行實體交易的模式,其發展則起源於90年代初期,是由美加地區所新興的一種企業經營模式,它所倚賴的則是遍布全球的網際網路通道與WWW的興起。

　　當網路上所能傳遞的資料格式越來越豐富,或者軟硬體技術越來越成熟,都可能創造更多的商業格式。資訊科技的發展影響著商業模式的逐步轉型,更帶動顧客消費行為的改變,這樣的連帶關係使得**資訊科技、商業模式、消費行為**三方均受到循環影響,因而促使電子商務的蓬勃發展,如圖11-2所示。

圖11-2　資訊科技、商業模式與消費行為的連帶關係,帶動電子商務的繁榮

　　資策會產業情報研究所(MIC)認為電子商務產業發展主要有**大數據、智慧化、行動化及自造化**等四大趨勢。

⊙ **大數據:**運用大數據分析各種消費數據,挖掘關鍵情報,了解消費者輪廓。

⊙ **智慧化:**藉由智慧化裝置及應用概念為消費者創造更貼近需求之購物及服務體驗。

⊙ **行動化:**以行動裝置為商務入口,藉由行動裝置的特性,滿足消費者即時需求。

⊙ **自造化:**消費者藉由網路購物或社群媒體更加展現自我風格。

直接面對消費者

　　直接面對消費者(Direct to Customer, **DTC**)又稱**D2C**,是指商家自行推出產品後,**不經過傳統的經銷商、批發商、中間商、電商平臺等第三方**,直接將產品從官網送到消費者手中的銷售商業模式。DTC模式已逐漸成為現今電商市場的發展趨勢。

　　D2C商業模式是以消費者為中心,提供顧客更完整的消費體驗,自建官網、App或直營門市,去掉中間通路商,直接銷售給消費者,縮短彼此的距離,再透過社群平臺與消費者互動,讓品牌與消費者產生連結,培養忠實會員並建立長遠的關係。

全通路零售

2020年因COVID-19疫情，電子商務有了跳躍式的成長。電商競爭也越來越激烈，為了打造更完整的購物體驗，許多電商業者開始將品牌經營策略轉往**全通路零售**(Omni-Channel Retailing)的方向。

全通路零售是指**整合所有相關通路、行銷工具，為消費者提供無縫、輕鬆、流暢的消費體驗**。不管是在訊息的傳遞、會員的資料、會員在多通路上的行為等，彼此並非獨立運行，讓消費者在不同的通路上，皆能享有更完美的購物體驗。

社群電商化

社群電商化也是電子商務目前的主流趨勢，每天瀏覽社群網站已是消費者的習慣，根據統計每個人每天至少花了五成以上時間使用社交軟體，擁有如此龐大的用戶流量，再加上資訊傳播快速的特性，使得各大社群平臺紛紛開始跨足電商。

多元的支付方式

傳統電商常見的支付方式有信用卡、ATM轉帳、超商取貨付款、宅配貨到付款等，但近幾年使用行動支付的比率升高，甚至開始有只帶手機出門的趨勢，能讓消費者更方便地購買商品已是主流趨勢了。而近期興起的**先買後付**(Buy now, Pay Later, BNPL)支付模式也開始流行，讓消費者可以先享受、後付款。

擴增實境產品體驗

使用擴增實境技術可以讓消費者更加了解產品及體驗，這樣的購物模式，稱為**擴增實境購物**(Augmented Shopping)。例如：亞馬遜推出了AR View功能，消費者可以透過智慧型手機鏡頭，把網路上的商品虛擬放置在自己家中，藉此查看商品的擺放效果，為買家提供更好的購物體驗，選擇合適的商品，如圖11-3所示。

圖11-3　利用擴增實境功能，可模擬商品擺放的效果

直接面對虛擬分身銷售

因元宇宙的發展，現今也有許多零售商進入元宇宙中開設虛擬商店，設計現實世界中不存在的商品，銷售給消費者的虛擬分身，這種銷售模式為 **D2A** (Direct-to-Avatar)，也就是**直接面對虛擬分身銷售**。

消費者可以進入虛擬商店或虛擬世界中，為虛擬分身採購商品，同時商家也可以更加直接地向消費者推銷商品。與現實生活中的零售空間不同的是，在元宇宙的虛擬購物體驗幾乎沒有限制，消費者不會受到交通時間、排隊人潮、時間或地點偏遠的阻礙，便可隨時隨地購物。

Nike 在網路遊戲平臺 Roblox 上打造了自己的虛擬世界 Nikeland，玩家可以為他們的虛擬分身購買 Nike 產品；Dior Beauty 建立了虛擬商店，為了讓消費者有身臨其境的購物體驗，模擬了購物視角讓消費者進入商店便能一覽商品；GUCCI 與元宇宙遊戲平臺 ZEPETO 合作，打造了一座「Gucci Villa」，同時也在這個平臺上販售虛擬分身的衣服，讓消費者可以選購，如圖 11-4 所示。

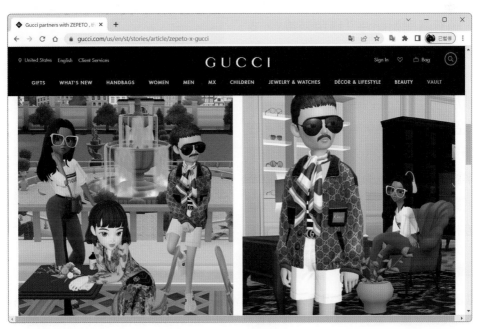

圖 11-4　Gucci 網站 (https://www.gucci.com/us/en/st/stories/article/zepeto-x-gucci)

深度零售

未來的零售業樣貌將以**深度零售** (Deep Retail) 為核心，講求與消費者更人性化的溝通，從顯性需求深入到隱性需求。須從「我們」的群體式銷售提升到以「我」為中心的個人化經營。必須思考如何為顧客創造**個人化購物體驗**，才能讓顧客產生心理認同，並增加顧客對品牌購物好感度及信任感。

零售業除了要不斷優化購物體驗外，也應朝著數位科技應用的方向走，像是使用臉部辨識、即時數據蒐集、情緒解析、演算分析等零售科技，來創造個人化購物體驗，提升顧客黏著度並兼顧永續性。

語音商務

在 AI 語音技術及語音智慧裝置的蓬勃發展下，**語音商務** (Voice Commerce) 備受關注，在英國有超過 20% 的家庭已經使用了語音智慧裝置，且有 62% 的使用者曾經使用裝置進行線上購物。例如使用者對著 Amazon Echo 說出想買的商品，就能連結到 Amazon 購物網站，由 Alexa 智慧語音助理幫忙下單。

英國 TESCO，推出「Talk to Tesco」工具，只要對著 Google 助理說出「Hey Google, talk to Tesco」，即可與 Tesco 交談，並管理線上購物車，或是檢查下次運送細節等個人化體驗的功能。

綠色消費

環境污染及全球暖化等問題越來越嚴重下，消費者開始關注「綠色消費」，支持環境永續性及**零殘忍** (Cruelty-Free) 產品。消費者選購產品時，會考量到產品對生態環境的衝擊，進而選擇對環境傷害較少的產品，支持強調永續發展的企業。在市場研究機構 eMarketer 的統計資料中顯示，不論性別與年齡的消費者，在購物時超過半數都會考慮到產品是否環保及永續經營等相關問題。

知識補充：零殘忍

零殘忍是指產品從原料、生產過程、到成品都沒有經過動物試驗或是傷害動物的行為，這類實驗通常使用老鼠、兔子、貓、狗等作為實驗對象，而許多無動物實驗標章大多是以兔子作為設計。臺灣在 2019 年立法通過，禁止化妝品原料或成品進行動物試驗。

11-1-3 電子商務的優勢

由於網路上無限擴充的市場規模、交易安全機制的技術成熟,以及逐漸普及的網路消費行為,使得目前的電子商務行為日益蓬勃。一般而言,電子商務所具備的優勢,主要分為下列幾點:

⊙ **便利的消費環境**:一天24小時不打烊的營業時間,且沒有地域限制。不論何時何地,只要連上網路就能享受各種電子交易服務。

⊙ **最即時的互動**:透過網路留言板、電子郵件、線上語音或即時通訊等方式,可直接聯繫客戶,快速回應客戶的詢問以及訂單,提供即時的客戶服務。

⊙ **降低成本**:電子商店不需實體銷售店面,因此可縮減人力支出,也減少存貨空間的浪費,降低創業成本。而透過網路上的廣告託播,亦可減少實體廣告的費用與紙張的浪費,降低行銷成本。

⊙ **增加交易效率**:作業流程數位化加快了訂單的處理速度,縮短整個交易流程,買方可以更快取得訂單資訊,賣方也能更早得到商品或服務。

⊙ **拓展市場**:網路是一個無國界的廣大消費市場,透過電子商務可以達到全球化的行銷,拓展更開放的產品通路與消費市場。

11-1-4 新零售 2.0

新零售是由阿里巴巴集團前董事長馬雲在雲棲大會上提出的,馬雲指出「未來10年20年之後沒有電子商務只有新零售」。

所謂新零售是指**以消費者的需求及體驗感受為中心**,結合電商、實體賣場和倉儲物流,透過人工智慧、物聯網、大數據分析等技術進行數據的統整與結合,並支援物流、金流、商流,以及線上線下的所有銷售通路,以更多新的資訊技術,創造新機會和挑戰,獲得更多利潤。

新零售的發展,主要有三個特徵:

⊙ **以消費者為中心**:過去業者多以公司既有產品與服務為出發點,新零售的核心價值是「以消費者為中心」,藉由了解消費者需求提升市場規模。

⊙ **多管道、全場域**:透過不同通路(如電商平臺、官網、社交平臺、實體店等)及全時段和消費者接觸、了解、引導、推銷,拉近與消費者的距離。

⊙ **精準溝通**:貼近消費者的生活,增加接觸及成交的機會,藉由蒐集消費者的消費行為及資訊,分析消費者行為及偏好、調整或推出產品及服務,並精準地在不同通路推播與潛在客群相關的訊息。

　　例如：全聯福利中心在實體門市與網路商店並行經營，讓線上、線下業績能夠相輔相成。藉由推出自有行動支付服務「pxpay (全聯支付)」、「pxgo! (全聯線上購)」App (圖11-5)、官網電商平臺，和零售業虛實融合的規劃，全聯將實體本業緊扣電商服務，並順應消費者購物型態的改變，推動實體電商，將虛實融合為消費者打造一個「無界零售」的時代。

圖11-5　pxpay 與 pxgo! 頁面

　　新零售從原先講求「服務商品化、商品服務化」的新零售1.0，演變成現今「**以人為核心，不以物為核心**」的新零售2.0。2.0時代，AI的介入讓電商行銷更為精準，AI自動分析數萬種商品，找出消費者感興趣的商品標籤，判斷出消費者尋找商品的模式意圖，最後依照此模式來推薦適合的商品。還有**多元取貨方式**，讓「以人為核心」的主張更加完善。

11-2　電子商務的架構與模式

　　電子商務是將傳統的交易通路擴展至網際網路上實現，其間牽涉了許多不同層面的流通與連繫，所以其運作流程自然也比銀貨兩訖的傳統交易要來得複雜許多。這節就來認識電子商務的架構與經營模式。

11-2-1 電子商務的架構

　　一般來說，電子商務的交易過程，應包含商品配送的**物流**(Logistics Flow)、購買標的所支付的**金流**(Cash Flow)、資料加值及傳遞的**資訊流**(Information Flow)，以及代表產品所有權移轉的**商流**(Business Flow)四個層面的相互交換。圖11-6所示為電子商務的運作流程。

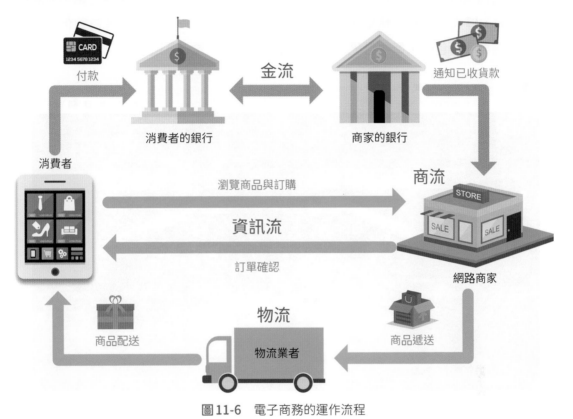

圖11-6　電子商務的運作流程

⊘ **物流**：是指**實體物品的移動**，也就是商品從生產地、經銷商、轉運站、一直到消費者手中的整個運輸流通過程。

⊘ **金流**：是指交易過程中，有關**資金移轉的流通以及交易安全**的相關規範。

⊘ **資訊流**：主要功能在於**控制各種資訊的交換**，以達成商品銷售、寄送等工作。換句話說，資訊流就是「網站」本身的內容與架構，以及消費者資料的建立。

⊘ **商流**：代表的是交易過程中，**整個商品所有權的移轉流程**以及其中的商業決策。

11-2-2 智慧物流

　　智慧物流(Intelligent Logistics)使用AI、物聯網與大數據科技，並透過各種感測器、RFID技術、GPS系統和自動化物流設備等，實現物流的**自動化、可視化與智慧化**。

　　許多電商業者皆積極部署智慧化應用，例如：Yahoo!、Momo購物、全聯皆建置智慧倉儲系統，提升營運與運送效率。永聯物流打造了全臺最大規模冷鏈物流園區(圖11-7)，導入了自動材積量測儀、自動開箱機、搬運機器人(AGV)等自動化設備，人員只需要負責包裝，每件包裹從揀貨、理貨到包裝只需3分鐘。

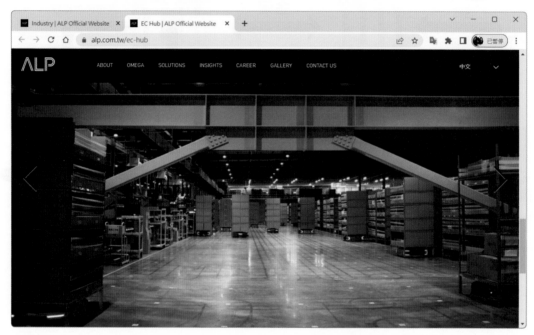

圖11-7　永聯物流電商專倉導入無人搬運車等大量自動化設備(https://www.alp.com.tw)

▨知識補充：第三方物流與第四方物流

第三方物流(Third Party Logistics, 3PL)：也稱作**委外物流**(Logistics Outsourcing)或是**合約物流**(Contract Logistics)，是指獨立於供需雙方，協助賣方或買方在商品交易過程中，提供完整專業的倉儲物流服務。

第四方物流(Fourth Party Logistics, 4PL)：是指一個供應鏈的整合者，提供物流規劃、諮詢、物流資訊系統、供應鏈管理等整合平臺之物流資訊服務商。第四方物流能幫助企業降低物流成本及有效地將資源整合，並善用資訊技術將物流資源整合，為顧客創造更高的附加價值。

11-2-3 電子商務的經營模式

電子商務的經營模式依交易對象的不同，大致可分為 G2B、B2B、B2C、C2B、C2C，以及近年來因行動網路的崛起所帶動，可密切結合線上營銷與線下實體通路的 O2O 及 OMO 模式。

G2B

政府對企業的電子商務(Government to Business, **G2B**)模式為**政府與企業之間的交易**，像是政府將採購方式導入電子商務，則企業可以直接在線上進行競標、傳遞產品，以節省舟車往返的費用，簡化採購流程，以加強行政效率，也能促進採購作業的公開與透明化。例如：政府電子採購網包含政府各機關招標採購資訊與相關公告，以及政府採購公告資訊系統。

B2B

企業對企業的電子商務(Business to Business, **B2B**)模式是**企業之間的交易**，簡單來說，B2B 就是企業和其上游廠商或下游廠商間的交易行為，例如：當下游廠商生產產品時，會向上游廠商購買材料，才能進行產出的動作，這樣的交易行為就屬於 B2B，此種模式可以增加企業生產力、提高工作效率、降低營運成本等。

B2C

企業對消費者的電子商務(Business to Consumer, **B2C**)模式為**企業對消費者所提供的服務**，是目前最常見的模式。企業利用網路將產品直接於網路上銷售，或是提供消費者諮詢服務。在此模式中常見的交易行為有網路購物、線上購票、證券下單等。

C2B

消費者對企業的電子商務(Consumer to Business, **C2B**)模式與 B2C 模式剛好相反，是**以消費者為核心的商業模式**，由消費者先發出需求，再由企業承接，提供客製化的服務。例如：一群個體消費者因為共同的購買需求，而集結起來向企業提出集體議價需求，美國的 Priceline 旅遊網站就是此種模式，利用這種方式交易，消費者不但能以較優惠的價格購入商品，廠商也能達到單次大量銷售的目的。

C2C

消費者對消費者的電子商務(Consumer to Consumer, **C2C**)模式主要是**消費者之間的商品交易，交易兩方都是消費者**。拍賣網站是很典型的 C2C 電子商務模式，網站本身提供一個交易平臺，讓消費者拍賣自己的東西。例如：Yahoo! 奇摩拍賣、露天拍賣、蝦皮、樂天市場超級拍賣等網站所提供的服務均屬於 C2C 的模式。

11-2-4　O2O

　　線上對應線下實體(Online to Offline, **O2O**)又稱為**離線商務模式**,是指**消費者在網路上付費,或透過網路帳戶,在實體店面享受服務或取得商品**。在線上透過促銷、打折、服務預訂等方式,把實體商店的消息推送給網路用戶,從而將他們轉換為實體商店客戶,例如:Uber、foodpanda、KKday、foodomo、Uber Eats、OPEN POINT 等就是屬於O2O模式。

　　OPEN POINT O2O 會員服務平臺彼此串聯客戶及點數,共同經營會員。例如:旅遊平臺KKday,只要消費者造訪OPEN POINT App 活動頁面購買KKday行程商品,就能享有OPEN POINT 點數2倍送等活動。7-ELEVEN、全家、家樂福、大潤發及全聯與 foodpanda合作,打造O2O外送服務平臺,於2,500家門市提供外送、店取等整合性服務,如圖11-8所示。

圖11-8　在foodpanda即可訂購7-ELEVEN、全聯及家樂福的商品

11-2-5　OMO

　　線上與線下虛實融合(Online Merge Offline, **OMO**)是**以人為核心的銷售、購物模式**。2017年李開復在經濟學人《The Economist》雜誌中的The World in 2018特輯所提出的概念,指出「未來世界即將迎來OMO,且將對經濟與消費生活帶來改變影響」。

OMO可以說是O2O的升級版,從「**線下體驗,線上消費**」提升為「**線上融合線下,數據驅動消費**」。OMO可以掌握消費者在門市、電商的瀏覽、購物紀錄,藉此了解潛在喜好與當下需求,讓線上與線下的通路彼此相互導流。實體門市所扮演的角色,將不完全是以「銷售」為主,而是要透過直觀的應用或沉浸式體驗與顧客展開個性化的互動。

OMO更著重在掌握顧客在消費旅程中的位置,以蒐集到的完整顧客資料為依據,確實地將消費行為分群、分眾,達到精準行銷。圖11-9所示為O2O與OMO的比較。

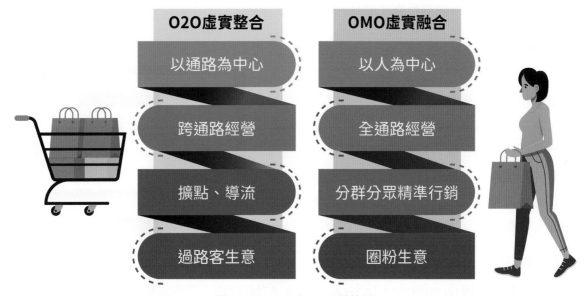

圖11-9　O2O與OMO的比較

全家便利商店運用了OMO虛實融合營運策略,將消費者平常買咖啡「寄杯」的概念移植到全家便利商店App上,將App中的隨買跨店取功能串連全台門市,取代過去紙本「寄杯單據」,讓門市咖啡銷售結合線上與數位科技操作,在雙11活動,便創下1.5億業績及超過500萬杯銷量的成績,平均每家店單日銷售杯數更較平日成長3倍。

全家便利商店運用OMO,從「消費者」的角度出發,針對每位消費者提供貼近個人化的銷售服務,做到真正的精準溝通,更全面掌握消費者資料,還提升了會員的黏著度。

Nike在紐約市開設一家名為Nike House of Innovation 000的實體店面,強調親身體驗與快速便利,消費者能夠先上網瀏覽並預約中意的鞋子,再到實體店的「專用通道」中找到登錄自己姓名的櫃子,用手機解鎖後就能夠試穿了。

11-3 電子商務付款機制

早期在網路上買東西，大多使用ATM轉帳付款，而隨著線上金流與物流服務的發展，消費者有更多元的付款方式可選擇。

11-3-1 常見的付款方式

一般網路購物常見的線上付款方式為信用卡，而除了線上付款方式之外，還有ATM、貨到付款、超商付款、ATM虛擬帳號等。

信用卡

使用信用卡在網路上購物，對消費者來說是一種十分普遍及接受度高的線上付款方式。因為只要擁有一張信用卡，無須再另外申請其他帳戶或憑證，就可以進行線上交易。然而只要擁有信用卡帳號就能進行消費，而無須經由其他驗證程序，因此也面臨較多冒用或盜用上的安全問題。

ATM轉帳

自動提款機(Automated Teller Machine, **ATM**)轉帳，是指消費者在訂單成立後，透過實體或網路ATM，先將商品款項匯款給賣方指定帳戶，賣方確認收到款項後，才會將商品寄出。因為是先付款後寄貨的交易方式，所以可能會面臨買方已匯款，但賣方卻未將商品寄出的情況，是對買家較沒有保障的付款方式。

貨到付款

貨到付款是指賣方先將商品寄出，買方收到商品後，同時向貨運人員支付商品款項。因為是確認收到商品後才付款，所以相較於ATM轉帳方式，貨到付款方式對消費者而言較有保障。

超商付款取貨

當訂單成立時，賣家會先將商品透過便利超商的取貨付款服務，寄至消費者指定門市，消費者再到門市取貨同時完成付款。這種方式的好處是超商門市眾多，具有密集的寄件及取件點，同時由於寄件及收款都是透過第三方的超商物流及金流代為處理，所以是相對比較有保障的交易方式。

ATM虛擬帳號

　　除了ATM轉帳外，還有銀行提供「ATM虛擬帳號」收款機制，當消費者選擇ATM虛擬帳號付款時，系統會自動產生專屬的虛擬帳號，而每次產生的帳號均不相同，消費者就可以持此虛擬帳號到網路銀行轉帳或前往ATM櫃員機轉帳，如圖11-10所示。

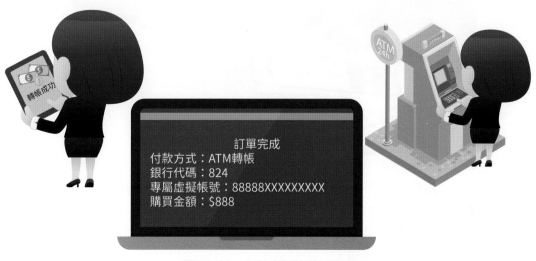

圖11-10　ATM虛擬帳號示意圖

11-3-2　行動支付

　　隨著科技進步與消費型態的改變，塑膠貨幣已經漸漸朝向行動貨幣時代邁進，讓我們出門不必帶現金，也不需要分數張卡片，只要帶上手機或是支援行動支付的穿戴裝置，就能享受行動支付帶來的便利。

　　以目前國內常用行動支付服務之現況來區分，大致可分為**國際行動支付、電子支付、電子票證**和**第三方支付**(Third-Party Payment) 等四種付款型態，其使用技術與法規限制不盡相同。不過由於悠遊卡、一卡通等實體電子票證都有向「金融監督管理委員會」(以下簡稱金管會)申請兼營電子支付，因此金管會將電子支付與電子票證整併為電子支付，顯示支付工具的虛實整合亦成趨勢。

國際行動支付

　　出門可以不必帶錢包，只要有一支具有NFC功能的智慧型手機，即可將手機變成信用卡或悠遊卡。消費者必須新申請一張晶片式信用卡，並嵌入手機內，以感應方式刷卡付費，因此只能在實體商店刷卡。

如圖11-11所示，使用者手機中內建了Apple Pay，只要將手機靠近NFC感應裝置，即可完成刷卡付款的動作。

圖11-11　將手機靠近NFC感應裝置，即完成刷卡付款的動作

除了Apple Pay外，Google Pay及Samsung Pay也都是使用NFC傳輸技術來達到付款的動作，如表11-1所列。

表11-1　Apple Pay、Google Pay及Samsung Pay說明

名稱	說明
Apple Pay	可以綁定多張信用卡，可利用Touch ID及Face ID登入信用卡付款，目前提供iPhone 6以上、iPad及Apple Watch使用。
Google Pay	從Google Play商城下載支付App，再綁定信用卡，支援所有Android系統的手機或具有NFC技術的裝置。可用於網路、實體店面、所有Google服務消費及個人間轉帳。
Samsung Pay	綁定信用卡後，選擇要使用的信用卡進行支付，使用磁條感應技術，並支援NFC感應式刷卡機，提供Galaxy S6、Note5或以上的手機使用。

電子支付

電子支付的管轄單位為金管會，具有儲值及轉帳等功能，常見的有台灣Pay、街口支付、歐付寶、悠遊付、全支付、全盈支付等。

⊙ 台灣Pay：是由政府發展的國家級行動支付品牌，是以金融卡及信用卡為支付工具，消費者可下載「台灣行動支付」App進行感應付款或掃碼付款。和其他常見的行動支付服務不同的是，台灣Pay不只限於使用「台灣行動支付」App，它也支援多家網銀自行開發的行動銀行App。

⊙ **街口支付**：提供「掃描條碼」與「出示付款碼」兩種支付方式，消費者只要下載 App 後，綁定信用卡，即可使用行動支付服務。

⊙ **歐付寶**：提供多元金流服務，如超商繳款、線上金流、信用卡刷卡、ATM 轉帳、快速收款連結、物流寄送、超商到店取貨付款、電子發票等。

⊙ **悠遊付**：是悠遊卡公司所推出的電子支付業務，能掃碼支付、付款轉帳、管理悠遊卡，若綁定銀行帳戶，則可進行儲值，最高可儲值五萬；若綁定數位版悠遊卡，就能用手機搭乘大眾交通工具。

電子票證

國內電子票證大多具有交通票證功能，也不斷擴大消費市場，可進行實體特約商店的小額支付。與其他行動支付不同的是，電子票證通常不需記名，直接購買實體卡片即可使用，但在儲值額度和交易額度上也有較嚴格的限制。臺灣目前通行的電子票證主要有悠遊卡、一卡通、icash、HappyCash 等。

第三方支付

第三方支付(Third-Party Payment)機制是指**透過一個獨立於買賣雙方之外的中立第三方，來負責買賣雙方之間的金流交易，可提供交易付款的便利性、安全性與保障性。**

透過第三方支付機制，消費者上網購物付款後，款項直接轉入第三方支付帳戶保管，待買方確認收到貨品後，再將款項支付給賣方，如此便能減少詐騙或交易糾紛。消費者所登錄的帳務資料也因統一留存於第三方支付平臺而非商家，可避免資訊外洩之風險，其交易流程如圖 11-12 所示。

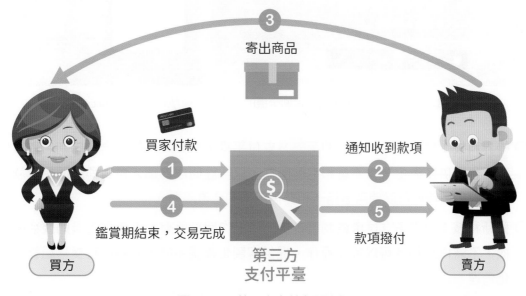

圖11-12　第三方支付交易流程

第三方金流服務平臺

許多電子商務平臺提供了金流服務，讓消費者可以透過各種付款方式選購商品，而當交易金額入帳後，便會進行撥款的動作。消費者藉由線上付款方式購買後，大部分的金流是由銀行進行撥款的動作；若消費者是在電商平臺購買，例如：蝦皮拍賣、PChome商店街、momo商城，則銀行會先撥款給平臺，再由平臺抽成後，將剩餘的款項撥給商家。

消費者若是於網路開店平臺架設的商店購買(例如：91APP)，則銀行的撥款對象是網路開店平臺商或是第三方金流平臺(例如：紅陽、綠界、藍新)。

◎ **紅陽科技**：主推便利的刷卡服務，可提供不綁約的刷卡機租借服務給展場需求的廠商，也可以提供一般攤位使用無線的實體刷卡機，推廣「手機就是刷卡機」的服務(圖11-13)，擁有十多種小額付款的金流服務模式。

圖11-13　紅陽科技推出手機就是刷卡機的服務(https://www.sunpay.com.tw)

◎ **綠界科技**：是臺灣最早創立的第三方支付平臺，有與統一超商合作店到店取貨付款，也提供各大企業物流倉和宅配服務，只要註冊成為個人會員即能開始收款，僅收取手續費就可以使用信用卡和非信用卡的金流服務。

◎ **藍新科技**：以電子支付會員制度為主，可一次開通所有金流支付工具的整合刷卡機，不需POS機就可以獨立運作，提供客製化後臺系統，並將所有交易紀錄電子化管理。

⊘ **PayPal**：是全球最普遍的線上金流服務公司，它提供便利的收付款機制，個人或企業只要擁有電子郵件地址，就可以在網路上利用信用卡、銀行轉帳等方式收付款。

⊘ **iePay**：是由國內思遠資訊所提供的線上金流服務，它提供多樣線上付款方式，如線上刷卡、超商取貨付款、iePay小額付款、晶片卡WebATM線上轉帳、玉山銀行eCoin、PayPal外匯刷卡、7-11 ibon、全家FamiPort等付款服務，而賣家只要透過一個帳務查詢後台，即可管理所有買家的付款資料。

⊘ **PChomePay支付連**：是PCHome商店街市集旗下的子公司，2016年與台灣票據交換所、上海商業儲蓄銀行共同宣布推出首創全台電子商務網路支付、以eACH平臺進行銀行帳戶線上扣款服務。

知識補充：新《電子支付機構管理條例》

110年7月1日，新《電子支付機構管理條例》正式上路，共有三大重要變革，包括整合電支與電票、開放小額匯兌與相互轉帳等，賦予電支業更多新業務。整合電子支付、電子票證支付生態圈，未來由財金公司建置電支跨機構共用平臺後，不同電支平臺之間也能相互轉帳，並可進行外幣買賣、國內外小額匯兌、紅利積點整合折抵等多項新業務。

⊘ **LINE Pay**：是LINE推出可在手機上綁定信用卡資料的行動支付工具(圖11-14)。只要註冊信用卡即可開始使用，目前支援Visa、Master Card、JCB信用卡和簽帳金融卡，使用LINE Pay時，不需要在每次購物時輸入信用卡資訊，非常方便。

圖11-14　使用LINE Pay付款

11-3-3　先買後付

先買後付(Buy now, Pay Later, **BNPL**)
支付方式開始興起,該支付方式可以**讓消費者先享受、後付款**。先買後付的概念與傳統的分期付款很像,不同的是,先買後付不需要信用卡,就能購買商品。因為不是所有消費者都可以通過銀行的審核申請到信用卡,因此先買後付的機制,對收入不穩定的自由工作者、無能力辦卡的學生族或剛出社會還沒有很多經濟基礎的人而言,是很方便的方式。

先買後付在2009年就已經開始,但當時並沒有引起市場過多的關注,直到瑞典金融新創公司Klarna,將該模式導入電商支付,此概念才真正的被大家所關注。在美國,Apple、PayPal等公司都引進了BNPL,PChome也併購了一間新創的網路貸款公司,正式進入BNPL時代。

BNPL運作方式

BNPL的運作方式是當消費者向商家購買商品後,商家便將商品給消費者,但不會跟消費者收取費用,而是直接跟BNPL平臺收取費用,也就是消費者先跟BNPL平臺借錢買商品,而消費者拿到商品後,再於規定的期限內將款項支付給BNPL平臺,若延期支付將會被收取滯納金,如圖11-15所示。

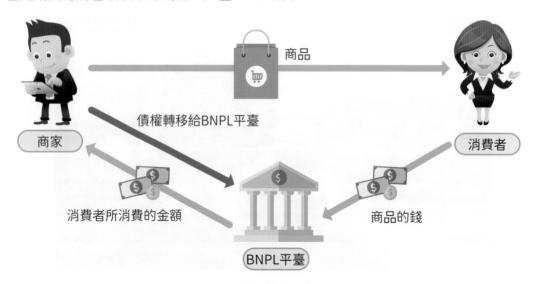

圖11-15　BNPL運作方式

BNPL平臺的主要收入，來自於跟用戶與合作商家收費，也就是消費者每筆費用遲繳的滯納金(有些平臺沒有收取)及合作商家的每筆交易抽成。

BNPL平臺

BNPL平臺允許消費者以零利率分期付款購買商品，平臺不會向消費者收取利息，而主要的收入來源是商戶費用和逾期還款費。隨著越來越多人使用這種新興的支付模式，許多公司推出了BNPL服務，如Klarna、Affirm、Atome、Afterpay、中租零卡等。

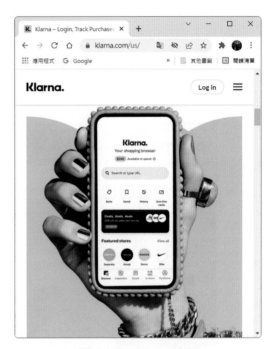

圖11-16　Klarna官網
(https://www.klarna.com)

⊙ Klarna：成立於2005年，是瑞典金融科技公司所開發的平臺(圖11-16)，致力於要讓顧客和商品之間的距離不再遙遠，於是將「先買後付」導入電商平臺。它為客戶提供4期付款、30天付款、6~36個月分期付款等付款方式。它擁有一套AI風險評分系統，可以判斷消費者的違約率及是否核准該項交易。目前合作的商家包括Adidas、Samsung、ASOS、H&M、Nike、Spotify、IKEA等。

⊙ Affirm：成立於2012年，只要商品超過50美元就可以使用分期付款，期限為3~36個月，可貸金額高達17,500美元。Affirm還是美國亞馬遜購物網站的先買後付服務商，將亞馬遜平臺整合到Affirm電子錢包，凡訂單金額達50美元以上，就能使用先買後付功能，每月無息分期付款。

⊙ Atome：總部位於新加坡，在亞洲經營新加坡、中國、馬來西亞、印尼、臺灣等九個市場，消費者可以在不同商店結帳金額3期免息分期付款，如圖11-17所示。

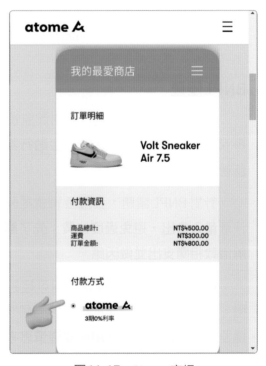

圖11-17　Atome官網
(https://www.atome.tw)

◎ **中租零卡**：是臺灣首創免綁卡、免儲值的後支付消費平臺，付款、繳費都可以透過App一次完成。Yahoo、momo、東森、小林眼鏡、特力屋等都是合作商家。

◎ **Afterpay**：成立於2014年(圖11-18)，是來自澳洲的金融科技新創，2021年支付服務公司Square宣布收購該公司，Afterpay在全球有超過1,600萬個消費者和近10萬的商家，使用者能依照自己個人還款能力決定付款方式。

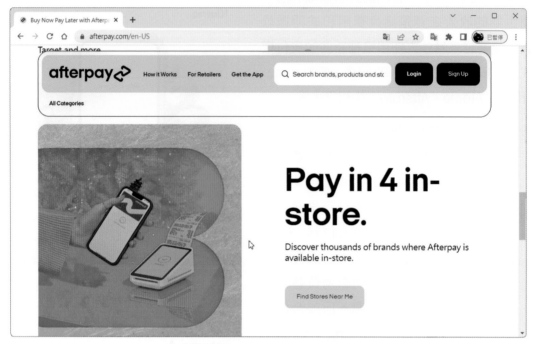

圖11-18　Afterpay網站 (https://www.afterpay.com/en-US)

BNPL隱憂

因BNPL市場成長太快，引起監管單位注意，開創此項新模式的英國市場，就有專家建議，BNPL產品應納入**金融行為監管局**(Financial Conduct Authority, **FCA**)的監管範圍。

針對BNPL議題，我國金管會提醒民眾利用BNPL服務時，應具有風險意識，並注意**量入為出，避免過度消費；先了解商品交付條件、還款條件及相關費用計收；了解借款相關支出並做因應**。

BNPL無需太多條件審核即可輕易獲取消費額度，雖然取得很便利，但仍潛藏風險，容易造成過度消費的情況，若屆時無法按時還款，所產生的違約利息可能比信貸還要更高。**消費者在使用前要謹慎思考，先評估自身的消費能力**。

11-4 行動商務

　　隨著無線網路的日益普及，再加上手機、平板電腦、筆記型電腦等行動設備的輕巧性與方便性，**行動商務**(Mobile Commerce, **M-Commerce**)已成為趨勢，除了透過個人電腦，現在有越來越多的消費者透過手機，隨時隨地在線上進行消費行為。

　　行動商務是指**藉由行動終端設備**(例如：智慧型手機、平板電腦、筆記型電腦等)，透過無線通訊的方式，進行線上購物、訂票、金融付款、行動銀行、電子錢包、導航定位服務等商業行為，其最大的特性就在於「**行動性**」，消費者可隨時上網進行商業交易行為，不受地理限制。

11-4-1　行動商務與 App

　　行動裝置受好評的重要原因就是行動應用軟體App的崛起，使用者透過行動軟體市集下載，通常免費或低收費，使用者可以依個人的需求下載，且使用者花費更多時間在App，App下載量不斷大幅攀升，使用的年齡層也更為廣泛，在生活中隨時可發現行動裝置及行動應用軟體的蹤跡。

　　如圖11-19所示，使用者透過App的行動商務訂貨，也可透過App的行動銀行直接查詢餘額或轉帳等，更可透過App的行動支付直接付款等。

圖11-19　透過App的行動商務、行動銀行及行動支付

11-4-2 行動商務的應用

以下舉例說明幾項行動商務的相關應用。

行動購物

智慧型手機的普及帶動了行動購物，消費者只要透過手機，便可隨時隨地瀏覽、選購商品，並直接在線上進行付款。除此之外，各品牌也推出自己的購物App，使用者可隨時在App中訂購產品。

行動銀行

行動銀行是為了手機用戶所提供的個人隨身銀行服務，只要下載安裝銀行所提供的手機應用軟體，就能夠透過手機隨時查詢個人帳戶明細、匯率及銀行服務據點等資訊，如圖11-20所示。

圖11-20　只要透過手機連上行動銀行，就可以隨時隨地享受各項金融服務(圖片來源：freepik)

個人行動導航

只要搭配具有定位功能的行動配備，就能取得即時行動導航的服務，還可以結合美食情報、娛樂資訊、交通航班訊息等相關資訊，提供更完整的地圖與旅遊資訊。

線上即時訂餐

因宅經濟及新型冠狀病毒肺炎疫情，讓Uber Eats、foodpanda等美食外送平臺崛起，使用者透過手機直接在App中瀏覽餐廳、選擇餐點、下單，美食便會送到，如圖11-21所示。

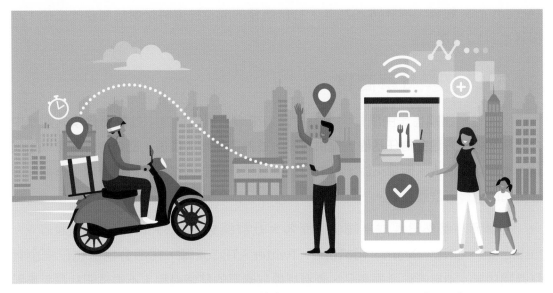

圖11-21　美食外送示意圖(圖片來源：elenabsl/Shutterstock.com)

線上即時叫車

使用者可透過手機預約叫車，便能清楚知道車輛、駕駛、預估車資、車輛定位、行車軌跡等資訊，如圖11-22所示。例如：Uber，營運範疇遍布全球6大洲、70個國家，超過785個城市，提供即時資訊，讓使用者透過App即時線上叫車。

圖11-22　使用者可透過手機線上即時叫車(圖片來源：freepik)

11-5 社群商務

　　社群商務(Social Commerce)最早在2005年11月首次成為一個字詞,當時 Yahoo 用來形容網友對商品的評分、所撰寫的意見,以及蒐集的物件清單分享。根據 《Accenture》報導,預計到2025年,社群商務的成長速度將是傳統商務的三倍,規模將達到1.2兆美元。

11-5-1　認識社群商務

　　一般的網路銷售是由購物網站為中介力來媒合買賣雙方;**社群商務模式則是中介者負責與買方建立信任基礎,提供資訊,並為產品增加價值,而這中介者可以是網站,也可以是個人。**簡單來說,社群商務就是結合社群網路和點對點分享,來達成範圍更廣的消費者群體互動。

　　社群商務儼然已經成為趨勢,而各大社群網站,如:Pinterest、Facebook、Instagram、LINE、Dcard、YouTube、Twitter、TikTok等,在部分地區也已推出社群購物功能。消費者從發掘商品、查看評論到購買的整個過程,不需離開社群平臺即可完成,如圖11-23所示。

圖11-23　社群商務示意圖(圖片來源:freepik)

　　消費者透過社群媒體來滿足其購物行為,或者利用社群網站上用戶彼此分享資訊,讓「買東西」這件事變得更為有趣,而社群商務會蓬勃發展,主要是因為多種社群媒體App的廣泛使用。

11-5-2 社群商務的優勢

社群商務具有**導購力、傳散力、互動力、高轉換率**及**高黏著度**等優勢,如圖11-24所示。

導購力
直接接觸品牌粉絲

傳散力
貼文分享迅速

互動力
即時雙向溝通

高轉換率
精準地將對的商品呈現

高黏著度
容易產生信任與認同感

圖11-24　社群商務的優勢(圖片來源:freepik)

◎ **導購力**:會關注某品牌社群平臺的人,大多為該品牌的粉絲,也對品牌有較高的信任感,其導購力相比消費者在網路上搜尋到品牌網站還要來得高。

◎ **傳散力**:在社群平臺上可以透過不同形式的貼文來與消費者互動,當有消費者感興趣的內容,只要一個連結分享,就能為品牌連結更多人。例如:Pinterest的釘圖(Pin it)功能及Facebook的「按讚」功能等,都是用來鼓勵消費者迅速地分享他們的心得與發現,以增加平臺上粉絲、潛在顧客之間的互動,進一步提升購買意願。

◎ **互動力**:社群平臺可以即時雙向溝通,當消費者留言或私訊時,在社群上便可即時回應,也可以透過直播銷售商品,展示商品並回應消費者的問題。

◇ **高轉換率**：社群電商經營者通常都很瞭解自己粉絲可以接受的價格區間及對於產品的喜好，因此可以很精準地將對的商品呈現給對的人看，造就轉換率。

◇ **高黏著度**：社群電商經營者擁有鮮明的個人風格，所以粉絲黏著度相當地高，也因此造就了高忠誠度。

11-5-3　社群平臺商務化

TWNIC 調查臺灣用戶的社群習慣，有 98.7% 的受訪者有使用 Facebook，其次為 Instagram，而有 46.9% 的受訪者表示會在社群上進行購物。社群網站結合網路商城及 **KOL** (Key Opinion Leader, **關鍵意見領袖**)，利用 KOL 的會員人數與人氣，除販售與社群相關的商品外，有些也鼓勵使用者將任何喜歡的商品分享到網站上。

根據數位分析師 Brian Solis 的研究，88% 的消費者會被其他消費者的意見或評論所影響。大多數消費者在尋找產品或是服務的時候，會選擇到 YouTube、Facebook 或是 App (如 Pinterest) 找想要的資訊。

Pinterest 社群平臺，讓用戶可以按主題分類，把所看到的有趣、喜愛的圖片商品都貼在牆上，並與好友分享，而商家也可以在此分享商品及品牌文化，在圖像文化盛行的現代，能激起消費者購買慾認同，如圖 11-25 所示。

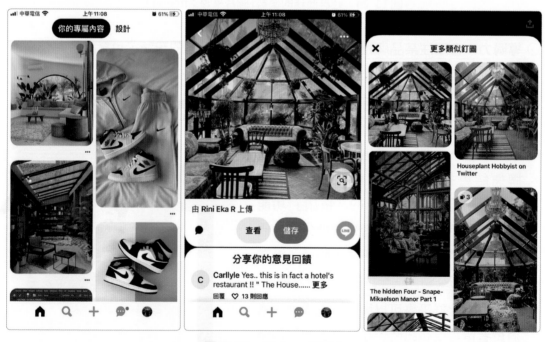

圖 11-25　Pinterest 頁面

Pinterest網站使用**瀑布流形式**(Pinterest-Style Layout)的瀏覽方式(圖11-26)，讓使用者的黏著度更加提高，根據Millward Brwon的調查，有87%的使用者習慣透過Pinterest找東西，有72%的使用者透過平臺決定要在實體店面購買的商品，在所有的貼文中有三分之二的Pin貼文代表品牌或是商品。

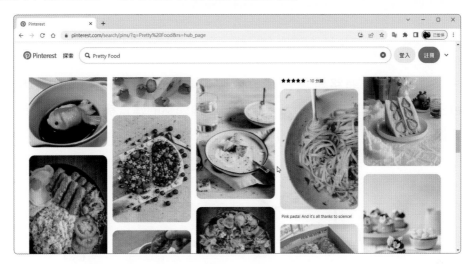

圖11-26　Pinterest網站(https://www.pinterest.com)

除此之外，還有許多商家也轉向經營社群商務，例如：全家便利商店及7-11以門市LINE群組熟客生態圈為基礎，推出社群團購；蝦皮購物、PChome、Yahoo!奇摩、樂天市場、寶雅、家樂福、康是美等平臺皆與LINE購物合作，建構社群商務生態系，陸續推出直播商務、群組團購、LINE禮物、實體商家導購等多元功能，將社群流量轉化為新客，帶動整個銷售，如圖11-27所示。

圖11-27　商家轉向經營社群商務

11-6 電子商務網站的建置

企業要實施電子商務，必須先發展相對應的網路環境，包括硬體方面的網路基礎建設，以及軟體方面的資訊化與網站平臺的架設等。

11-6-1 電子商務的網路架構

電子商務所需的網路發展架構，依照對象可區分為 Intranet、Extranet、Internet 三種類型，如圖 11-28 所示。雖然這三種網路的建置都是運用相同的網路技術，但其應用各有不同，分別說明如下：

圖11-28 電子商務的網路發展架構

Intranet

Intranet 也就是「**企業網路**」，**是一種使用於企業內部的網路，用以連接企業內各部門，而外部無法進入存取的專屬網路環境。**以往在公司內部要進行決策或事項傳達，可能是透過許多的會議、書面文件或張貼公告等方式，而 Intranet 提供一個更有效率的溝通協調方式，可幫助企業內部行政作業更順暢即時。常用的 Intranet 應用有：企業內部公告、電子郵件、討論區、線上會議。

Extranet

Extranet 稱為「**商際網路**」，是指**用以建立其他合作廠商或交易夥伴間連繫的企業外部網路，提供企業服務或交易資訊等。**

它與 Intranet 的不同，在於 Intranet 僅供企業內部使用，而 Extranet 則可有限制地規範與外界的資訊交換。然而兩者的存在，都是為了提供一個更即時且方便的交流方式，來整合企業內外部的各種資訊。

Internet

網際網路與全球資訊網的迅速發展，使商業行為可以跨越時間與國界。無論是企業與企業之間，或者是企業與消費者之間，整個電子商務所包含的商業行為，都可以在 Internet 平臺上進行。企業透過網際網路，得以追求更廣闊的全球市場，也透過此管道尋找新的交易對象與合作夥伴，因而成就電子商務的無限未來。

11-6-2 自行架設電子商務網站

架設一個電子商務網站，是將客戶群延伸到全球的第一步，而且架設網站、維護網站的成本，要比實體店面經營的方式經濟許多。在這個小節中，就來看看架設電子商務網站的相關程序。

電子商務網站的基本功能

電子商務網站是一個提供銷售服務的平臺，消費者直接透過網站了解商品並進行線上訂購，因此，電子商務網站的設計必須盡可能方便流暢，網站上的資訊也必須完整，才能為企業增加更多的銷售機會。

一般來說，一個電子商務網站主要是由前端的銷售平臺與後端的管理平臺所組成，其各應具備的基本功能如表 11-2 所列。

表 11-2 電子商務網站的基本功能

管理平臺 (賣方)	銷售平臺 (買方)
1. 資料庫的管理與維護。 2. 客戶資料、訂單資料的確認與管理。 3. 客戶資料與訂單資料的查詢與統計。	1. 會員註冊與資料修改。 2. 商品的瀏覽、檢視、查詢與選購。 3. 查看已選購商品與金額。 4. 修改購物車內容。 5. 選擇付款與送貨方式。

表 11-2 所列為電子商務網站應具備的基本功能，在網站規劃上另可加強一些進階的網站功能，例如：電子郵件系統、商品相關資料庫、常見問題集、購買滿意度調查等，以提供更完整的服務。一個良好的電子商務網站，就能與消費者建立良好且長久的顧客關係。

網路伺服器

在網路上架設一個電子商務網站，須配置網路伺服器來執行消費者端所傳來的指令與程式要求。而網路伺服器的建構方式，可分為以下三種方式：

◎ **自行建置**：企業實際添購伺服器硬體設備，並由企業本身自行負責管理與維護主機，設置與維護成本較高，通常適用於使用較多資源，或是網路流量大的網站。

◎ **主機代管**：是指企業實際添購伺服器硬體設備，或向主機代管業者租用伺服器，放置在網際網路供應商的機房中，透過高速的骨幹網路連接到世界各地的網際網路。

◎ **虛擬主機(Virtual Server)**：是基於共享資源的概念，就是把一台主機以特殊的軟硬體技術分成多個虛擬主機，每台虛擬主機均具有獨立的網域名稱與伺服器功能。這些虛擬主機共享一台獨立主機的資源，也共同分擔硬體維護與通信費用等，因此較適用於一般中小企業或預算較低的用戶。

電子商務整合平臺

一個好的電子商務網站提供給消費者的，不只是買賣平臺，更應該包含即時且快速的服務品質。「電子商務整合平臺」將電子商務需求結合在一起，讓所有商務運作與企業營運流程緊密整合，提供企業以低成本、高效率的方式建構一個電子商務系統。

知識補充：跨境電子商務(Cross-border Electronic Commerce)

跨境電子商務是指分屬不同關境的交易主體，透過電子商務平臺達成交易、進行支付結算，並透過跨境物流送達商品、完成交易的一種國際商業活動。例如：臺灣樂天提供跨境東南亞的電子商務販售服務，將臺灣樂天的品牌店家商品在新加坡的樂天平臺上販售，並為商家提供商品翻譯上架、產品行銷、金流與物流等電商服務。在臺灣業者跨境的方式，有以下三種模式：

1. 品牌知名者通常會自建官網，吸引境外消費者到官網消費，目前多半是跨境大陸市場。

2. 跨境經驗、資源豐富者，會直接到目標當地市場的大型電商平臺上架商品，例如：PChome網路家庭即是平臺直接落地東南亞。

3. 受多數臺灣業者青睞，也就是與提供一站式服務的第三方跨境電商服務平臺接洽，自己則專注於產品生產、製造，此種模式目前已經拓展至美國、大陸市場。

11-6-3　託管型電子商務平臺

託管型電子商務平臺主要是會邀請商家進駐，提供網路交易流程的軟硬體、平臺技術、後端的金流及物流及行銷資源等，省去網站設計、金流、物流串接、導入客服系統等網路架站工作，可以快速開設網路商店，在網路上販賣商品。

託管型電子商務平臺使用的人較多，累積流量的速度也較快，平臺還會提供廣告的曝光機會，不過，因平臺上會有很多同質產品，消費者比價容易。且平臺網站會向商家收取平臺開辦費，或是從中收取成交金額的部分手續費。

目前常見的託管型電子商務平臺有：Yahoo! 奇摩超級商城、PChome商店街、蝦皮商城、momo摩天商城、郵政商城等。

11-6-4　網路開店平臺

若想要架設自己的電子商務平臺，可以選擇網路開店平臺，較能強調品牌風格。這類的自助式開店平臺提供了網站版型、金流、物流、數據及銷售報表等系統，省去許多架設時間，但還是需要具有網站維護知識，才能創造出獨特的商店平臺。除此之外，商家還要自行擬定行銷策略，增加網路流量及品牌曝光度。

常見的網路開店平臺有：SHOPLINE(圖11-29)、shopify、91APP、Cyberbiz、EasyStore等。

圖11-29　SHOPLINE網站(https://shopline.tw)

消費者支付態度調查4.0

Visa Inc. (全球數位支付公司) 公布了「Visa消費者支付調查4.0」調查報告，該報告委託市調機構Clear Strategy進行調查，針對4,050位臺灣、香港、澳門、中國，年齡介於18~55歲的一般民眾以量化方式進行調查，其中臺灣受訪者人數為1,000。

在報告中指出，有超過六成的消費者，會於線上購物時採用行動錢包方式來支付，實體店面的消費上則約莫八成消費者，每周都使用行動錢包方式來支付款項，更有99%的消費者表示，未來會持續使用行動錢包的支付方式來進行消費。

 消費者愛「Pay」，線上線下混合消費

80%	**79%**	**60%**
每週用感應行動支付	每週用掃碼行動支付	線上購物每週用行動支付

 點數兌換體驗及賦能消費者成圈粉關鍵

四成消費者會定期追蹤每次消費獲得的點數回饋，更有兩成會為獲得最佳回饋而精打細算。

50%	**45%**	**37%**
流暢直覺的兌換過程	多元類別的兌換選擇	不限制使用期限

 無邊境金融逐漸普及

調查指出，消費跨境亦在全球邊境未開放期間成為消費者生活的一部分，每兩人就有一人在過去一年曾跨境網購，更有七成的人每月多次跨境血拚。

71%	**53%**	**46%**	**10%**
每月多次跨境網購	過去一年曾跨境網購	透過網銀或行動網銀進行跨境匯款	每三個月就需要海外匯款一次

https://www.visa.com.tw/partner-with-us/market-insights/consumer-payment-attitudes-study-2023.html

INTERNET 自我評量

▲ 選擇題

(　　) 1. 下列何者<u>不是</u>電子商務所具備的優勢？ (A)最即時的互動　(B)增加交易效率 (C)便利的消費環境　(D)無虞的交易安全。

(　　) 2. 下列何者<u>不屬於</u>電子商務的主要四個流？ (A)時尚流　(B)物流　(C)商流 (D)金流。

(　　) 3. 在電子商務交易過程中，有關企業行銷的商業決策，是屬於下列哪一個範圍 的內容？ (A)物流　(B)金流　(C)商流　(D)資訊流。

(　　) 4. 電子商務交易中，互動模式為企業與其相關夥伴，該經營模式為何種類型？ (A) B2B　(B) B2C　(C) C2C　(D) C2B。

(　　) 5. 下列關於電子商務模式的敘述，何者正確？ (A)企業和企業間透過網際網路 進行採購交易是一種C2C電子商務模式　(B)網路拍賣是一種C2B電子商務 模式　(C)團購是一種C2C電子商務模式　(D)網路書店提供書籍讓消費者購 買是一種 B2C 電子商務模式。

(　　) 6. 下列哪個產業適用於O2O模式？ (A) App商店　(B)水果產地直送　(C)電腦 軟體　(D)賣NBA球票。

(　　) 7. 全家便利商店運用了下列何種營運策略，將消費者平常買咖啡「寄杯」的概 念移植到全家便利商店App上，將App中的隨買跨店取功能串連全台門市， 取代過去紙本「寄杯單據」，讓門市咖啡銷售結合線上與數位科技操作，創 下高業績。 (A) G2B　(B) O2O　(C) OMO　(D) B2C。

(　　) 8. 下列何者是指透過一個獨立於買賣雙方之外的中立第三方，來負責買賣雙方 之間的金流交易，可確保交易安全的電子付款機制？ (A)電子現金　(B)行動 支付　(C)第三方支付　(D)電子支票。

(　　) 9. 下列關於行動支付的敘述，何者<u>不正確</u>？ (A)只帶手機出門即可輕鬆支付 (B)市面上的行動支付方式非常多，消費者只要選擇其中一樣即可在臺灣暢 行無阻　(C) Apple Pay屬於行動支付的一種　(D)行動支付的操作方式為在 POS機「嗶」一下即可。

(　　) 10. 下列哪種支付方式主要開放簽帳金融卡綁定，可支援NFC感應支付與條碼 支付，只要掃描帳單上的QR Code就可直接繳水電等公共事業費？ (A) LINE Pay　(B)台灣 Pay　(C)街口支付　(D) Google Pay。

( ) 11. 阿哲在拍賣網站購買了一套漫畫，擔心付款後無法取得商品，又怕父母發現後責罵。請問阿哲應該選擇下列哪一種付款方式最為恰當？ (A) LINE Pay (B) ATM 轉帳 (C)刷信用卡付款 (D)超商取貨付款。

( ) 12. 下列關於「BNPL」的敘述，何者有誤？ (A)是指先買後付 (B) BNPL 平臺的主要收入，來自於跟用戶與合作商家收費 (C)先享受、後付款 (D)一定要有信用卡才能購買商品。

( ) 13. 下列哪一項不是行動商務的成功因素？ (A)互動過程保密化 (B)消費者連結互動化 (C)傳輸通路寬頻化 (D)提供內容群組化。

( ) 14. 下列哪一項不屬於社群商務所具有的優勢？ (A)互動力 (B)封閉性 (C)傳散力 (D)高黏著度。

( ) 15. 丟丟妹在 Facebook 上以「直播叫賣」生鮮貨品而闖出名號，靠著樸實真誠、貼近民情的叫賣方式，與鮮明的個人特色，讓她在臉書上累積了大量的粉絲追蹤。導購轉換率超好的叫賣成績，也讓各大藝人爭相搶上她的直播。請問這是屬於下列哪種應用？ (A)直播商務 (B)資訊商務 (C)社群商務 (D)商業商務。

( ) 16. 千千設計了許多手工包包，想要在網路上開設一個網路商店，販售這些手工包包。請問，以下哪種方式最不適合千千開設網路商店？ (A)自行架設網路商店 (B)使用 SHOPLINE、91APP 等網路開店平臺架設商店 (C)在 momo 摩天商城架設商店 (D)在露天拍賣、蝦皮拍賣或 Yahoo! 拍賣等架設商店。

▲ 問題與討論

1. 請討論傳統商務與電子商務有哪些不同之處。你認為其中哪一項對人類商業行為的影響最鉅？

2. 上網比較各網路開店平臺的開店條件與優勢。說說看如果你要開設電子商店，你會選擇哪一家？

CHAPTER 12
網路行銷

INTERNET

傳統的行銷方式，大多是利用平面廣告、傳單、看板或電視廣告等方式，透過實體廣告及宣傳活動來刺激潛在客戶的購買慾望，進而促成實際的消費行為。隨著網路的普及，提供了商家一個更寬廣且方便的傳播管道，得以更有效地推展行銷活動。

12-1-1　網路行銷的定義

網路行銷(Internet Marketing)又稱為**線上行銷**(On-Line Marketing)，是指將傳統的行銷內容以**數位媒體**(Digital Media)的型態呈現，並利用網際網路作為媒介進行傳播與推廣的一種行銷模式。例如：在網頁、電子郵件、社群媒體或App等電子化工具上刊登圖片或動態廣告訊息，甚至推出線上促銷活動吸引顧客注意，激起潛在消費意願，更進而在線上直接完成交易、付款等動作，如圖12-1所示。

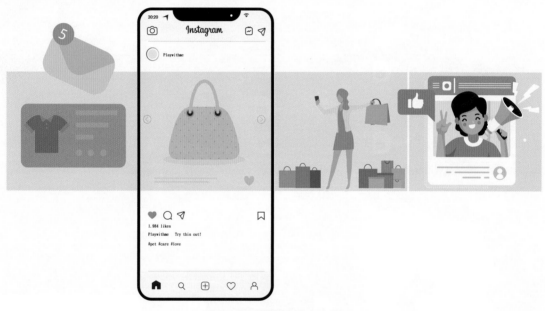

圖12-1　網路行銷示意圖

12-1-2　網路行銷與傳統行銷的差異

網路行銷與傳統行銷的最大差異在於，網路行銷讓商業行為跳脫傳統的單向模式，轉而成為雙向的溝通，與傳統行銷相比，網路行銷以消費者為中心，強調互動與連結，且精準度遠大於傳統廣告，而行銷成本也較傳統廣告來得低。

　　資訊科技與網際網路的進步為商業行為帶來了巨大的衝擊與影響，網路行銷在現今的商業環境中絕對是必要的，但它並不是為了取代傳統行銷，而是讓傳統市場推廣活動透過資訊科技的協助，創造出更為互動、即時，且有效區隔的行銷效益，建立從傳統通路到虛實整合的多元化通路。

　　網路行銷具有**消費者主導、買賣互動、即時快速、節省資源人力與物力、全球化及反應時間快速**等特性。

▧ 知識補充：梅特卡夫定律(Metacalfe's Law)

梅特卡夫定律是 3Com 公司的創始人羅伯特・梅特卡夫 (Robert Metcalfe) 所提出有關網路效應的理論。梅特卡夫定律提出「**網路的價值與網路用戶數的平方成正比**」。因為互聯網的價值在於將節點連接起來，因此當網路上所連接的計算機越多，每個節點潛在的連接數也越多，便能為整個網路創造加乘的價值與效益。

梅特卡夫認為網路成本是以線性增加，而網路效益則是以等比級數增加，兩者之間必然會有一個網路價值等於成本的臨界點，一旦網路價值開始超越臨界點，便會取得爆發性的增長。例如：Facebook 企業價值與其用戶數的平方是成正比的。

12-1-3　網路行銷的4P與4C

　　隨著網路行銷的發展，傳統的行銷 **4P** (Product、Price、Place、Promotion) 已演變成新 **4C**(Consumer、Cost、Convenience、Communication)，4P 與 4C 最大的差別就是**以消費者為中心**的思考方式，也就是追求顧客利益最大化。表 12-1 所列為行銷 4P 與 4C 的比較。

表 12-1　行銷 4P 與 4C 比較

	4P	4C
4P與4C	產品 (Product) 價格 (Price) 通路 (Place) 促銷 (Promotion)	顧客 (Customer) 成本 (Cost) 便利 (Convenience) 溝通 (Communication)
以目的導向論	重視產品導向	強調消費者為導向
以行銷基礎論	產品策略為基礎	消費者需求為基礎
由宣傳重點論	產品自有的特點	企業形象和品牌塑造
由傳播方式論	大眾取向，單向	特定對象，雙向

1991年美國北卡羅來納大學教授Robert Lauterborn，於《廣告年代雜誌》提出了行銷4C新理論，不再以企業的角度思考行銷組合推廣策略，強調企業應該以追求**顧客**(Customer)滿意為優先，接著是降低顧客的購買**成本**(Cost)，然後以顧客的角度思考，怎樣才能提供顧客想要的**便利性**(Convenience)，以方便其快速地取得其所需的商品；再著重於加強與顧客之間的互動與**溝通**(Communication)，以獲取、增強與維繫顧客關係。圖12-2所示為4P與4C之間關係。

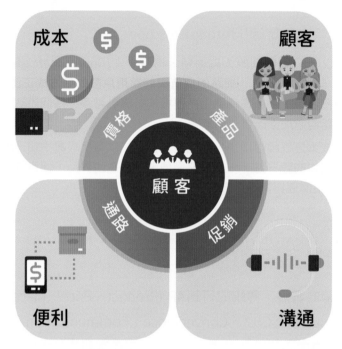

圖12-2　4P與4C的關係示意圖

近年來由於網路社群的影響力擴大，在進行行銷規劃時，會再增加一個C，即「**Community(社群)**」，透過社群平臺與顧客互動溝通，企業可以更加接近目標客群。

2017年行銷學大師**科特勒**(Kotler)提出「**行銷4.0**」，而其中最重要的概念在於「**倡導**」。透過個人的社群平臺，分享經驗、想法與心得，吸引更多人了解與使用。透過5C，顧客從行銷的被動接收者，轉變成擁有更多主動權的參與者，透過網路社群，讓買賣雙方必須積極的溝通與參與，企業方能獲得更多的商機與獲利。

而**行銷5.0**將聚焦科技及數據的運用，應用更智慧的MarTech提升整個顧客旅程的價值，也就是AI、自然語言處理、感應科技、機器人、混合實境、物聯網及區塊鏈等技術，這些技術都和模擬人類的行為有關，「**以人為中心**」並透過「**科技應用**」來量身打造行銷策略。Z世代和α世代，將成為行銷5.0主要的服務與行銷對象。

12-2 網路廣告

網路廣告大多是付費刊登在各大入口網站或是在能聚集相同需求的群聚網站中，當瀏覽者點擊該廣告，便可開啟更多的訊息或連結網頁，得到與該產品或服務相關的資訊。這節就來看看有哪些網路廣告。

12-2-1 Google Ads

Google 是最受歡迎的網路廣告平臺之一，將各種廣告整合為「**Google Ads**」廣告投放服務，廣告主可以在 Google 搜尋引擎、地圖、YouTube、Gmail 及 Google Play 等跨平臺介面放送廣告。

Google Ads 目前提供了**搜尋、多媒體、影片、購物、應用程式**等廣告型態，可投放超過 200 萬個網站，將近 70 萬個應用程式 App，涵蓋各大入口網站、新聞網站、社群網站、口碑論壇、電商購物網站等。

關鍵字搜尋廣告

關鍵字廣告是目前常見的搜尋行銷方式之一，是由搜尋引擎提供特定關鍵字的廣告服務，向企業主收取廣告費用，通常是採**點閱計費** (Pay Per Click, **PPC**) 方式計費。當網友在搜尋引擎上搜尋特定關鍵字，搜尋引擎就會在搜尋結果的上方或右邊剩餘空間顯示付費的廣告網頁連結，當網友點擊了其中的廣告連結才計費，如圖 12-3 所示。

圖 12-3 關鍵字搜尋廣告

動態搜尋廣告

動態搜尋廣告(Dynamic Search Ads, **DSA**)是 Google 利用人工智慧及機器學習技術自動生成廣告，當使用者在 Google 上搜尋的關鍵字與商家網站上的標題或常用詞組相近時，Google Ads 就會自動產生一個相關的廣告標題。此種廣告方式適合擁有大量產品及網站有大量資訊的商家，因為商家不必指定關鍵字，Google 會自動為商家產生廣告。

多媒體廣告

Google 會以**多媒體聯播網廣告**(Google Display Network, **GDN**)型式，如：圖像、文字、回應式等方式，依不同的廣告版位進行廣告投遞。

⊙ **圖像廣告**：支援 GIF、JPG、PNG 等格式，會在相對應的廣告版位展示給潛在消費者，常見的尺寸有正方形、橫幅、直式等十幾種尺寸，如圖 12-4 所示。

圖 12-4　購物廣告

⊙ **回應式多媒體廣告**：廣告主只要上傳圖片、廣告標題、標誌、影片及說明等素材資源，Google 就會自動產生網站、應用程式、YouTube 和 Gmail 適用的廣告組合。所以該廣告的呈現會隨可用廣告空間自動調整廣告大小、外觀和格式，因此同一個廣告在某個刊登位置可能會採用小型文字廣告的格式，但在其他刊登位置則以大型圖像廣告呈現。

購物廣告

在Google搜尋引擎上,消費者搜尋特定商品時,系統會自動推播相關的購物廣告,將會呈現商品圖、標題、價格、賣場等資訊,如圖12-5所示,讓消費者在整體購物流程上,能更快速便捷地找到需要的商品。

圖12-5　購物廣告

影片廣告

影片廣告是以影片的方式推播,使用者可以在YouTube及其他Google聯盟網站上觀看到。影片廣告可分為**可略過的串流內廣告、不可略過的串流內廣告、動態內影片廣告、串場廣告、串流外廣告、刊頭廣告**等模式。

其中可略過的串流內廣告是YouTube上最典型的廣告形式,當YouTube在播放影片時,會插入廣告影片,而這個廣告播放5秒之後,觀眾就可以選擇略過,或是繼續觀看(圖12-6),當觀眾參與廣告互動時(例如:點擊連結、橫幅廣告),或是看滿30秒、看完整部廣告時,廣告客戶才需付費。

圖12-6　YouTube的可略過的串流內廣告模式

INTERNET

應用程式廣告

應用程式廣告主要是推廣應用程式的，廣告會在 Google 搜尋(圖12-7)、多媒體聯播網、Google Play 商店、YouTube 上進行推播，Google 會製作最佳化的應用程式廣告，讓廣告隨機出現在最適當的刊登位置上。

圖12-7　應用程式廣告

▨知識補充：世界上第一個網路廣告

西元1994年10月，在HotWired.com平臺上刊登了世界上第一個網路廣告(圖12-8)，這個橫幅廣告長寬為468×60，是由The Wonderfactory廣告公司老闆Joe McCambley為了宣傳美術館所製作的橫幅廣告，該廣告背後的贊助商是AT&T，從此揭開了網路廣告的序幕，而該廣告極簡單的設計與內容，在當時得到了相當高的點擊率。

圖12-8　世界上第一個橫幅廣告

▨知識補充：本地搜尋廣告(Local Search Ads)

Google在地圖服務中使用了本地搜尋廣告，使用者可透過Google地圖上的廣告與商家聯絡、找出商家位置並前往光顧。

本地搜尋結果主要是以關聯性、距離和名氣為依據，找出最符合使用者搜尋字詞的結果。例如：搜尋了「咖啡館」，有投入廣告預算的咖啡商家將優先出現在搜尋結果，再比較評價較高的商家，呈現給使用者。

12-2-2　Meta廣告

Meta將生成式AI技術導入廣告產品中，使用了AI與機器學習等技術投放廣告，讓廣告主運用AI製作更多有創意的廣告，並在不同版位上動態展示最佳的影像廣告吸引消費者。只要使用Meta廣告管理員，即可在Facebook、Instagram、Messenger、WhatsApp、Audience Network等平臺刊登廣告。而廣告的內容會依廣告的需求而設定居住地點、性別、年齡、興趣、職業、行為模式、感情狀態等條件，來篩選出要投射廣告的用戶。

Meta廣告類型有**圖像廣告**、**影片廣告**、**輪播廣告**、**精選集廣告**等,這些類型的廣告會出現在Facebook、Instagram、WhatsApp、Messenger的動態消息、限時動態或左側欄中,如圖12-9所示。

圖12-9　Facebook與Instagram廣告模式

12-2-3　LINE成效型廣告

LINE成效型廣告(LINE Ads Platform, **LAP**)是LINE旗下的廣告平臺,提供了五大不同的廣告版位,廣告會在LINE TODAY新聞、LINE貼文串、LINE Points錢包頁、LINE聊天頁上方等平臺出現,如圖12-10所示。

圖12-10　LINE廣告

LINE在臺灣的活躍用戶數有2,100萬，其中34%的使用者習慣從中獲取商品資訊及優惠通知。根據統計數據顯示，12到65歲的臺灣民眾之中，有超過九成的用戶在一週內會使用LINE與親朋好友聯繫。所以透過LAP讓廣告主的廣告自然且直覺地曝光在民眾日常使用的服務中，是LAP最大的廣告優勢。

12-2-4　行動App廣告

隨著行動裝置的全面普及，行動App廣告已成為消費者取得訊息的主要起點，行動App廣告可以依據使用者的喜好、需求、位置、使用情境等，投放相關的廣告。行動App廣告包含了**行動網頁廣告**(Mobile Web)、**行動搜尋廣告**(Mobile Search)以及**應用程式內廣告**(In App)。

其中行動網頁廣告及應用程式內廣告主要是以橫幅廣告為主，如圖12-11所示；而行動搜尋廣告則會依搜尋內容投放相關的廣告，如圖12-12所示。根據Google調查，有超過半數以上的行動搜尋者，在搜尋完一個小時內將會產生行動，包括購物、到店拜訪、撥電話等。

圖12-11　應用程式內廣告

圖12-12　行動搜尋廣告

知識補充：原生廣告(Native Advertising)

原生廣告沒有特定的形式，而是一種概念，例如：名人淋水桶的慈善活動，這個活動既有趣又富有愛心，所以網友會主動幫忙宣傳，而隨著參與的名人越來越多，關心的人也會越來越多，讓活動自然散布出去。而Facebook藉由經營「粉絲專頁」或製作「應用程式」的方式發布原生廣告。Twitter、YouTube、Instagram等社群也都是原生廣告發布的平臺。

12-2-5　RTB生態圈

　　RTB（Real Time Bidding, **實時競價**）是由廣告主提出需求與出價金額，透過廣告交易平臺，再與網路媒體的廣告資源進行媒合，媒合的目的在於確認廣告的投放符合廣告主的需求，並能投放給正確的廣告受眾，採取即時競價得標的方式，出價高者即可獲得廣告資源。RTB生態圈共分為四大塊：

◎ **Ad Exchange（廣告交易平臺）**：是一個網路廣告交易平臺，利用Cookie分析到訪網友，並啟動RTB模式，媒合出價最高的廣告主與在網站瀏覽的網友。目前Ad Exchange平臺的公司大多為Facebook、Yahoo、Google Adsense等有能力追蹤使用者Cookie的大公司。

◎ **DSP（Demand Side Platform, 需求方平臺）**：網路廣告中的需求方平臺，可以讓廣告主進行跨媒體的自動化廣告投放。

◎ **SSP（Supply Side Platform, 供應方平臺）**：網路媒體中的供應方平臺，幫助網路媒體託管其廣告位和廣告交易，與網路交易平臺對接，從而將他們的流量變現。

◎ **DMP（Data Management Platform, 數據管理平臺）**：專門為廣告主、媒體等開發的廣告數據管理平臺，為廣告主提供精準的用戶行為分析。

網路廣告計價方式

　　各大平臺廣告費用計算方式，大致上區分為：CPM、CPC、CPA、CPS、CPI、CPV、CPE等方式，分別說明如下。

◎ **CPM（Cost Per Mille, 每千次展示計價）**：是指每一千次廣告曝光需支付的費用，不論訪客有沒有點擊廣告，只要廣告被看到一次，就算一個人次，入口網站Yahoo!、Facebook就是使用此種計價方式。

◎ **CPC（Cost Per Click, 每次點擊計價）**：是根據點擊數付費，只要廣告被點擊，每點一次便計價一次，沒有點擊就不用付費，點擊計價通常會高一點。目前Google AdWords、baidu、Facebook等就是採用此種方式，這也是網路廣告中最常用的一種計價方式。

◎ **CPA（Cost Per Action, 每次行動成本）**：是以實際行動效果來計算成本，當訪客完成某一任務（例如：註冊申請、軟體下載、問卷調查等）才會產生費用。

◎ **CPS（Cost Per Sale, 每次銷售成本）**：是當消費者購買了產品後，所需要付出的廣告成本，因為只有在產品售出後才產生廣告費用，因此廣告主的負擔比較小，當推廣者幫廣告主導入購買後，再按商品銷售支付CPS廣告費用。

⊙ **CPI (Cost Per Install, 每次安裝成本)**：是使用者每次在行動裝置上安裝 App 時，所需付出的廣告成本，在推廣 App 安裝時，就會依照每次 CPA 做為廣告費用計價。

⊙ **CPV (Cost Per View, 每次觀看成本)**：是使用者觀看廣告達一定時數，或完整觀看廣告後收取費用。

⊙ **CPE (Cost Per Engagement, 每次互動成本)**：是每次與使用者互動產生的成本，當使用者與廣告產生互動，廣告商就會計算一次費用。互動的形式有很多種，包括滑動廣告、完整觀看廣告、直接聯繫，都算是互動的成本。

▨ **知識補充：點閱率(Click Though Rate, CTR)**

點閱率是指在廣告曝光的期間內有多少人次點閱這個廣告，進而收看預先準備好的廣告內容，是一種衡量網頁熱門程度的指標。計算方式為：

點閱率＝廣告被點擊次數 ÷ 廣告曝光次數

例如：廣告曝光了 1,000 次，在這 1,000 次中，被點擊了 5 次，那麼該廣告的點閱率就是 5÷1,000 ＝ 0.5%。

12-3 網路行銷方式

網路帶動了商業行銷模式，有許多網路行銷工具也應運而生，其目的都是為了爭取最佳的曝光及有效接觸目標客群，這節就來看看有哪些網路行銷方式。

12-3-1 電子郵件行銷

電子郵件行銷(E-mail Marketing) 就是透過 E-mail 來傳遞商品廣告、促銷活動，或是訊息發布等內容的行銷方式。讀者透過 EDM 就可獲得商品特惠訊息，並可直接點選連結到網頁上進行購買，如圖 12-13 所示。

因為電子郵件是每個人普遍使用的應用之一，所以此種行銷方式最大的好處就是相對低廉的成本，主動快速地將訊息傳播至廣大範圍的特定潛在客戶，而非被動等待點選，也因為此種方式多半是以訂閱方式來傳播，因此可針對不同市場作區隔，將廣告資訊寄送給可能感興趣的特定族群，但是浮濫的廣告郵件同時也常被視為垃圾郵件，收件者不一定會開啟檢視。

圖12-13　電子郵件行銷

12-3-2　KOL行銷

　　當傳統媒體的影響力隨著社群媒體的興起而逐漸淡化，KOL行銷便順勢而上。
KOL一詞是Key Opinion Leader的縮寫，也就是「**關鍵意見領袖**」之意，用來指在
網路或社交平臺上活躍而有影響力的人，而且通常一個KOL只會專注在一個範疇，
如圖12-14所示。

圖12-14　KOL通常只會專注在某一個專業領域中
(圖片來源：Photo by Hüseyin on Unsplash)

　　既然具有影響力，就能影響群眾想法或引發消費，帶來廣告效益。因此，透過
各大人氣部落格、臉書平臺進行商業宣傳或產品推薦，也成為近來熱門的行銷方式
之一。

部落格

部落格最初是網友之間的單純資訊分享，在經過長期經營與互動，漸漸發展成群聚的社交關係。人氣部落客往往一天就能創造上萬點閱率，無形中也形成廣告價值，透過此方式不但能馬上提升產品的知名度與關注度，也比一般商業廣告更具說服力，但也容易衍生出所謂「業配文」的爭議，引發網友對於商業文章的抗拒。

葉佩雯？業配文！

業配文俗稱的「**業配**」，是「**業務配合**」的簡稱，而「**葉佩雯**」則是衍生的PTT用語，用來泛指因受特定廠商或業主需求所撰寫具推廣目的的文章，屬於置入性行銷的一種。有時媒體或知名部落客會收取廠商酬勞而撰寫有推銷某產品意圖的專欄、新聞或文章，因為是為了某廠商的推廣目的所作的廣告文，因此文章的公正性難免備受爭議。

根據公平交易法第二十一條規定，廣告薦證者(指廣告主以外，於廣告中反映其對商品或服務之意見、信賴、發現或親身體驗結果之人或機構)明知或可得而知其所從事之薦證有引人錯誤之虞，而仍為薦證者，與廣告主負連帶損害賠償責任。因此，部落客收取酬勞撰寫廣告邀約文，除了必須標明為廣告文，同時也須為產品負連帶責任。如有發現，民眾可向臺灣公平交易委員會(https://www.ftc.gov.tw/internet/main/index.aspx)舉報。

12-3-3　口碑行銷

口碑行銷 (Word of Mouth Marketing, **WOMM**)是指用來引起談論的各種方法，透過嚴謹的策略規劃，進行BtoCtoC(廠商將訊息傳播給有能力影響其他人意見的人)的行銷模式，讓意見領袖發揮他在社群中的影響力，透過消費者彼此討論、發酵，將話題逐漸擴大，帶動整體銷售業績的過程，如圖12-15所示，部落格及社群網站就是進行口碑行銷的重要平臺之一。

圖12-15　口碑行銷模式

美國口碑行銷協會的口碑行銷大師Andy Sernovitz在《做口碑》一書中，指出口碑行銷有五個操作步驟，分別是：**談論者**(Talkers)、**話題**(Topics)、**工具**(Tools)、**參與**(Taking Part)和**跟蹤**(Tracking)，如圖12-16所示。

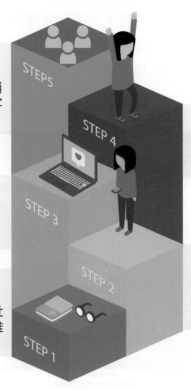

跟蹤
計算成效，了解口碑行銷能夠帶來多少訂單與帶客量

參與
企業角色要適時的加入，關心自己的產品

工具
透過網路社群、部落格、Facebook、IG互動

話題
話題的創造要具有影響力，而不是噱頭，要簡單、有力，且易於傳達

談論者
談論者是指那些活躍於社群媒體和部落格，並能推廣你的消息和品牌的人

圖12-16　口碑行銷的五個操作步驟

12-3-4　迷因行銷

迷因(Meme)具備多種意涵，通常被視為網路突然爆紅的有趣事物，將這些爆紅的影片、圖片，甚至是用語，經過不斷地轉載、改造、分享、大量複製，而成為網路上家喻戶曉的流行風潮，就可以統稱為迷因。

生活在網路時代，一般人可以隨時隨地取得大量資訊，也能簡單地將產製的內容傳遞出去。因此，迷因最大宗的使用者就是形形色色的網友。

網路迷因存在的形式可以是超連結、影片、圖片、音樂和網站等，也可能只是一個單詞、短語。其中最主流也最盛行的形式可能是圖片，也就是所謂的梗圖。梗圖大多為有趣、搞笑的內容，往往透過各種社群、通訊軟體以及新聞媒體傳播，短時間內就能引發潮流，並造成極大的影響力。迷因梗圖五花八門，從政治人物、時事新聞、明星、貓狗寵物到流行廣告，都可能成為迷因梗圖的主題。

常用社群網路的人，一定看過迷因梗圖，迷因的傳播效果，讓有些企業或政府機關開始結合這些爆紅元素，在社群媒體引爆話題，讓品牌在社群中快速曝光。

迷因行銷(Memetic Marketing)因為低成本、速度快、趣味性與包容力等因素，帶來實質的傳播效益，例如：吉卜力工作室釋出多套宮崎駿動畫劇照給粉絲下載收藏，並表示皆可於常識範圍內自由使用，結果就成為各種各樣的迷因圖；海巡署粉專也用迷因製作了一篇稽查違法抽砂的文章，獲得一萬多次分享數，如圖12-17所示。

圖12-17　迷因行銷梗圖

要使用迷因在社交平臺上行銷，首先品牌必須做深入研究，決定好目標市場與客群。要做出好的迷因，關鍵在於有沒有引發共鳴，如果迷因只配上單純廣告宣傳或促銷文字，反而會造成消費者反感，往往不會有太多的回應，甚至會直接被忽略，要根據目前流行語及風向，組合出最具記憶點與趣味點的迷因。善用 Tag 功能，增加文章觸及率，讓品牌可藉著迷因的分享在社交平臺上更廣泛傳播。

12-3-5　社群行銷

社群行銷(Social Media Marketing)就是在社群媒體(Facebook、Instagram、Twitter、LINE、LinkedIn、YouTube、抖音等)上，宣傳推廣服務或產品。透過社群的互動(例如：按讚、留言、分享)，使得品牌更能深入人心，除了能迅速傳達到消費族群，還能透過消費族群分享到更多的目標族群。

蝦皮購物靠著創意貼文成功吸引粉絲關注，將平時沒有人會注意的產品透過話題包裝，進而引起討論與關注度。不管是時事跟風還是互動貼文，蝦皮的貼文總是能獲得超高的分享數與留言數，蝦皮的Facebook粉絲專頁追蹤人數已經超過了2,500萬，如圖12-18所示。

圖12-18　蝦皮粉絲專頁

網路直播導購

根據全球零售調研機構Retail Dive的報導指出，2023年的直播電商市場將上看250億美元，顯示「直播導購」已是一種趨勢。直播導購具有即時互動、即時下單、真實呈現產品、信任感、娛樂性高、吸引粉絲目光等優勢。

短影音

短影音可以讓要傳達的訊息更有趣又有互動感，消費者會對這類內容更有同感、更容易被吸引，短影音具有高互動率、資訊易吸收等優勢，且創作者可以隨時隨地記錄有趣的事件、內容上傳到社群平臺，增加與社群粉絲的互動機會。

社群網紅導購分潤

有越來越多品牌與KOL、直播主、YouTuber、團主團媽、Podcast等網紅合作時，都採用讓網紅抽成的「導購分潤機制」。透過網紅的力量推薦、業配產品給適合的消費者，可以為品牌帶來業績，而網紅也能創造與粉絲互動的機會，為雙方帶來很好的效益。

網紅導購分潤通常是由廣告主或店家提供一組專屬於網紅的推薦碼或網站連結，讓網紅在 Facebook、Instagram 等社群網站，分享口碑文、直播或是 YouTube 開箱影片等方式，提供給粉絲在品牌官網購物時使用，而網紅的分潤就是從使用推薦碼的訂單中分到一定比例的利潤。

12-3-6　SEO行銷

搜尋引擎最佳化(Search Engine Optimization, **SEO**)又稱為**搜尋引擎優化**，是一種透過了解搜尋引擎的運作規則來調整網站，以期提高目的網站在搜尋引擎內排名的方式。

而常聽到的「**SEO 優化、SEO 行銷**」，就是了解搜尋引擎的運作原理，根據演算法的習性產生優質內容、調整網站與連結架構。搜尋引擎是上網查詢資料的第一步，而搜尋結果的次序往往會影響網站被點閱的機會。

例如：Google 會將文章中關鍵字出現的次數納入網頁排名評比，若熟悉 SEO 技巧，在撰寫部落格文章時，就可以刻意加入某些關鍵字，就能在搜尋引擎中獲得較佳的次序與點擊率。

因為使用者通常只會開啟搜尋結果次序較前面的條目，因此許多商業網站為了被消費者有效搜尋，便會經由 SEO，使網站更符合搜尋引擎的搜尋排名演算法規則。而增加流量往往是網路行銷的重要目標，SEO 就是能有效增加網站流量的行銷技術，網站流量大，造訪網站的人越多，就越有可能吸引到潛在顧客，也就能達到「流量變現」的效果。

搜尋引擎最佳化的方法

如何做到搜尋引擎最佳化有許多方法，其中，最基本的方法就是在每個網頁使用簡短、獨特和文章主題相關的標題，或是自行將網站提報給搜尋引擎，來獲取被搜尋出來的機會。

⊙ **改善網站架構**：好的網站架構是讓使用者及搜尋引擎更容易拜訪網站，在網址中使用與網站內容和架構相關的文字，使用簡單的目錄架構，要避免過於冗長的網址、籠統的名稱等。

⊙ **容易瀏覽的網站**：建立簡單的網站架構，讓使用者能從網站上的主要內容前往他們想要的特定內容，並放入適當的文字連結及增加外部優質網站連結，要避免複雜的導覽連結網，過度細分內容及避免完全依靠下拉式選單、圖片連結、或是動畫連結。

- ⊙ **最佳化內容**：除了吸引人的網站內容之外，還要有容易閱讀的文字、網頁主題單純化，並依主題編排內容、創作而獨特的內容，要避免篇幅冗長、夾帶錯別字及錯誤文法。圖片雖然可以讓使用者更容易了解網站內容，但是搜尋引擎是無法辨識圖片的，所以要使用簡單明瞭的檔案名稱和替代文字，讓搜尋引擎更容易了解圖片的資訊。

- ⊙ **提供準確的網頁內容摘要**：摘要內容不但要提供實用資訊，也要能吸引使用者，抓住使用者的目光，引發使用者點擊的慾望。摘要內容字數也不宜過長，因摘要的長度會隨著使用者裝置、搜尋結果內容有所不同，有時可能顯示75~80個中文字，有時候又可能是100~150個中文字，如圖12-19所示。

圖12-19　提供準確的網頁內容摘要

- ⊙ **善用網站與它站的友善性連結**：在網頁上可能有內部連結，也可能有外部連結，無論是哪種連結，連結文字寫得越明確，使用者就越容易瀏覽，搜尋引擎也越容易了解所連結的網頁內容。

- ⊙ **讓網站適合行動裝置瀏覽**：大多數使用者都會透過行動裝置執行搜尋動作，所以在設計網頁時，最好使用響應式網頁設計，不僅容易閱讀，使用上也較為流暢方便，也才能增加瀏覽率。

- ⊙ **專家 / 權威內容**：因假消息已經對社會產生嚴重影響，所以搜尋引擎開始重視企業本身的權威性，在建立網站內容時，把自己的特色關聯起來，提供有用的資訊，成為該主題的「專家」，解決特定問題而撰寫的內容是獲得高排名的最佳方式。

▨ **知識補充**

影響網站搜尋引擎排名的因素有很多，對此部分有興趣的話，可以至Google所提供的「搜尋引擎最佳化(SEO)入門指南」網站(https://developers.google.com/search/docs/fundamentals/seo-starter-guide?hl=zh-tw)，該網站有許多相關的說明。

12-4 網路行銷資源

在網路快速發展的時代下，我們可以運用免費的網路行銷資源來達到網路行銷的目的。

12-4-1 Google Trend

Google Trend (Google 趨勢)是一個免費的工具，當想要了解什麼時候規劃行銷時程最適合時，或是相同產業中，哪個品牌是目前最大的競爭對手等，都可以使用Google Trend 來查詢。Google Trend 藉由網路搜尋引擎的搜尋結果，可以了解市場趨勢，作為行銷的輔助工具。

在 Google Trends 中可以輸入多個關鍵字來進行比較，並觀察它的搜尋變化，將滑鼠游標移到任一點上方，即可查看當時的搜尋次數，如圖 12-20 所示。

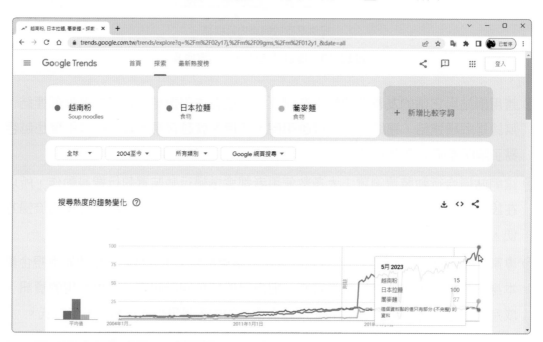

圖 12-20　探索關鍵字 (https://trends.google.com.tw/trends)

關鍵字的搜尋量會因時事、話題的影響而產生變化，利用 Google Trends 可以掌握時事、話題關鍵字，不管是要尋找適合新廣告活動的關鍵字，或是要在廣告活動中添加額外的關鍵字時，都可以根據產品、服務、網站或到達網頁的相關字詞來搜尋關鍵字。找出對應時間內關鍵字的搜尋趨勢，便能即時了解目前市場上的熱門搜尋詞有哪些。

12-4-2 Google Analytics 4

Google Analytics 4(分析)是一個網站流量分析網站，使用該工具可以了解如何修正行銷策略、如何優化網站及提高網站的轉換率，並分析出瀏覽數最高的頁面、最暢銷的產品、訪客如何使用網站、來自哪裡、性別、年齡，以及如何吸引他們持續回訪。基本上可以免費使用，若需更進一步分析時，也可以購買付費的企業版，圖12-21所示為 Google Analytics 4 網站。

圖12-21 Google Analytics 4 網站

網站流量主要可分為：**直接流量**、**推薦連結流量**、**廣告流量**及**自然搜尋流量**。

◎ **直接流量：**是指直接輸入網址進入網址的訪客、透過書籤或我的最愛、手機應用程式或是軟體裡面的連結。

◎ **推薦連結流量：**是指訪客透過哪些網站的超連結轉連到此，網路書籤、微網誌、或其他的引用來源(如部落格、論壇)都會是「推薦連結網站」的來源。

◎ **廣告流量：**通常由點擊型Banner、關鍵字廣告及EDM而來，Facebook的廣告就是屬於此種。

◎ **自然搜尋流量：**是指透過搜尋引擎輸入關鍵字搜尋後，點擊顯示結果中非廣告連結而進入網站的訪客。

12-4-3 Think with Google

　　Think with Google 網站收集並整理出最新的市場資訊，包含了觀點發表、各式行銷工具，並從產業、行銷目的、廣告型態等類別來解析案例和趨勢，是行銷人不可錯過的網站，且在 Think with Google 網站上的案例都是非常「即時」的，也都會有深入的分析及完備的統計資料等，如圖 12-22 所示。

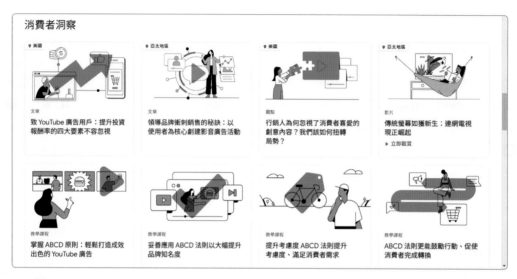

圖 12-22　Think with Google 網站 (https://www.thinkwithgoogle.com/intl/zh-tw/)

12-4-4 Similarweb

　　Similarweb 是一個競爭者網站分析工具，操作簡單、分析速度快。進入網站後，輸入網址或 App 名稱，即可分析網站流量規模、流量來源、流量變化、停留時間、跳出率、關鍵字數據、哪個頁面最多人瀏覽等，如圖 12-23 所示。

圖 12-23　Similarweb 網站 (https://www.similarweb.com/zh-tw/)

12-4-5 LINE官方帳號

LINE為了經營企業客戶,推出了LINE官方帳號(圖12-24),讓店家申請免費的服務帳號,就可以使用一次發送大量訊息的群發功能,還可以進行一對一即時溝通,並可進入後台數據資料庫,方便業主進行客戶管理,對於企業來說,是一個很好的行銷工具。

圖12-24 LINE官方帳號(https://tw.linebiz.com)

LINE官方帳號分為**企業官方帳號、認證官方帳號**及**一般官方帳號**(圖12-25),企業官方帳號為LINE主動邀請加入;認證官方帳號僅有合法企業、商家或組織才可以申請,且要通過審核團隊審查認證後才可取得;一般官方帳號則是任何人或商家都可以申請,且無需經過審核。

圖12-25 LINE官方帳號類型

12-4-6 AI工具

生成式AI的便利與超乎預期的創作能力,讓撰寫行銷文案、製作圖片等變得更輕鬆,行銷人員可以使用ChatGPT、copy.ai (圖12-26)、AI Writer、Rytr、Textburger快文寶、Jasper等工具,生成商品銷售文案、電子郵件或是部落格文章等,只需要提供簡短的描述或是文章架構,AI就能生成出結果。

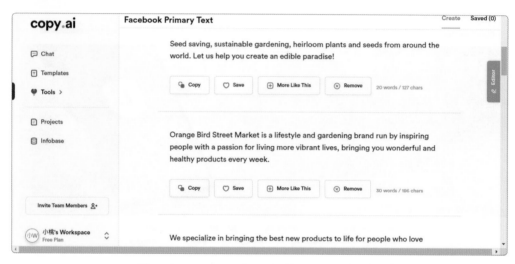

圖 12-26　copy.ai (https://www.copy.ai)

AI Writer工具除了能生成出文案外,它會能根據Google SEO排名,運用排名較高的關鍵字產生相關內容,讓內容曝光的機率大幅提高,這對網站內容創作者非常有幫助,如圖12-27所示。

圖 12-27　AI Writer (https://ai-writer.com)

網紅行銷趨勢報告書

KOL Radar 發布《2023 網紅行銷趨勢報告書》，透過旗下 KOL Radar 獨家 AI 網紅資料庫爬梳 2022 年 Facebook、Instagram、YouTube 等三大社群平臺上的臺灣網紅貼文資料，整理出三大趨勢：微型網紅崛起、短影音、社群促購夯。

1 微型網紅崛起

iKala 的 KOL Radar 數據統計，Instagram 目前成為網紅的主力經營平臺，且從近 2 年開始微型網紅人數暴增，平臺上粉絲數小於 3 萬的網紅人數較 2021 年成長 3 倍，已經超過 13 萬人。

2 短影音緊抓流量紅利

根據 Meta 官方數據指出，目前 Instagram Reels 內容已經佔用戶使用總體時間的 20% 以上，未來也將持續成為平臺的重點發展項目。KOL Radar 也觀察，Instagram 及 YouTube 各級距 KOL 平均互動率及觀看率的落差明顯縮小，與平臺演算法鼓勵短影音創作有關，顛覆過去奈米網紅獨享流量紅利的現象。

3 社群促購行為發展蓬勃

KOL Radar AI 業配貼文模型統計，臺灣 Facebook、Instagram 兩大社群在 2021~2022 年內的業配貼文累積總數高達 764 萬篇，Facebook 的業配貼文高達 47%，可見 Facebook 在社群促購上的影響力仍相當可觀。

https://www.kolradar.com/reports/2023-influencer-marketing-trend

INTERNET 自我評量

▲ 選擇題

(　) 1. 4P是從銷售者的觀點來看，4C是從顧客的觀點來看，請問4P中的Product是對應4C中的哪一項？ (A) Customer　(B) Community　(C) Convenience (D) Communication。

(　) 2. 企業在進行網路行銷規劃時，採用5C來擬訂策略，試問較傳統行銷4C多增加了哪一個C？ (A) Customer　(B) Community　(C) Convenience (D) Communication。

(　) 3. 下列敘述何者不正確？ (A) 紙本傳單是常見的網路行銷方式　(B) 評斷部落格人氣的主要關鍵指標是「文章瀏覽數」　(C) 網路行銷具有無時間與地點限制的優點　(D) 網路行銷可以創造出跨國經營或是國際宣傳效果。

(　) 4. 下列哪種方式最能幫助商家更容易接近顧客並與顧客互動？ (A) 使用社群媒體，例如建立Facebook粉絲團　(B) 發送電子郵件　(C) 刊登網路廣告 (D) 打電話拜訪。

(　) 5. 下列哪種網路廣告計價方式是指「每次行動成本」？ (A) CPM　(B) CPC (C) CPA　(D) CPS。

(　) 6. 「業配文」會引起網友反感，主要是因為？ (A) 文筆不好　(B) 文不對題 (C) 作者太紅　(D) 沒有註明是廣告文。

(　) 7. 下列敘述何者不正確？ (A) Facebook的贊助貼文是屬於原生廣告　(B) 未經由廣告，自動上門的網路客戶是屬於自然流量　(C) 透過Banner與關鍵字廣告而來的流量屬於直接流量　(D) 部落格推薦流量屬於推薦連結流量。

(　) 8. 下列何者不是影響網站搜尋引擎排名的因素？ (A) 準確描述網頁內容　(B) 購買橫幅廣告　(C) 每個網頁都有獨一無二的標題　(D) 增加外部優質網站的連結。

(　) 9. 網站流量分析的重要性在於我們可以分辨？ (A) 瀏覽數最高的頁面　(B) 社交網路的意見　(C) 消費者口碑　(D) 競爭對手的資訊。

(　) 10. Google Trend是屬於何種工具？ (A) 網站流量分析　(B) 網站優化工具 (C) 關鍵字分析工具　(D) 網站架設工具。

▲ 問題與討論

1. 你知道最近最有話題的網紅有哪些嗎？觀察一下他們如何在與網友的互動中進行行銷活動呢？

CHAPTER 13
資訊安全與網路議題

INTERNET

13-1 資訊安全基本概念

資訊科技為人類社會帶來了前所未有的便利，同時也衍生出許多資訊安全上的問題，迫使我們必須正視網路安全與管理的重要性。資訊安全通常簡稱為**資安**，是指防止與偵測未經授權而使用、修改、中斷、竊取、破壞資訊系統的一種過程與工具。

13-1-1 資訊安全三要素

資訊科技的蓬勃發展，導致資訊安全出現了許多的問題，所以建置適當的資訊安全管理系統，可避免資源遭受破壞或不當使用，遇緊急危難時，能迅速做必要的應變，並在最短的時間內回復正常運作，以降低該事故可能帶來的損害。

資訊安全的組成主要包含了**機密性**、**完整性**及**可用性**等三要素，這三要素為資訊安全的三個原則，簡稱為 **CIA**，如圖13-1所示。任何違反三原則的事件行為，都會造成資訊安全的問題，而對企業資產或機密資料造成威脅。

圖13-1　資訊安全三要素

機密性

機密性(Confidentiality)是指**任何機密資訊未經授權，都無法被看到**，例如：機密的交易資料、公司正在開發的技術、個人資訊(信用卡資料、醫療紀錄、個人資訊)等。要保障訊息在對的人、對的時間、對的裝置和對的地點上被存取。

完整性

完整性(Integrity)是指**在傳輸、儲存資訊或資料的過程中，資訊或資料未被篡改**，維持資訊內容的正確與完整。

可用性

可用性(Availability)是指**讓系統隨時處於可工作狀態**,資訊服務不因任何因素而中斷或停止。企業資料必須即時並可靠地提供給企業內部各個層級的使用需求。

資訊安全三要素關係是互相影響的,例如:機密性越高,就會造成完整性與可用性的降低,若需要高可用性的系統,則會讓機密性與完整性降低,因此如何在有限資源下,讓三者保持平衡是每個企業需要面對的議題。

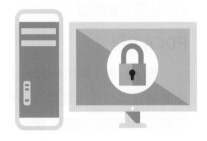

除了上述三要素外,另外還衍伸出**不可否認性**、**存取控制**、**鑑別性**三個安全性要素,讓資訊安全更完善。

不可否認性

不可否認性(Non-repudiation)是指**確保無法否認於系統上完成的操作**,例如傳送方或接收方,都不能否認曾進行資料傳輸或接收。**數位簽章**(Digital Signature)就具備了不可否認性。

存取控制

存取控制(Access Control)是指**依照身分給予適當的權限**,確保任何操作或人員均有適當的權限界定且受到合理的授權。人為因素在資訊安全中是最難防範的,由於人為的作業疏忽所造成的資訊損毀、硬體設備損壞等,都會造成資訊安全的問題。

鑑別性

鑑別性(Authenticity)是指**能辨別資訊使用者的身分**,確保使用者登入時,該數位身分有合理妥當的檢驗,可以透過密碼或憑證方式驗證使用者身分。

13-1-2　資訊安全管理系統

資訊安全管理系統(Information Security Management System, **ISMS**)目的在於保護資訊資產的機密性、可用性及完整性,是一套有系統地分析和管理資訊安全風險的方法,目標是透過控制方法,把資訊風險降低到可接受的程度內,遭受攻擊時,系統仍可維持正常運作的能力。

ISO 27001

ISO 27001是一套經過國際標準組織(ISO)認證,且通用的資訊安全管理系統標準,中文完整名稱為「**資訊科技─安全技術─管理系統─要求事項**」,因為它是由國際標準組織與國際電工委員會聯合發布,因此有時也會寫作ISO/IEC 27001。

資訊安全事件頻傳，企業開始重視資訊安全系統的建置，ISO 27001也因此逐漸成為主流的資訊安全架構。在臺灣《資通安全管理法》規定，不論是A級、B級和C級的公務或是特定非公務機關，都必須要在2年內取得臺版CNS 27001或是ISO 27001的資安認證。

PDCA流程

ISO 27001採用**PDCA** (Plan-Do-Check-Act)流程建構ISMS系統的準則，透過不斷的審視與改進，能夠及時發現資安系統的缺陷與不足，並做出修補，將資訊安全風險降至可接受的範圍，保護資訊的機密性、完整性與可用性。

PDCA是指「**計畫－執行－檢查－行動**」的過程(圖13-2)，在一開始的計劃階段，組織必須要建立符合營運目標的ISMS政策，並說明資訊安全的目標、需要透過哪些指標去衡量成效，以及管理階層應該擔負的責任。

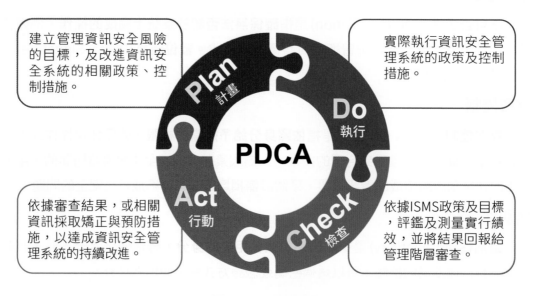

建立管理資訊安全風險的目標，及改進資訊安全系統的相關政策、控制措施。

實際執行資訊安全管理系統的政策及控制措施。

依據審查結果，或相關資訊採取矯正與預防措施，以達成資訊安全管理系統的持續改進。

依據ISMS政策及目標，評鑑及測量實行績效，並將結果回報給管理階層審查。

圖13-2 PDCA流程

資訊安全是一個管理過程，而不是一項技術導入過程，所以，維護資訊安全並不單只是資訊人員的責任，還牽涉到企業流程和員工資安意識，員工若沒有資安概念會威脅到整個組織。

因此，資訊安全要成為所有人員必須遵守的規範，建立員工資訊安全意識，在威脅發生之前，就要做例行性資訊安全評估，也唯有人員都具備了資訊安全的警覺與防護意識，才能降低資安事件發生的可能。

13-1-3 資訊安全的種類

資訊安全的種類可分為**硬體安全**、**軟體安全**及**資料安全**三個面向。

硬體安全

硬體的安全包含對於硬體環境的掌握以及設備管理，如：建築物與週遭環境的安全考量、硬體環境控制、天然災害控制、人為破壞管理控制等。

電腦應設置於通風良好、乾燥之冷氣房中，勿直接曝曬陽光，機房應選用耐火、絕緣、散熱性良好的材料，並擺放防火滅火設備，嚴禁易燃易爆物品。此外，電腦系統應加裝**不斷電系統**(Uninterruptible Power Supply, **UPS**)、穩壓器等設備。在臨時停電或跳電的情況下，穩壓器可避免電腦硬體因電壓不穩所造成的硬體損毀；UPS則可持續提供電力，提供使用者儲存工作並關機，避免資料因斷電而損毀。

還有許多的天然災害會導致電腦硬體設備、資料被破壞等問題，像是地震、火災、水災等天然災害。天然災害可能會造成軟、硬體的損壞，導致整個資訊系統失靈。為了防止不可預測的天然災害發生，定期備份電腦中的資料是非常重要的一件事。

預防資料被毀損最好的方法就是時常將電腦中的**資料進行備份**，而這些備份的資料，最好做到**異地備份**，儲存於不同媒體中或是別的地方。有了良好的備份習慣，以便災害發生後能夠將傷害降至最低。

組織可配合本身的資料更新頻率，搭配不同的資料備份類型來制訂備份策略。

⊙ **完整備份(Full Backup)**：將所有的程式、檔案及資料全部進行備份。

⊙ **差異備份(Differential Backup)**：只針對上一次完整備份後有變更的檔案進行備份。

⊙ **增量備份(Incremental Backup)**：只針對上一次完整備份或增量備份後有變動的資料進行備份。

硬體安全的資訊安全防護，除了自行建置完善的機房環境外，尋找專業可靠的機房代管業者，能有效節省許多支出，並降低維護與人力成本。

軟體安全

軟體安全包含**資料軟體安全和通訊管道的安全性**。現今在工作及生活中，都非常依賴各種軟體來完成工作，因此當軟體環境被入侵或因感染病毒等異常狀況時，對使用者或企業都影響很大。軟體安全在防護上要防止被入侵及資料被竊，定期更新軟體、安裝防毒軟體等，都是防護的必要措施。

資料安全

　　資訊的氾濫成為眾多使用者擔憂的問題，許多不同的應用程式都會記錄使用者的個人資訊，成為資料安全上的一大隱憂。資料一旦被竊取、損壞或者遺失，對於個人及企業來說都是嚴重的損失。因此，對於各種的資料處理，應該抱著謹慎態度去面對，切勿在網路上分享或是存放機密資料。

　　各項資料在進行輸入輸出時，最好能**設定密碼管理制度，並時常更新密碼**，以確保資料不會外流，如圖13-3所示。對於重要性及機密性較高的資料，應加設資料存取控制，以防止資料外流。若資料輸入須委外處理時，可以將資料分成數部分交給多人繕打，以提高安全性。

圖13-3　設定密碼管理制度，並時常更新密碼

13-2 惡意程式的威脅與防範

　　網際網路的無遠弗界，反而讓惡意程式找到一條最好的散布管道。藉由網際網路開放的網路架構，就可以散播得更快速、更無孔不入、更防不勝防。

13-2-1　惡意程式的威脅

　　惡意程式(Malicious Code)是指**所有不懷好意的程式碼**，例如：電腦病毒、電腦蠕蟲、特洛伊木馬程式、間諜程式、邏輯炸彈、勒索軟體等。

電腦病毒

電腦病毒(Computer Virus)是由**意圖不軌的人所撰寫的程式**,這些病毒設計者,有些是為了報復、有些只是單純的惡作劇、有些則是為了炫耀自己的電腦程式設計能力,因為動機不同,所以電腦中毒後所遭受的破壞也會有所不同,輕則損失一些檔案,重則損毀整個硬碟,導致無法再啟動電腦。

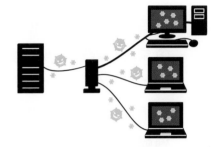

電腦病毒在發作前都會有一些徵兆,例如:程式執行速度突然變慢了、檔案的大小、日期改變了、出現一些奇怪的錯誤訊息或快顯視窗、出現不明的常駐程式或檔案、無故占用記憶體、使程式無法被載入執行等。

電腦病毒的傳播途徑主要有:

⊃ **經由來路不明的儲存裝置**:如果常使用來路不明的儲存裝置(如光碟片、隨身碟等)時,那麼電腦中毒的機率就非常大。

⊃ **經由電子郵件**:現在有愈來愈多的電腦病毒是經由電子郵件傳播的,當收到來路不明或帶有病毒的郵件時,常常會將這些病毒再傳播給通訊錄中的朋友,而導致他人電腦也一併中毒。

⊃ **點擊廣告網頁或連結**:當瀏覽網頁時,有時會跳出一些廣告網頁,這些廣告可能含有惡意程式,只要用戶一點擊廣告,就會被強迫安裝惡意程式,電腦就會面臨中毒的風險,甚至一旦被病毒感染的電腦再連接上其他網路,駭客便可順勢入侵其他系統和電腦。

⊃ **任何可以儲存資料、傳輸資料的地方都有可能是病毒傳播的途徑**:從網路上下載檔案也是電腦病毒的傳播途徑,下載檔案時,請確認該檔案是沒有病毒的。

電腦蠕蟲

電腦蠕蟲(Worm)可以**自我複製出許多「分身」,並透過網路連線或電子郵件等方式進行進行散播**。與電腦病毒不同的是,它通常不會感染其他檔案,其主要危害在於引發一連串的指令或動作,占用大量電腦資源或網路頻寬,進而癱瘓電腦主機、網路或郵件伺服器。

特洛伊木馬

特洛伊木馬(Trojan Horse)是一種**透過網路的遠端遙控程式**。通常潛伏在惡意網頁中,或是偽裝成有趣的小程式,吸引使用者下載或執行,然後伺機在受害者電腦中安裝惡意程式,使入侵者具有與電腦使用者相同的權限,並藉此執行一些惡意行為,像是刪除檔案、竊取密碼與機密資料、或利用受害電腦進行非法行為等。

間諜程式

間諜程式 (Spyware) 是在**使用者不知情、且未經使用者同意的情況下，自行將軟體安裝在使用者電腦中，並觀察使用者的使用行為與監督電腦活動**。有些間諜軟體則會取得使用者的帳號、密碼等資訊，進行不法勾當。若電腦中被安裝了間諜程式，可能會出現以下的徵兆：

⊙ 電腦運作的速度變慢。

⊙ 常常不定時會出現快顯廣告視窗。

⊙ 電腦中的設定突然更改，且無法改回原來設定。

⊙ 網頁瀏覽器突然安裝了不明附加元件。

邏輯炸彈

邏輯炸彈 (Logic Bombs) 是特洛伊木馬的一種，它**會因某特定事件而進行攻擊**。例如某程式設計師在某系統中植入了邏輯炸彈，若該程式設計師被公司資遣，便會啟動破壞行為。

無檔案病毒

無檔案病毒 (Fileless Malware) 是**潛藏在電腦記憶體內的惡意軟體**，因此不容易被察覺。在不被察覺下透過特製的 PowerShell 腳本直接寫入電腦記憶體，一旦取得存取權限，會讓系統偷偷執行命令，且通常不會留下太多活動證據，這命令會根據攻擊者意圖及攻擊計畫時間長短而有所不同。由於是在記憶體中執行，只要受害者的電腦重新開機，記憶體中的惡意軟體和所有可供偵測及入侵後鑑識調查的證據都會隨之遭到清除。

垃圾郵件

垃圾郵件 (Spam) 是指**未經電子郵件收信者同意或訂閱而大量寄發的電子郵件**，郵件內容通常是一些無用的商業廣告、販賣盜版光碟或色情光碟、網路賭博，甚至其中還可能夾帶病毒。當收件者一開啟電子郵件收件匣，收到大量不具參考價值的郵件，不但耗用網路資源，也對收件者造成困擾。

勒索軟體

勒索軟體 (Ransomware) 會引誘受害人前往來歷不明的網站或程式，會將受害者電腦的檔案加密，並持有解鎖所需的密鑰，導致檔案無法存取，讓受害者無法自行復原，受害人要付款才可復原，否則將毀損解密金鑰。

常見的勒索軟體有：CryptoLocker、Locky、Petya、ALPHV (又名BlackCat)、Cerber、GoldenEye、SMSLocker、KeRanger、Cuba、Conti、Pysa、Maze、Hive及Vice Society等。

勒索軟體是當今最普遍最危險的網路威脅之一，通常以企業及政府為目標。勒索軟體的攻擊會迅速蔓延到整個企業 (圖13-4)，有些企業為了復原重要系統不得不付錢給攻擊者。

圖13-4　勒索軟體的攻擊會迅速蔓延到整個企業

13-2-2　惡意程式的防範

要避免惡意程式最基本的方法便是安裝防毒軟體及養成良好的電腦使用習慣。

防毒軟體

為了保障自己電腦的安全，最好在電腦中安裝一套防毒軟體，可用來檢測電腦是否遭受病毒感染，並清除已偵測到的病毒威脅。防毒軟體掃毒的方式，是透過比對電腦中的檔案及防毒軟體中已登錄的病毒碼，來確認檔案是否遭到感染，因此必須常常要進行掃描與病毒碼的更新，才能讓電腦得到最佳的保護。

目前市面上常見的防毒軟體有：PC-cillin、Norton AntiVirus、Kaspersky Anti-Virus等，亦有免費的防毒軟體ClamWin及Avast可供下載使用。

知識補充：病毒碼

病毒碼就如同犯人的指紋一樣，防毒軟體公司會在新發現的病毒程式中，擷取一小段獨一無二且足以表示這個病毒的二進位程式碼，據以辨識此病毒並防禦之，而這個獨一無二的二進位程式碼就是所謂的病毒碼。此外，我們必須常常更新病毒碼，才能夠有效防範層出不窮的新病毒威脅。

近年來行動裝置的使用率激增，智慧型手機與平板電腦等行動裝置已成為網路攻擊的鎖定目標。若擔心自己成為攻擊對象，建議可安裝專門為行動裝置所設計的防毒軟體，保護行動裝置與資料的安全，防止惡意或高風險的網址和App。

許多知名的防毒軟體公司，如趨勢科技、賽門鐵克等，都有推出使用於行動裝置的防毒軟體，若有需要，可至該公司網站購買，或下載試用版試用。其他如Lookout Mobile Security、Avast、ESET Mobile Security、AVG AntiVirus等防毒App，皆擁有許多使用者。

作業系統與軟體更新

在網路的環境中，由於惡意程式常會利用作業系統或軟體的漏洞進行攻擊或入侵的動作，因此我們必須透過作業系統和軟體的更新，才能把系統的漏洞修補起來，減少被惡意程式入侵的機會。

以Windows作業系統為例，為了加強防範網路安全問題的發生，微軟會即時在發現Windows作業系統的安全性漏洞後，透過Windows Update的更新機制，提供使用者下載更新安全性修正程式。使用者也可以進入「Windows Update」項目視窗中，來檢查並執行系統的更新，如圖13-5所示。

圖13-5 在「Windows Update」項目視窗中，即可檢視目前是否有可供下載更新的項目

勒索軟體的預防

勒索軟體已成為全球最關注的資安問題，對企業而言，勒索軟體攻擊帶來的前五大影響為**資料遺失、生產力或營收損失、營運中斷、影響客戶營運**及**名譽受損**。

　　美國白宮宣布成立網路安全小組，將發動勒索軟體攻擊的人列為恐怖分子，並祭出更嚴厲的懲罰打擊網路犯罪。而臺灣資通安全風險也日漸增高，行政院也著手推動相關組織成立。以下列出勒索軟體的四大症狀、緊急措施及預防方法。

四大症狀	● 出現不明對外連線。 ● 各目錄下開始出現奇怪副檔名的檔案，例如：.crypt、.ECC、.AAA、.XXX、.ZZZ 等。 ● 突然出現很多 Ransom Note 檔案(支付贖金的說明檔案)或捷徑，通常是.txt檔或是.html檔。 ● 在瀏覽器工具列發現奇怪的捷徑。
緊急措施	● 立即切斷網路，避免將網路磁碟機或共享目錄上的檔案加密。 ● 立即關閉電腦電源，不讓勒索病毒繼續加密電腦中的檔案，關機時間愈快被加密的檔案愈少，建議強制關閉電腦電源。 ● 保留電腦，通報專業資安人員。 ● 不要付錢。

預防方法	**不** **不上鉤** 標題特別吸引人的郵件務必小心上鉤	**不** **不打開** 不隨便開啟郵件所附加的檔案	**不** **不點擊** 不隨便點擊郵件附加的連結網址	**要** **要備份** 重要資料務必要備份	**要** **要確認** 開啟郵件請務必確定寄件者身分	**要** **要更新** 一定要隨時更新病毒碼

養成良好的使用習慣

　　養成良好的使用習慣，才能減少電腦感染惡意程式的機會。

⊚ 隨時注意特殊的檔案(例如：COMMAND.com、SMARTDRV.com、EMM386.exe、WIN.com 等)的長度與日期，以及記憶體使用情形，並重視電腦系統所發生的異狀。

⊚ 不使用來路不明的檔案或盜版軟體，如果常使用來路不明的光碟片或隨身碟時，那麼電腦中毒的機率就非常的大。

⊚ 不要隨便開啟來路不明的電子郵件。當收到來路不明或帶有電腦病毒的郵件時，常常會將這些病毒再傳播給你通訊錄中的朋友，而導致他人電腦也一併中毒。

⊚ 任何可以儲存資料、傳輸資料的地方都有可能是病毒傳播的途徑，從網路上下載檔案也是電腦病毒的傳播途徑，下載檔案時，請確認該檔案是沒有病毒的。

13-3 駭客的威脅與防範

電腦網路不僅為我們帶來便利的生活，同時也為駭客的網路攻擊開了一道門，網路無遠弗界、無所不在的特性，反而為電腦系統帶來更難以防範的安全威脅。

13-3-1 認識駭客

駭客(Hacker)指的是**非法入侵他人電腦系統中，竊取他人資料或篡改資料的人。**這些駭客會藉此竊取一些值錢的東西，像是信用卡號碼、下載軟體、進行非法的金錢交易等，如圖13-6所示。

圖13-6 駭客攻擊示意圖

知識補充：怪客 vs. 駭客

所謂的**怪客**(Cracker)是指一群未經許可便透過網路入侵他人電腦系統，進行竊取機密資料或篡改資料等犯罪行為的人；**駭客**是指熱衷於程式撰寫與熟悉作業系統的專業人士，他們並不會惡意破壞他人電腦。不過目前在一般用語上，普遍已將怪客及駭客兩詞混用，且駭客較為通用。駭客依目的大致可分為**白帽駭客**(White Hat)、**灰帽駭客**(Grey Hat)、**黑帽駭客**(Black Hat)、**藍帽駭客**(Blue Hat)、**激進駭客**(Hacktivism)等類型。

❖ **白帽駭客：**運用程式技術發現、改善資訊安全漏洞。

❖ **灰帽駭客：**遊走於白帽與黑帽之間，常有意或無意下違反法律，其目的在研究和改進資訊安全，或者宣揚某種理念。

❖ **黑帽駭客：**利用漏洞來威脅企業、政府，謀取不當利益。

❖ **藍帽駭客：**平時不為非作歹，但在受到挑釁、威脅等可能危害自身利益情況時，會用惡意攻擊的方式反擊對方。

❖ **激進駭客：**通常是為了表達政治、意識型態、社會或宗教訊息，目的不是金錢或個人利益。

Pwn2Own是由安全研究機構TippingPoint所贊助的駭客大賽，在每年的CanSecWest安全會議期間舉行。比賽項目主要為侵入目前主流的網頁瀏覽器及智慧型手機。來自世界各地的駭客齊聚一堂，順利攻破者即可獲得TippingPoint所提供的高額獎金。競賽名稱「Pwn2Own」取自「pwn to own」("pwn" 在駭客術語中，意指駭客成功入侵與破解之意)。

而當軟體被成功破解後，主辦者TippingPoint則會提出一份不公開報告給該軟體商，其中詳盡提出軟體弱點及破解方法，以促使軟體在安全性上的更新與改善。

13-3-2 常見的駭客攻擊手法

隨著電腦科技與網路發展的與時俱進，病毒傳播的媒介與管道變得更加多元，駭客可以透過電子郵件、網頁背景下載、即時訊息、P2P、網路芳鄰、藍牙、無線網路、USB隨身碟、網路硬碟、視訊會議、印表機、路由器、安全漏洞等多元管道發動惡意攻擊，駭客的攻擊手法可說是花招百出，防不勝防。

根據區塊鏈資安公司Chainalysis的調查發現，北韓駭客在2021年，對虛擬貨幣平臺發起了至少6次攻擊，總共獲得約值4億美元的虛擬貨幣。日本交易所Liquid.com所失竊的9,700萬美元虛擬貨幣就是北韓駭客所為。

中間人攻擊

中間人攻擊(Man-in-the-Middle Attack) 簡稱 **MitM** 攻擊，**是一種從中「竊聽」兩端通訊內容的攻擊手法**，攻擊者能在客戶端與網站之間分別建立獨立的網路，並交換兩端所接收到的資訊，通訊的兩端以為雙方在直接對話，但事實上整個通訊的過程完全被攻擊者控制。

只要一個未加密的Wi-Fi無線存取點，攻擊者就可以輕易將自己作為一個中間人插入這個網路，隨時蒐集、竊取通訊雙方的資料。記得不隨意點擊來路不明的信件，並隨時注意網頁是以https進行連線。

入侵網站

電腦駭客透過網路入侵他人的網站或電腦系統，篡改或盜取其中的資料或紀錄。例如：駭客非法入侵購物網站，竊取網站會員的個人資料或購物明細，再將這些資料轉手販賣或用以從事不法行為。

殭屍網路

電腦駭客**透過網路散播木馬程式，待集結大批受感染的電腦，形成殭屍網路**(BotNet)之後，再遠端操控這些被控制的電腦，使其成為犯罪工具，進行惡意的攻擊行為，例如：癱瘓他人電腦、濫發垃圾郵件，或竊取他人機密資料等。

阻斷服務攻擊

阻斷服務(Denial of Service, **DoS**)攻擊主要目的是癱瘓系統主機或網站,使其無法正常運作。電腦駭客會在**同一期間發送大量且密集的封包至特定網站,迫使網頁伺服器因為一時無法處理大量封包而導致癱瘓**,進而造成網路用戶無法連上該網站,而被阻絕在外。而**分散式阻斷服務**(Distributed Denial of Service, **DDoS**)攻擊是 DoS 攻擊的方式之一,它是透過網路上的多部電腦主機同時發動 DoS 攻擊,以分散攻擊來源。

全球最大駭客組織**匿名者**(Anonymous),因俄羅斯入侵烏克蘭,所以號召全球駭客攻擊俄羅斯,俄羅斯國營媒體《今日俄羅斯》網站遭全球約 1 億臺裝置發動 DDoS 攻擊斷線,其他克里姆林宮、國防部、航太局、石油公司 Gazprom 等官網也陸續遭受攻擊,整體數量超過 1,500 個,網站因流量超載而癱瘓。

零時差攻擊

零時差攻擊(Zero-day Attack)是指電腦駭客**利用尚未被發現或公開的軟體安全漏洞,進行植入惡意程式等攻擊行為**。使用者應即時更新由軟體公司所提供的修補程式,避免讓駭客有機可乘。

網站掛馬攻擊

電腦駭客會設立一個網站或部落格,以各種方式吸引民眾瀏覽,或是在一般正常網站中**植入隱藏性的惡意程式**,使用者若是瀏覽這些隱含惡意程式的網站,就有可能自動下載惡意程式到電腦中。

網域名稱伺服器攻擊

電腦駭客會**擅改網域名稱伺服器上的資訊,達到誤導使用者的目的**。例如:駭客入侵某網站的 DNS 管理伺服器,篡改該網站的首頁紀錄,使得網友在登入網站時,被定向到另一個不知名的網址,而無法正常登入該網站。

跨站腳本攻擊

跨站腳本攻擊(Cross-Site Scripting, **XSS**)是一種**網頁漏洞攻擊方式**,電腦駭客利用合法網站上的漏洞,在某些網頁中插入惡意的 HTML 與 Script 語言,藉此散布惡意程式,或是引發惡意攻擊。當不知情的使用者在觀看這些網頁的同時,便引發這些惡意網頁程式的執行,導致瀏覽器自動下載網頁中隱含的惡意程式。

鍵盤側錄程式

　　鍵盤側錄程式(Key-logger)是一種會**記錄使用者所敲擊的鍵盤按鍵，竊取網路帳號密碼或機密檔案**。當受害者在電腦中輸入網路帳號及密碼時，鍵盤側錄程式會自動記錄鍵盤的鍵入及操作過程，並儲存在電腦中，再結合木馬程式將紀錄回傳給不法駭客集團。

網路釣魚

　　網路釣魚(Phishing)是指不法人士透過 E-mail 或網路廣告，**假冒知名網站的超連結來進行誘騙**，將不知情的使用者引誘到他們所製作的冒牌網站，也就是所謂的「**釣魚網站**(Phishing Site)」。

　　釣魚網站的類型大多是知名的拍賣網站、網路銀行等，大多會設計得與合法網站幾乎一模一樣，讓使用者信以為真，然後藉由讓使用者在假冒的釣魚網站中輸入個人資料的同時，竊取帳號、密碼、信用卡號碼、身分證字號等個人機密資料。

　　OpenSea 網站便遭受了釣魚攻擊，有 20 多位平臺用戶被盜了多件 NFT，駭客利用 OpenSea 即將升級智慧合約系統的時機，對部分 OpenSea 用戶發送詐騙的釣魚信件，內容要求用戶必須在規定時間之內，將其上架的 NFT 收藏品搬移到新平臺上，否則原先上架的 NFT 將會下架。一旦用戶按下釣魚信件中的按鈕，就會被導到一個釣魚網站，用戶按下「簽署」按鈕，其帳號中擁有的 NFT 代幣，就會被轉移到由駭客控制的錢包內。

電子郵件炸彈

　　電子郵件炸彈(E-mail Bomb)是指**透過機器或程式碼，在短時間內不斷向同一郵件地址連續發送大量電子郵件**，以癱瘓受害者的網路頻寬或郵件系統。

密碼噴灑

　　密碼噴灑(Password Spraying)指的是駭客**用一個強度較弱的密碼去配對多個不同員工帳號，進而攻破帳戶入侵內部網路**。

竊密軟體

　　竊密軟體(RedLine Stealer)主要是**透過釣魚郵件或偽裝成安裝檔案的惡意軟體進行散布**。竊密駭客透過 AI 自動產生含惡意軟體連結的影片在 YouTube 散布，使用者一旦點擊影片說明欄偽裝成好康破解資源的惡意連結，就有可能被植入 Vidar、Redline、Vector Stealer、Titan Stealer 等竊密軟體，造成個資外洩。

13-3-3 預防駭客入侵的措施

要預防駭客入侵可以從安裝防火牆與設定及管理密碼做起。

防火牆

防火牆(Firewall)是**網路安全的防護設備，可能是軟體也可能是硬體，它是內部網路和外部網路之間的橋樑**。防火牆可以管制資料封包的流向，並限制外界僅能存取指定的內部網路服務，藉此可以保護主機中的資料。

代理人伺服器

代理人伺服器**位於網際網路和內部網路之間，會統一代替內部網路中的所有個人電腦，向外部網路傳輸資料**，如圖 13-7 所示。因為連外網路都需通過代理人伺服器，因此它可同時過濾網站內容，能在個人電腦讀取網頁之前，就預先偵測和移除網頁中的惡意程式。

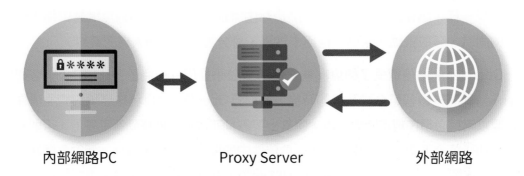

內部網路PC　　　　　　Proxy Server　　　　　　外部網路

圖 13-7　代理人伺服器運作示意圖

此外，代理人伺服器同時具備**「快取」**功能，當個人電腦向外部網路的目的端電腦提出網頁要求時，它會先檢查伺服器主機內是否存有該網頁的暫存資料，若有，則直接將資料傳送給使用者。因此，企業除了可藉由代理人伺服器來過濾網頁，同時也可加快內部網路對網際網路的存取速度，並達到節省頻寬的目的。

入侵偵測系統／入侵防護系統

入侵偵測系統(Intrusion Detection. System, **IDS**)與**入侵防護系統**(Intrusion Prevention System, **IPS**)都是企業用來防禦網路攻擊的安全設備，位於防火牆與內部網路之間，可做為防火牆的第二道防線。

入侵偵測系統可**對網路或系統的運作狀況進行監視與資料檢測，當發現各種異常情況或攻擊行為時，便會即時向網路安全管理人員或防火牆系統發出警報**。而入侵防護系統除了可對網路中傳送的資料進行即時監控與分析，更可在發現入侵時，阻絕未經授權或惡意的網路封包，以維持網路的正常運作。IPS 的型態可分為以下兩類：

⊙ **主機型 IPS**：是安裝在使用者電腦上的防護系統，用來阻絕外來網路的攻擊，或中斷系統內容的非法程序存取，以避免主機遭受破壞。

⊙ **網路型 IPS**：是裝設在網路骨幹上的防護設備，用來監控網路的所有進出流量，阻絕網路中所傳送的異常資料封包。

虛擬私有網路

企業在組織內傳送電子商務訊息時，為了安全上的考量，可能會建構一個屬於企業私用的私有數據網路，以專線連接各地分公司，來保障資料的傳輸安全。然而要建置與維護這個私有網路，都需要投入大量的成本，因此便有了**虛擬私有網路**(Virtual Private Network, **VPN**)的概念產生。

虛擬私有網路是指**在開放的網際網路上，使用通道技術、加密、認證等安全技術，以期建立一個與專屬網路具有相同安全性的私人網路**。VPN 的型態同樣可區分為以下兩種：

⊙ **軟體式 VPN**：是指架設在伺服器或作業系統上的應用程式，提供較具彈性的功能設定，但由於它使用電腦設備原有的 CPU 進行加解密資料處理，可能會影響到傳輸效能，因此較適合於資料傳輸量小的公司或個人使用。

⊙ **硬體式 VPN**：具有一個專門處理 VPN 加解密工作的硬體設備，因此能提供較佳的效能，較適合資料傳輸量大的企業。

不過目前市面上的 VPN 設備通常還會與其他安全機制相互結合，如圖 13-8 所示為結合防火牆、IPS、VPN 等多重防護功能的整合式網路安全設備。多機一體的設計不但可節省企業建置預算，也簡化了網路在建置、管理，及後續維護的程序。

圖13-8　現今的網路安全設備通常一併結合了防火牆、IPS、VPN 等多重防護功能
(圖片來源：Cisco)

帳號與密碼的使用

　　帳號和密碼主要是保護我們的資料，以防止別人盜用，在設定帳號與密碼時，請注意以下幾點：

⊙ 設定密碼時，最好**不要使用個人的資料當做密碼**，例如：英文名字、電話號碼、生日、身分證字號等懶人密碼，且最好定期更換密碼。

⊙ 設定密碼時，可**設定不同組合的字母串，最好要連特殊符號也包含進去**，而且最好是12位數以上來加強密碼強度，同時也盡量避免在各個網站都使用同一組帳密，不要使用規則性的單字或連續的數字，如此都可減低風險。

⊙ **不使用重複性、連續性或過於簡單的密碼**，例如：password、123456、abcdef、qwert (鍵盤上的連續鍵)、abc123等此類簡單的組合。

⊙ 密碼**不要儲存在電腦**檔案中或是寫在某個地方。

⊙ **不要透過任何通訊軟體傳送密碼**(E-mail、LINE、Skype等)，或在電子郵件要求下提供密碼(例如：釣魚信件要求你輸入某銀行帳戶的帳密)。

行動上網安全守則

　　當使用行動裝置時，若發現電池壽命變短、通話經常不尋常中斷、電信費用異常、自動下載軟體、效能變差等問題時，可能是在提醒你該檢視行動裝置的資安情形了。使用行動裝置在公共場合透過Wi-Fi、4G或5G上網時，有些安全守則是不可不知的，分別說明如下。

⊙ **無線網路設密碼**：行動上網工具是靠著無線網路系統與網際網路連線，而無線網路在傳輸資料和訊息的過程中，可能被不明人士占用上網頻寬，甚至被不懷好意的人士入侵而竊取資料內容。所以，家中裝有無線網路設備時，請記得為它設定連線密碼，以保障全家人的網路資料安全及網路頻寬品質。

⊙ **公眾無線網路安全性**：臺灣有許多地點都有提供免費、不加密、無密碼保護的Wi-Fi，當在這些公共場合使用免費的Wi-Fi時，盡量不要進入那些需要輸入帳號、密碼、金融卡、信用卡或其他敏感資料的網站，以避免這些資料在傳輸過程中，被不懷好意的人竊取，造成重大損失。當不需要上網時，記得關閉與無線網路的連線。

⊙ **下載App的潛在風險**：下載App之前，務必檢查該App要求的權限是否與該App的功能相關，在下載App時，通常都會明確地列出該App所需的權限，例如：取得手機號碼或收發簡訊，如果使用者不同意授權，就無法安裝App，這是最重要也是最基本的防護措施，基本上App無法像病毒一樣背著你竊取個資，因為它所進行的動作都需經過授權，而有些惡意的App便會想盡辦法引誘你授權。

⊙ **LINE安全**：LINE幾乎已成為智慧型手機必備的App，使用者重要的通訊工具，但也成為了詐騙及散播假消息的溫床，非LINE好友傳訊息時，注意是否有不明連結，該訊息上方有「您尚未將本用戶加入好友名單」警告，用此判斷為是否為名單內好友。不要點開訊息中的短網址連結(goo.gl、bit.ly等)或IP連結，建議可先向發送訊息的朋友查證。

⊙ **Facebook安全**：Facebook提供雙重驗證功能，讓用戶可透過行動裝置設定安全性金鑰登入Facebook，以防止駭客竊取資訊。雙重驗證是一項確保用戶帳號安全的機制，當用戶從未知的裝置登入Facebook時，必須同時提供密碼與登入碼。當有心人士試圖從未經認可的瀏覽器或行動裝置登入用戶的Facebook帳號時，用戶即會收到通知，並要求登入者使用金鑰確認為用戶本人。

進入「**功能表→設定和隱私→設定→帳號安全和登入**」選項，進入密碼和帳號安全頁面後，即可進行雙重驗證設定，如圖13-9所示。

圖13-9　Facebook雙重驗證設定

13-3-4 零信任架構

零信任架構(Zero Trust architecture, **ZTA**)是2010年由Forrester Research前副總裁 John Kindervag 提出的，他認為**裝置不再有信賴與不信賴的邊界，以及不再有信賴與不信賴的網路與使用者。**

零信任架構有別於傳統網路資安防護，任何資料存取依循「**永不信任，一律驗證**」的原則。傳統的安全性架構是使用者在工作崗位上登入帳號後，便可以存取整個公司的網路，這種架構僅能保護公司的外圍環境，會讓公司暴露在風險之下，因為當有心人士竊取密碼時，對方便能夠存取所有內容；而零信任架構不只會保護公司的外圍環境，還會透過驗證每個身分和裝置，來保護各項檔案、電子郵件和網路。

零信任的主要目標在於降低大多數公司在現代環境內遭受網路攻擊的風險，Google等大型企業也都有建構自己的零信任模型，美國眾議院也建議政府機構採用零信任框架來防禦網路攻擊。我國政府也推動零信任網路的計畫，將採門戶部署方式，逐年導入零信任網路的3大核心機制：身分鑑別、設備鑑別以及信任推斷，如圖13-10所示。

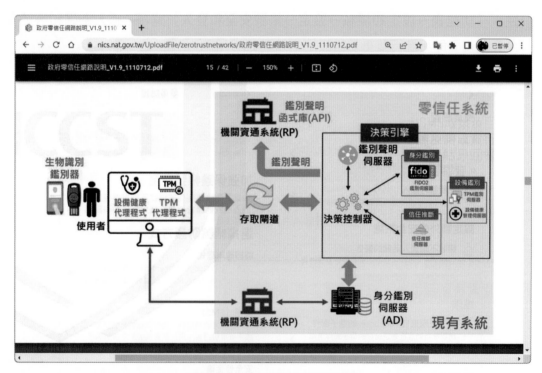

圖13-10　政府零信任網路說明

13-4 網路交易安全

隨著電子商務的運用越來越廣泛，消費者在網路上進行線上交易的次數也越來越頻繁。網路交易安全也受到了重視，本節將簡單介紹幾種常用的線上交易安全措施。

13-4-1 資料加解密技術

當資料在網路上傳輸時，最好將資料進行加密的動作，以確保資料不會被人任意更改及擷取。**資料加密**(Data Encryption)是指將原本容易被讀取的原始資料(原文)，透過數學演算法加以編碼，轉換為不可讀取的格式(密文)；而指定的收件者收到密文後，再經由特定的解碼規則，將密文還原為原本正常可讀取的內容，則為**資料解密**(Data Decryption)。加解密的過程如圖13-11所示。

明文　　9/3晚上7:00 圓山大飯店見　　加密

密文　　#$%^&*() afdjfei1eioa　　解密

明文　　9/3晚上7:00 圓山大飯店見

圖13-11　資料加/解密示意圖

私密金鑰加密法

私密金鑰加密法(Secret_key Cryptography)也稱為**對稱式加密法**，此種技術所使用的加密解密的金鑰是相同的。傳送及接收資料者，都擁有相同的金鑰，才能開啟資料。不過，若有第三者取得金鑰，也可以開啟此份資料，如圖13-12所示。所以利用此技術時，除了傳送及接收資料者外，不能讓其他人知道金鑰。

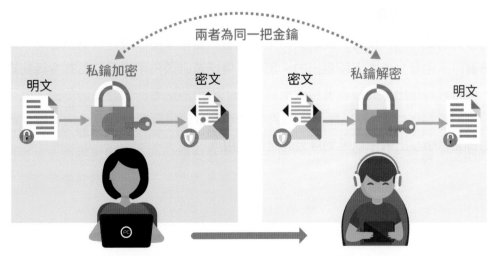

兩者為同一把金鑰

明文　私鑰加密　密文　　密文　私鑰解密　明文

圖13-12　私密金鑰加密法示意圖

公開金鑰加密法

公開金鑰加密法 (Public_key Cryptography) 也稱為**非對稱式加密法**，此種技術所使用的加密解密的金鑰是不相同的，分別是公開金鑰和私有金鑰。

公開金鑰是每個人都可以取得的，而私有金鑰則是由個人所擁有並保存。而以某人的公鑰加密，就必須以同一人的私鑰解密；反之，以其私鑰加密，就必須以其公鑰解密。以這兩種不同的金鑰進行加解密，就可以達到資料的私密性與身分認證的功能。

⊙ **傳送機密資料給接收者**

若發送者要傳送一份不能公開的機密資料給接收者時，傳送者必須先用接收者的公開金鑰將資料加密，再將資料送出；而接收者接收到資料後，再用自己的私有金鑰解密，就可以取得原來的資料，如圖13-13所示。因為接收者的私鑰只有自己擁有，故可確保此資料只有收文者本人能開啟，以達到資料的私密性。

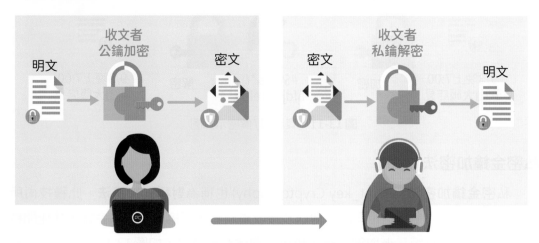

圖13-13　以公開金鑰加密法傳送機密資料示意圖

⊙ **接收者可確認發文者身分**

若發文者要傳送一份可公開的資料給接收者，並希望接收者在收到訊息時，能確認這份資料是由發文者本人所發出的。那麼，傳送者必須先用自己的私有金鑰將資料加密，再將資料送出；而接收者接收到資料後，再用傳送者的公開金鑰解密，就可以取得原來的資料，如圖13-16所示。因為發文者的私鑰只有自己擁有，故可確保此資料是由發文者所發出的，以達到身分認證的作用。

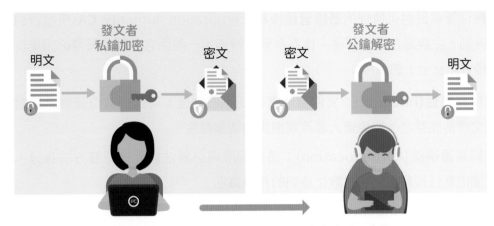

圖 13-14　以公開金鑰加密法確認發文者身分示意圖

數位簽章

　　數位簽章(Digital Signature)是一種**利用公開金鑰加密技術所延伸出的電子安全交易要件，是一項依附於電子文件中，用以辨識及驗證電子文件簽署者的身分與電子文件真偽的資訊。**

　　換句話說，數位簽章就是實際簽章的數位電子表示法，用來防止資料內容在傳輸時被篡改或被冒名傳送假資料。數位簽章與傳送者及傳送內容完全相關，傳送者不可否認，他人也無法偽造，並可由第三者認證。

　　按照公開金鑰加密法的原則，數位簽章同樣是以一組公鑰及私鑰來進行簽署者的身分驗證。其運作上，簽署文件者會先將欲簽署的文件經過演算法製作成一份訊息摘要，再將訊息摘要經由傳送者的私密金鑰進行加密後，產生傳送者的數位簽章。接著傳送者將文件與簽章同時傳給接收者，接收者利用傳送者的公開金鑰對傳送者的數位簽章進行運算，將結果與傳送的訊息摘要進行比對，如果相同則表示該文件是由傳送者所發出。其使用方式如圖 13-15 所示。

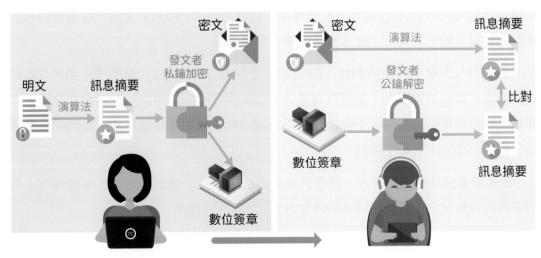

圖 13-15　數位簽章運作流程

數位簽章是由可信任的**憑證管理機構**(Certification Authority, **CA**)所發行的身分識別機制,主要是在電子環境中作為身分的辨別。一般而言,數位簽章必須能提供以下四種資訊安全上的保障:

⊙ **資料完整性(Integrity)**:文件接收者收到訊息之後,可透過數位簽章之核對來確保文件的完整性,避免遭人篡改或遺失的情事發生。

⊙ **資料來源辨識(Authentication)**:透過網際網路無法當面確認雙方的身分,因此可使用數位簽章協助驗證數位資訊的身分識別。

⊙ **資料隱密性(Confidentiality)**:傳送的訊息或文件可利用金鑰來進行加密與解密,以保障資訊不被他人讀取或修改。

⊙ **不可否認性(Non-repudiation)**:透過數位簽章可協助證明所有簽署者的身分,使簽署內容無法任意被否認。例如:資料若加蓋發送者的數位簽章,發送端即不能否認有發送之行為;而資料經由接收端檢查確認後,亦不能否認其接收之行為。

數位憑證

數位憑證(Digital Certificate)就如同網路身分證,是由具公信力的憑證管理機構利用公開金鑰密碼技術所核發的一組資料,用以**提供網路身分證明的工具**,可在網路上代表憑證持有人進行電子交易。其資料內容包含有憑證持有人的身分及公開金鑰、金鑰的有效期限、憑證管理機構及其數位簽章等訊息。

13-4-2 SSL與SET

目前各家網路銀行或購物網站所採用的安全機制有 SSL 及 SET,分別說明如下。

SSL

安全通道層(Secure Sockets Layer, **SSL**)是由 Netscape Communications Corporation 和 RSA Data Security, Inc.開發的一個標準,它介於 HTTP 和 TCP 之間,在瀏覽器和伺服器之間建立加密的連接,確保資料能夠安全地傳輸。

有採用 SSL 安全機制的網站,該網站位址都是以「**https**」為開頭。由於 SSL 是內建於客戶端的瀏覽器上,當客戶端進入有 SSL 保護的網站中進行查詢或交易時,只要輸入使用者帳號及密碼,不需事先取得認證,就能夠執行相關作業,是目前多數網路交易所使用的線上安全機制。

SSL 安全協定的主要特色,是在買賣雙方之間建立一個安全通道,來確保線上信用卡資料傳輸安全,其安全通道的建立方式如圖 13-16 所示。

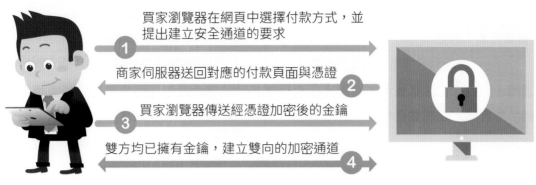

買家瀏覽器在網頁中選擇付款方式，並提出建立安全通道的要求 ①

商家伺服器送回對應的付款頁面與憑證 ②

買家瀏覽器傳送經憑證加密後的金鑰 ③

雙方均已擁有金鑰，建立雙向的加密通道 ④

圖13-16　SSL安全通道的建立方式

SET

為了達到交易安全，VISA、Master Card、IBM、HP、Microsoft等公司，於1996年2月共同制定了**安全電子交易標準**(Secure Electronic Transaction, **SET**)，它是一種應用於網際網路上，以信用卡付款的電子付款系統規範，SET主要是希望能確保網路上信用卡交易的安全性。

有了安全電子交易標準，不但在網路上傳遞的資料不易被竊取，也保障了我們交易的安全。而SET已成為國際上所公認在Internet電子商業交易的安全標準。SET的架構主要是由**電子錢包(信用卡)、商店端伺服器(商店)、付款閘道(銀行)和憑證管理機構(政府)**等成員共同組合起來的，運用這四個成員，即可構成於Internet上符合SET標準的信用卡授權交易。

SSL機制雖然提供了完善的演算加密技術，使網路交易過程中得以保障資料傳輸的安全，但卻無法防範來自不肖網路商店的惡意盜用。但SET機制除了完備的演算加密技術外，更提供了嚴謹的多重驗證規範，在各個環節上均獲得安全的控制，讓消費者與網路商店都能得到相當程度的保障。

所以就安全層面上的考量，SET機制是比SSL機制略勝一籌。而SSL架構下的消費行為，直接由支援SSL的瀏覽器處理，不需另外申請認證，使用起來較為簡便；但SET機制就必須另外向認證公司取得認證，並且必須配合信用卡業務來進行線上交易，在程序上較為麻煩。SSL與SET的比較見表13-1所列。

表13-1　SSL與SET比較表

	SSL	SET
認證機制	只有商店端的伺服器需要認證，客戶端認證則是選擇性的。	所有參與SET交易的成員(持卡人、商家、付款轉接站等)都必須先申請數位憑證來識別身分。

	SSL	SET
設置成本	較低	較高 (客戶端需電子錢包)
安全性	部分 (只限客戶端至特約商店，客戶個人資料會在特約商店被解開)。	全部 (特約商店無法得知客戶個人資料，銀行無法得知客戶購買內容為何)。
方便性	較高	較低
採用率	較高	較低

▨ 知識補充：3-D Secure

3-D Secure驗證模式係由VISA、MasterCard及JCB國際組織推出，為改良SET安全標準而生，將資料的傳遞由四方減少為發卡銀行區域 (Issuer Domain)、收單銀行區域 (Acquirer Domain) 和跨作業系統區域 (Interoperability Domain) 三方，因此稱為3-D Secure。若消費者的信用卡發卡銀行加入3-D Secure驗證，在網路上進行刷卡消費時，系統會自動跳出驗證視窗，消費者須輸入認證密碼才能進行刷付。此模式的程序不致太麻煩，而減少資料傳遞的流程，也能更降低電子交易資料外洩的安全疑慮。

13-4-3　FXML憑證

FXML (Financial eXtensible Markup Language, **金融XML**) 就是俗稱的「**金融憑證**」，顧名思義，是應用於金融交易之XML，乃由財政部主導、銀行公會會員共同為**國內金融機構間進行網際網路交易所訂定的安全機制**。

金融憑證中內含網路銀行憑證、證券網路下單憑證、網路保險憑證等三種憑證，是由台灣網路認證公司 (TWCA) 所簽發，使用於銀行、證券、保險等金融領域之電子憑證，除既有之業務範圍外，亦可使用於查詢下載所得資料及進行網路報稅作業。

欲申請金融憑證者，必須攜帶身分證正本及印鑑親自至金融機構臨櫃辦理。其用意在於以個人帳戶所申請之金融電子憑證，必須先經過金融單位審核，才足以作為個人身分辨識之依據。

13-4-4　零知識證明

零知識證明 (Zero-knowledge proof, **ZKP**) 是一種加密協議，**可以在不透露任何資訊的情況下驗證真偽**，讓證明者向驗證者確認資料真實性，但卻無需透露任何其他訊息。主要應用在區塊鏈加密貨幣、去中心化金融 (DeFi) 及Web3中，例如：在加密貨幣的交易中，讓用戶之間可以正常交易、確認錢包內資金安全性，但仍然可以隱藏交易兩方在真實世界中的真實身分。

零知識證明除了對隱私的保障，它還具有簡單、安全、可擴展性的優點，不需要過於複雜的加密方法，比起一般驗證方式更具有安全性，所以在區塊鏈與加密貨幣領域中迅速普及。

零知識證明的類型

⊙ zk-SNARK (Zero Knowledge Succinct Non-Interactive Arguments of Knowledge, 簡明非交互零知識證明)：是一種簡潔的非交互式零知識證明，被廣泛使用於基於區塊鏈的支付系統，它允許在不透露任何資訊的情況下進行驗證。幣安、Zcash 與摩根大通等就是使用該驗證方式。

⊙ zk-STARK (Zero-Knowledge Scalable Transparent Argument of Knowledge, 零知識可擴展透明知識論證)：使用的是公開透明的算法，不需要使用可信任的設置來儲存秘密參數。OKX升級儲備金證明POR系統就是採用該方式。

零知識證明的應用

⊙ **數位身分驗證**：零知識證明可以用來驗證使用者的身分，而無須透漏任何敏感個人資訊。例如：在數位投票系統中，投票者的身分可以在不透露任何個人資訊的前提下被驗證。

⊙ **隱私保護交易**：荷蘭國際銀行(ING Bank)將零知識證明改編成一種在銀行使用的**零知識範圍證明**(Zero-Knowledge Range Proofs)，可以證明數字是在某一特定範圍內的，例如：貸款申請人可以證明他們的薪資在一定範圍內，而不用洩露確切的金額。因此，範圍證明在計算上比零知識證明更簡便，在區塊鏈上運行速度也更快。

13-5 網路帶來的影響與衝擊

網際網路的快速發展，大幅改變了人類既有的生活模式，時至今日，隨處可見網際網路在人類生活中的相關應用。網際網路應用為人類社會帶來了許多助益，也造成許多衝擊。

13-5-1 資訊超載與資訊焦慮

在這個資訊爆炸的時代，各種資訊在網路上流通，非常即時方便，卻也造成人們對於「資訊爆炸」的心理困擾。在現實生活中，日常工作已填滿一天的時間，每天卻都有回不完的E-mail，看不完的LINE訊息，回家邊看電視還得邊看YouTube影片，時時都處於接收資訊的狀態，龐大資訊造成的壓力排山倒海而來。

資訊超載

　　雖然資訊如此重要，但若未加以管理，就會形成資訊過多或缺乏資訊的情形。因為人類從環境接受輸入的容量是有限的，當人類所具有的內在過濾或選擇程序無法處理增加的資訊時，就會發生**資訊超載**(Information Overload)。

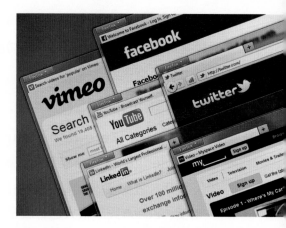

　　資訊超載會帶來各種負面影響，如錯失恐懼症、壓力過大等，而導致拖延，以及對工作與生活無感等。而如何有效的管理資訊，是許多人共同面臨的難題，為避免資訊超載，可以試試以下的方法：

⊙ 允許自己忽略某些訊息，善用資訊管理工具(如 Feedly、Google 搜尋等)過濾資訊。

⊙ 視需求快速瀏覽摘要與評論，抓住重點，將能有效篩選出需要精讀的內容，節省時間與精力。

⊙ 減少社交互動、資訊豐富的社群網站及軟體的使用。

⊙ 與團隊成員分工合作，決定好各自應掌握的訊息範疇，然後彼此分享。

資訊焦慮

　　藍斯・蕭(Lance Shaw)表示：「在我們這個對資訊狂熱，而且充分飽和的社會，已經開始出現一種病症，症狀是：一種偏執的迫使自己遍讀一切可讀之物，當吸收的閱讀量超過消化所需的能量時，超出的部分日積月累，最後因壓力與過度刺激轉化為所謂的**資訊焦慮症**(Information Anxiety)。」

　　COVID-19疫情使全球陷入不確定性，而關於疫情大流行的新聞、訊息也從不間斷，使得人人每天關注疫情最新消息，不管在哪都會檢查手機好幾遍，怕錯過任何一則通知，這些問題為人們的心理健康帶來了傷害，而出現資訊焦慮的情況。此時你可以試著這樣做：

⊙ 限制新聞數量，留意閱讀內容，試著在特定時間查看新聞。

⊙ 中斷社交媒體或關閉訊息提醒，如果你對社群媒體上的訊息不堪負重，請將其靜音，或者隱藏相關貼文。

⊙ 安排例行活動並與周圍的人保持聯繫。

⊙ 不要轉傳或散布恐慌性的資訊與照片。

⊙ 以閱讀書籍、手寫創作取代使用各類的電子產品。

13-5-2 網路謠言及假訊息

你知道每天瀏覽的文章，有多少是網路謠言或假訊息嗎？這類的文章會無所不用其極的在標題或內容上動手腳，來引誘網友進入網站，但點進去之後，看到的往往是各種聳動激情、低素質、胡亂堆疊的資訊。

網路謠言與假訊息都是**一種未經證實的訊息，它可能引起相當可怕的效應**。除了有心人士惡意散播網路謠言與假新聞之外，一般民眾在收到訊息時，可能沒有深入追查其來源與真實性，而又流傳給更多人知道，無心成為散布謠言的幫凶。若是錯誤的訊息透過口耳相傳一再散播，就可能造成他人權益的損害，甚至影響社會秩序。

假訊息的手法

假訊息並非只是明顯造假的內容或是可輕易辨別，其操作手法日新月異，結合各類的技術發展出複合式的假訊息。

⊙ **諷刺揶揄與惡搞迷因**：常以玩笑、嘲諷形式於網路社群傳播，例如：刻意竄改國小課本課文，內容抨擊政府教改政策讓臺灣教育墮落，並在 LINE 群組內大量流傳，原先單純無害的玩笑，反而漸漸演變成一種帶有仇恨性質且過度使用及醜化的工具。

⊙ **圖文不符與錯誤敘事**：假訊息常常將不相干的內容套入到其他的真實圖像或影片，製成惡意虛假的故事。隨著影像處理知識與技術的提升，對圖片、影像的操作已越來越普及，或運用**深度偽造**(Deepfake)技術，冒用重要人士影像發表具爭議性言論的影片。例如：YouTuber 小玉遭爆，利用深度偽造換臉技術，將名人的頭像移花接木成色情影片牟利，不法所得逾新台幣上千萬元，震驚社會。

⊙ **標題殺人與流量霸權**：流量的問題，造就了大量假訊息的**內容農場**，用各種合法、非法之手段大量、快速地生產品質不穩定的網路文章，改寫原本媒體的真實報導，利用聳動標題斷章取義，文章多半低素質、不具參考價值而且摻雜著許多廣告式的連結，以點閱數與流量換取廣告金錢收入，雖然其原始目的是為吸引大量瀏覽以賺取收益，但卻也成為假訊息操作的經常性手法之一。在這資訊爆炸的世代裡，慎選閱讀的內容非常重要，若無法判斷文章的真偽，最好的方法就是**不點擊、不分享、不轉貼**，別讓自己變成「會移動的內容農場」。

⊙ **機器帳號與大量訊息**：透過機器人帳號大量散布訊息，以及網路社群演算法提高訊息曝光率的交互作用下，讓假訊息散布更加廣泛。

⊙ **AI 生成**：隨著 AI 發展，假訊息威脅日益嚴重，ChatGPT、AI 繪圖等，都可以在幾秒鐘之內迅速生成假訊息及假新聞，且假訊息還能配上造假的圖片、影片甚至是聲音，一般人無法分辨真假。

網軍

網軍是泛指**在各大社群散播訊息的人**，通常是受雇於特定政治背景的個人或組織，並為其刺探網路情報、輿論顛覆、帶動輿論風向者；另一種則是受雇於特定的民間企業，透過各種方式行銷、推廣特定人、事、物者。

網軍透過 Facebook、LINE、Dcard、PTT 等各大社群媒體及論壇進行發文宣傳，宣傳時，如果一直使用同一個帳號持續發布文章，很容易被揭發是固定人士在操作話題，因此就要透過不同帳號來進行發文，也就是所謂的**假帳號**或**幽靈帳號**，讓人以為有很多不同的人在討論這個話題，而不是特定單位在「**帶風向**」。

例如：臺灣網路社群出現大量有關「蔡政府防疫」假訊息，調查局資安工作站追查發現，是境外敵對勢力先利用近20個「卡提諾論壇」帳號發布爭議訊息後，藉由臉書粉專以及近400個臉書假帳號分享、散布圖文形式及習慣用語以假亂真，惡意挑起國人對立，進而達成其特殊政治目的。

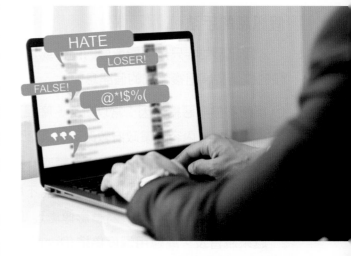

若網軍不能受控於一定的法律、職業道德規範下，那麼這種操控社群、操控人心的行為，很容易讓社會資源浪費，且導致憾事發生。例如：有網友在 PTT 中散播臺灣旅客靠中國駐日使館脫困的假消息，並指責我國駐外人員態度差，間接造成駐外人員不堪輿論壓力選擇輕生以死明志。該事件經查核中心調查，網友涉嫌以每個月一萬元的酬勞雇用網軍，在論壇中帶風向，把網友們質疑駐日代表辦事不力的責任，藉由操控輿論栽贓轉移到駐日辦事處，最終遭檢警以侮辱公署罪起訴。

查證網路謠言

網路上流傳許多謠言、假訊息及假新聞，當收到存疑的內容時，宜獨立思考、小心查證，切勿任意轉發散布。看到論壇上某一個訊息，或看到任何一則新聞，可以先在網路上搜尋相關資訊，用不同角度了解全貌，並學會辨識真假，就比較不容易受到片面或偏執留言的影響，訓練自己的判斷力，避免被誤導者牽著走，**要有正確的認知，遠離虛假、垃圾訊息，並且看清真相**。

當收到存疑的內容時，趨勢科技提出了六個跡象可讓人辨別是否為假新聞：

1 誇張聳動、讓人忍不住想點閱的標題，可能為惡意「點擊誘餌」	**2** 可疑的網站地址，可能冒充真實的新聞網站
3 內容出現拼字錯誤或網站版面不正常	**4** 明顯經過刻意修圖的照片或圖片
5 沒有附註發布日期	**6** 未註明作者、消息來源或相關資料

表 13-2 列出幾個提供查證謠言及假新聞的網站。

表 13-2　查證謠言及假新聞的網站

網站名稱	網址
MyGoPen 這是假消息	https://www.mygopen.com
衛生福利部食品藥物管理署 - 食藥闢謠專區	https://www.fda.gov.tw
台灣事實查核中心	https://tfc-taiwan.org.tw
食力 foodNEXT	https://www.foodnext.net
Cofacts 真的假的	https://cofacts.g0v.tw
LINE 訊息查證	https://fact-checker.line.me
蘭姆酒吐司	https://rumtoast.com

13-5-3　網路犯罪

網路犯罪的定義是指以電腦及網路為一般犯罪之通訊連絡工具、以電腦及網路為犯罪之場所、以電腦及網路為犯罪之工具，只要符合上述條件其一者，即可稱為「網路犯罪」。

網路詐欺

網路詐欺是網路上最常見的犯罪行為，例如：有些人會在網路上拍賣一些低價的物品，吸引消費者購買，而當消費者依指示將錢匯入對方帳戶後，卻沒有收到購買的商品，此行為可能涉及刑法第 339 條的詐欺罪。

網路援交

網路援交是指透過網路散播訊息，以尋求提供性服務來換取金錢的援助交際行為，透過網路這個溝通媒介，讓有意援交的兩方人馬可以約見時間與地點以進行交易，而這樣的行為其實已經觸犯兒童及少年性交易防制法。

按照該條文之規定，只要有散布、播送或刊登足以引誘、媒介、暗示或其他促使人為性交易之訊息，無須以「實際發生性交易」為必要，仍然構成犯罪，且交易雙方均依該條例處罰。

網路色情

常見的網路色情犯罪事件，是利用網路散播色情圖片，例如：架設色情網站，並提供各種色情圖片、影片、利用電子郵件夾帶色情圖檔、利用網路相簿存放色情圖片等。而這些行為可能已觸犯刑法第234條的公然猥褻罪，以及刑法第235條之散布、販賣猥褻物品及製造持有罪等。

網路不當言論

在網路上以公開或匿名方式發表不實報導、網路恐嚇、公然毀謗或辱罵他人、侵犯他人權益、妨害他人名譽或留言霸凌他人等，都可能觸犯刑法的公然侮辱罪、誹謗罪，或是恐嚇罪等。

網路賭博

在網路上架設網頁，並提供賭博網站之功能，供群眾上網賭博財物者，就會觸犯刑法第268條的賭博罪。

入侵他人網站

為因應科技時代層出不窮之電腦犯罪案例，立法院於92年6月三讀通過刑法第三六章增訂之「妨害電腦使用罪」專章條文，用以規範侵害電腦系統安全與電腦資料之電腦犯罪行為。

未經過他人同意，非法入侵他人電腦系統，以竊取電腦內部重要或機密資料、偷取電玩虛擬寶物，或破壞或擅改電腦系統等，可能觸犯刑法第358條之入侵電腦或其相關設備罪，及第359條的破壞電磁紀錄罪。

散布電腦病毒

在網路上散播電腦病毒，致使他人的電腦當機、檔案毀損或硬碟格式化等情形，可能觸犯刑法第360條之干擾電腦或其相關設備罪及第362條的製作犯罪電腦程式罪。

侵害他人智慧財產權

網路上有許多豐富的資源，包括文字、圖片、影音檔案等，這些資源雖然垂手可得，但它們仍然具有著作權，若是未經所有權人同意，是不能任意引用或改製的，以免不小心觸法。

散布假消息

因行動裝置的普及，不實謠言及假消息的散布越來越迅速，已嚴重影響國人社交生活及社會安寧，而行政院為了「防堵假新聞」修法，納入禁止散播假新聞的規範和罰則，最嚴重的狀況下，可能被罰100萬罰金或無期徒刑。

13-5-4 區塊鏈的隱憂

區塊鏈應用的崛起，衍生出了新金融犯罪。區塊鏈分析公司Chainalysis在報告中指出，2022年非法加密貨幣活動總額超過6,000億元。Chainalysis發現不少DeFi的智慧合約與程式碼存在漏洞，只要有利可圖，駭客就會拼命鑽這些漏洞詐取虛擬貨幣。在140億美元的犯罪活動裡有32億美元屬於被盜案件，而在這32億美元中又有72%的被盜資金來自DeFi相關事件。

因為區塊鏈特性，有不少犯罪集團採用虛擬貨幣作為主要的贖金，例如鴻海遭勒索攻擊，駭客威脅交付1,804枚比特幣贖金。為避免虛擬貨幣淪為犯罪集團洗錢犯罪的工具，金管會正式實施「虛擬通貨平台及交易業務事業防制洗錢及打擊資恐辦法」，規範虛擬貨幣業者需遵循嚴格的認證與反洗錢程序。

13-5-5　暗網

　　在網路的世界，可以分為**明網**及**深網**兩大部分，可以被搜尋引擎找到的網站，就是屬於明網的一種，如平常使用的Google、YouTube、Yahoo等，而無法被搜尋引擎找到的就都是深網的一部分，如個人的電子信箱、Netflix裡的影片、FB的帳號、公司的營運系統、學校內部的論文資料等，需要有帳號密碼才能進入的網頁。

　　暗網(Dark Web)是深網的一部分，在深網的最底層，需要特殊的權限、特殊的瀏覽器、甚至特殊的裝置才能進入。要上暗網，必須要透過專屬的瀏覽器，如「**洋蔥路由器(Tor)**」，暗網的網址是以**.onion**結尾，用一般的瀏覽器是無法連上的，使用Tor網路連線到其他網站時，需要透過層層節點，因此網站讀取速度會比較慢。圖13-17所示為Tor的官方網站，對Tor有興趣的讀者，可以至該網站下載瀏覽器。

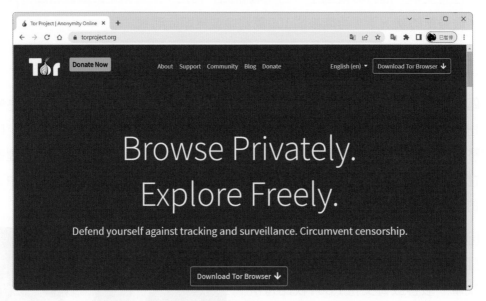

圖13-17　Tor官網(https://www.torproject.org)

　　Tor是由**美國海軍研究試驗室**(United States Naval Research Laboratory)所開發的瀏覽器，主要是為了讓在國外的間諜，可以藉由Tor進入暗網交換情報，藏身在一般用戶和暗網之中，以降低被他國機構追查到的可能性。使用者在Tor上的任何訊息，都會**像洋蔥一樣被層層加密，IP位址也很難被查出來，以達到匿名的效果**。

　　美國軍方公開了Tor的原始碼，讓一般民眾也能夠使用洋蔥路由器訪問暗網、架設暗網網站。由於暗網有**不易被追蹤**的特性，因此有許多不肖人士利用暗網的隱匿性，在暗網上從事非法活動，例如：毒品、軍火、護照資訊買賣、發布非法色情內容等黑市交易。

　　暗網中最有名的就是「**絲路(Silk Road)**」網站，該網站有點像匿名版的「蝦皮購物網站」，只不過，他們賣的不是生活用品或是衣服，而是毒品等，該平臺是全球第一個要求用戶僅能使用比特幣作為唯一交易工具的平臺，如圖 13-18 所示。絲路於 2013 年遭美國聯邦調查局查禁，創辦人 Ross Ulbricht 兩年後被判無期徒刑。

圖 13-18　絲路網站僅能使用比特幣交易

　　根據統計，暗網黑市每年的交易金額高達數十億美金。加密幣分析公司 Chainalysis 在 2022 年報告中指出，2021 年流入黑市的加密幣資產共計 140 億美元，創歷史新高。俄羅斯的 **Hydra** 暗網交易平臺，是全球最大的黑市聚集地，光是 Hydra 就占有全球 80% 的暗網交易量，一個月的加密貨幣交易量約為 12 億美元。Hydra 的服務對象為俄語系國家，其中採用率最高的是俄羅斯、美國、中國與烏克蘭。

　　暗網是否如傳說中的邪惡，完全取決於使用者的使用方式，而許多網路公司，如 Facebook 也開發出了暗網版本，讓注重隱私的用戶也能安心使用。在暗網中的毒品、軍火等違法內容的販售網站，幾乎都是釣魚網站或詐騙網站，許多內容也暗藏惡意軟體或病毒連結，建議不要造訪違法、不安全的暗網網站。

　　在臺灣，單純使用 Tor 造訪暗網網站並沒有違法，但若在暗網上從事犯罪活動則一樣是會觸犯法律的。

X-Force威脅情報指數

IBM Security 發布年度資安報告《X-Force 威脅情報指數》，報告指出部署後門程式是2022 年駭客攻擊企業最常使用的方式，67% 的後門程式與植入勒索軟體掛勾，部署後門程式的「市場價值」比盜用信用卡資料相比更高，駭客以高達 1 萬美金的價格出售已經部署好的後門存取權限。

儘管勒索軟體在2022年全球資安攻擊事件的比例仍居高不下，駭客完成每次勒索軟體攻擊的平均時間已從兩個月縮短到四天以內。

☑ 勒索是駭客進行網路攻擊的首選，也是2022年網路攻擊最常見的方式

勒索攻擊主要透過植入勒索軟體或利用企業電子郵件詐騙。全球製造業已連續兩年成為遭受勒索攻擊最多的行業，金融與保險業、專業服務與客戶服務行業受勒索攻擊的數量排名第二與第三。

☑ 企業內部電子郵件的往來成為駭客攻擊的武器

電子郵件執行緒劫持的數量在2022年大幅上升，駭客使用被入侵的電子郵件帳戶、冒充帳戶本人回應郵件。在2022年每個月的攻擊數量比2021年增加了一倍，駭客使用此途徑部署Emotet、Qakbot和IcedID等惡意軟體，企圖引發勒索軟體感染。

☑ 老舊漏洞今日仍被駭客利用

從2018年到2022年，利用已知漏洞攻擊事件相對於漏洞總量的比例下降了10%，這是由於漏洞數量在2022年創歷史新高。自2022年4月迄今，MSS遠程網路監控資料顯示WannaCry勒索軟體流量增加了800%。

https://taiwan.newsroom.ibm.com/2023-03-01-IBM
https://www.ibm.com/reports/threat-intelligence

INTERNET 自我評量

▲→ 選擇題

( )1. 資訊系統之安全與管理，除了可藉由密碼控制使用者之權限外，還可以採取下列何項更有效的措施？ (A)定期備份　(B)經常更新硬體設備　(C)硬體設鎖　(D)監控系統使用人員。

( )2. 使用密碼維護安全的最有效的方式是什麼？ (A)經常更換密碼　(B)使用相同密碼登入個人電腦、網路及不同的網路帳號　(C)將所有密碼存在一份文件內，並設定另一組密碼保護文件　(D)用姓名、生日或紀念日等好記的字串作為密碼。

( )3. 下列何種措施，對於資訊系統的安全具有危害性？ (A)設置密碼　(B)資料備份　(C)每個使用者的使用權限相同　(D)不定期更新病毒碼。

( )4. 下列何種惡意程式的主要危害是耗用電腦資源或網路頻寬？ (A)電腦病毒　(B)電腦蠕蟲　(C)特洛伊木馬　(D)間諜軟體。

( )5. 下列敘述何者不正確？ (A)間諜程式可以自我複製出許多分身，並透過網路連線或電子郵件等方式進行散播　(B)電腦病毒屬於惡意程式　(C)特洛伊木馬程式是一種透過網路的遠端遙控程式　(D)邏輯炸彈是特洛伊木馬的一種，會因某特定事件而進行攻擊。

( )6. 熱門的社交網站因遭駭客攻擊而導致一時無法提供網站服務，你認為駭客應該是用下列何種攻擊手法呢？ (A)電腦病毒　(B)阻絕服務攻擊　(C)特洛伊木馬　(D)字典式攻擊。

( )7. 仿製一個以假亂真的著名網站，吸引網友進來進行誘騙，這樣的行為屬於下列何種網路詐騙行為？ (A)字典式攻擊　(B)殭屍網路　(C)跨站腳本攻擊　(D)網路釣魚。

( )8. 在病毒猖狂的網路世界中，除了不使用來路不明的軟體外，下列何種方式對防止病毒最有效？ (A)不用硬碟開機　(B)不接收垃圾電子郵件　(C)經常更新防毒軟體的病毒碼，啟動防毒軟體掃描病毒　(D)不上違法網站。

( )9. 使用社群服務時，下列何者無法強化你的帳號及密碼的安全？ (A)定期確認帳號隱私權設定方式　(B)定期變更密碼　(C)定期發布最新消息　(D)逐一確認交友邀請，避免加入不認識的朋友。

( )10. 何者不是選購網路防火牆的重要考慮因素？ (A)安全　(B)效能　(C)價格　(D)體積。

( ) 11. 小明想要在「momo購物」網站刷卡購買一台攝影機,請問下列哪一項技術可以用來提高網站上刷卡交易的安全性? (A) LTE (Long Term Evolution) (B) WiMax (Worldwide Interoperability for Microwave Access) (C) SET (Secure Electronic Transaction) (D) SRAM (Static RAM)。

( ) 12. 下列敘述何者不正確? (A) SET 安全機制需要憑證管理中心驗證憑證 (B) 以 https 開頭的網頁就是有採用 SET 安全機制的網頁 (C) SSL 採用公開金鑰辨識對方的身分 (D) SET 的安全性比 SSL 高。

( ) 13. 電子錢包是一種裝設在消費者端的付款軟體,所使用的是下列何種網路安全加密技術? (A) SET (B) SAP (C) SAT (D) SSL。

( ) 14. 下列何種形式為數位簽章? (A) 甲傳給乙的資料以乙之公開金鑰加密 (B) 甲傳給乙的資料以甲之公開金鑰加密 (C) 甲傳給乙的資料以乙之私密金鑰加密 (D) 甲傳給乙的資料以甲之私密金鑰加密。

( ) 15. 在公開金鑰加密技術中,小桃傳資料給小怡,且使用小桃的私密金鑰加密,則小怡應該要如何解密閱讀呢? (A) 以小怡的公開金鑰解密 (B) 以小怡的私密金鑰解密 (C) 以小桃的公開金鑰解密 (D) 以小桃的私密金鑰解密。

( ) 16. 報稅季又到了,這回小怡利用網路報稅的方式完成報稅,請問國稅局是以何種技術來確認報稅文件是由小怡所填報的? (A) 數位簽章 (B) SET (C) SSL (D) 數位名片。

( ) 17. 看到網路發布的消息,應該保持怎樣態度? (A) 轉寄出去,跟朋友分享好消息 (B) 應該是真的,不然不會有人說 (C) 跟朋友討論,指指點點 (D) 保持懷疑態度,先進行求證。

( ) 18. 下列何者非假訊息事實查核工具平臺? (A) 台灣事實查核中心 (B) Google Marketing Platform (C) 食力foodNEXT (D) Cofacts 真的假的。

( ) 19. 請問下列何者屬於網路犯罪? (A) 使用 LINE 與他人聊天 (B) 利用大量垃圾郵件攻擊他人信箱 (C) 在 IG 發表自己的言論 (D) 在 FB 上販售物品。

( ) 20. 下列何者為「暗網」的網址的結尾? (A).html (B).php (C).asp (D).onion。

▲ 問題與討論

1. 請從報章雜誌、新聞或網路上搜尋有關惡意程式與駭客入侵的社會真實案例,並說明其可能造成的危害為何。

2. 請連上網路詐騙知多少網站(https://phishingquiz.withgoogle.com),測試看看你對網路詐騙攻擊了解多少。

INTERNET

14-1 資訊素養與倫理

在資訊科技快速發展的數位時代，人人都可以上網瀏覽資訊或發聲表達意見，因此網路上充斥著高速且大量的資訊，人們該如何面對與處理這些垂手可得的資源，學習資訊素養與資訊倫理便成為現在的重要課題。

14-1-1 資訊素養概念

資訊素養(Information Literacy)的概念是**美國圖書館學會**(American Library Association, **ALA**)的主席 Zurkowski 於 1974 年首次提出的，是指個人能掌握並有效利用各種資源以利學習的能力。1989 年美國圖書館學會之「資訊素養總統委員會」(Presidential Committee on Information Literacy)將資訊素養列入美國國民日常生活必備技能。

美國圖書館學會界定資訊素養係指個人能察覺到對於資訊之需要，並能有效地尋取、評估及使用所需資訊的能力，也就是具備有**確認**(to identify)、**尋獲**(to locate)、**評估**(to evaluate)和**使用**(to use)等四項運用資訊的能力，如圖14-1所示。

圖14-1　運用資訊的能力

14-1-2 資訊素養四種內涵

　　麥克庫勞(C. R. McClure)認為資訊素養是利用資訊解決問題的能力，可分為**傳統素養、媒體素養、電腦素養、網路素養**四種能力，如圖14-2所示。

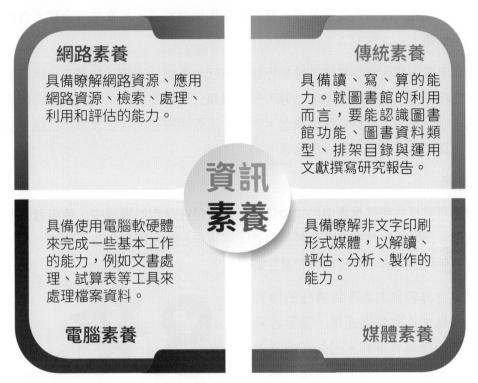

圖14-2　資訊素養的四種內涵(C. R. McClure, 1994)

　　若我們能具備正確的資訊素養價值觀，在**合乎法律、道德、倫理之規範**下，以正確的**價值觀**應用資訊能力幫助自己進而有益社會，即可稱其具備良好的「資訊素養」，如圖14-3所示。

圖14-3　資訊素養概念圖

14-1-3　網路素養

　　網路素養是指在網路環境中，除了具備使用網路的基本知識和能力外，還能加以解讀、省思、應用，乃至於批判的能力，並安全且合乎倫理規範的使用網路資訊，以解決生活的問題。簡單的說，就是**能有效的使用網路資源，並安全、合宜、合禮、合法地使用網路**。

　　網路素養一詞因網路科技的進展迅速，意涵也不斷地改變。在過去，網路素養大多單指認識網路、使用網路的能力等，然而單單只是對電腦網路的基本認識與使用已經不夠，所以須加入網路倫理的概念，例如：是否明瞭在網路上該怎麼說話、該怎麼自律、怎樣才不會觸犯法條等規範等。

網路禮節

　　網路禮節是指**網路世界中的禮儀規範，主要是在使用的過程中，使用者彼此間的互動禮儀**。良好的網路禮節表示尊重對方，展現自己使用網路的負責態度，以及避免帶給對方使用網路的不便及無意間產生的誤解。

　　網路世界容易流為不負責任的發言場所，及情緒性的攻擊與謾罵，甚至容易觸犯誹謗或公然侮辱等罪，因此在網路上應對自己所寫的文字負責，不要讓網路只停留在情緒性的發洩上，或造成他人閱讀的困擾。以下列出了一些網路公民的基本網路禮儀原則：

⊙ **友善發言且尊重**：發表言論或批評時不隨心所欲使用謾罵、嘲諷或污辱的字詞來抒發情緒，**要委婉、寬容與尊重的態度來表達自己的想法**，要注意文字內容是否適當斷行、斷句，並檢查是否有錯別字、文法是否正確。

⊙ **信件撰寫或轉寄**：寄送電子郵件時記得給對方尊稱及署名，未經當事人同意，請勿將私人往來的電子郵件公布於網路上，不傳送「連鎖信」、「幸運信」或是來路不明的「病毒警告信」。**轉發信件或訊息之前，應查證內容是否屬實，不傳播未經證實的訊息**。

⊙ **遵守網站的規章**：使用留言板或討論區時，先看一下站規或版規，**了解該網站的性質及主要內容，避免發出不適合的言論**。不在聊天室解決私人事務、不強迫他人回答你的問題。在留言版或使用即時通訊交談時，避免使用火星文、注音字或是特殊縮寫，對方或許不瞭解這些文字的意思，閱讀起來可能十分困擾。

14-2 資訊倫理與 PAPA 理論

在資訊科技與通訊技術的快速發展下，為我們生活上帶來了許多的便利，也拉進了人與人之間的距離，但也產生了許多複雜的關係，及衍生了許多「**資訊倫理**」的問題。

Richard O. Mason 於 1986 年提出了**資訊倫理** (Information Ethics) 議題的研究，其中以**資訊隱私權** (Privacy)、**資訊正確權** (Accuracy)、**資訊財產權** (Property)、**資訊存取權** (Access) 最受重視，而稱為 **PAPA 理論**。

14-2-1 資訊隱私權

網路的便利使得資訊的交換與流通十分容易，因此必須規範個人擁有隱私的權利及防止侵犯別人隱私，以確保資訊在傳播過程中能保護個人隱私而不受侵犯。

資訊隱私權是指**個人具有拒絕或限制他人蒐集、處理或利用個人相關資訊的權利**。無論是個人的姓名、身分證字號、病歷、財務資料，或者是在網路上所交談的對話、匿名所發表的文章等，都屬於資訊隱私權應保障的內容。

因網際網路的發展，人與人之間所傳遞的資訊也隨著增加，而在傳送的過程中，個人的資訊隱私也可能正被別人侵犯。所以，在**瀏覽或使用網站時，不要輕易洩露個人的資料，不要進入一些不知名的網站，才能避免隱私權外洩**。

現在很多網站為了表示尊重及保護個人的資訊隱私權，都會制訂隱私權保護宣告，在網站中宣告該網站對資訊隱私權的蒐集、使用與保護原則，如圖 14-4 所示。

圖 14-4　Apple 網站 (https://www.apple.com/legal/privacy/tzh/) 的隱私權政策內容

14-2-2 資訊正確權

網路上的資訊垂手可得，難以分辨這些資訊是否正確，因此**資訊提供者需負起提供正確資訊的責任，而資訊使用者則擁有使用正確資訊的權利**。

資訊爆炸的時代，每天都能從四面八方接收到各種新知，但哪些是真的，哪些是假的，愈來愈難判斷。波蘭的研究者**謝米斯瓦夫‧華薩克** (Przemyslaw M. Wazak) 等人，整理了波蘭2012年至2017年在臉書上的生物醫學資訊，發現4成都含有錯誤資訊，且被分享了45萬次。不正確/虛假訊息的影響，往往比正確/真實訊息更深也更廣。

根據路透社的全球數位新聞報告，來自38個國家受訪者中有超過55%的人對於自己的新聞真假辨識能力存疑。因此，我們要提升自己的**媒體資訊素養**，對於所接收到訊息的判斷能力及如何辨別真實與虛構的訊息，並培養隨手查證的精神，那麼就自然能夠獲得更好的資訊正確判斷力。

教育部建議可以使用「**5W思考法**」來判斷資訊的正確性。

5W思考法

Why	What	When	Where	Who
發布的目的可能為何？	內容是真的嗎？可找到其他佐證資料嗎？	資訊來源為何？	發布的日期為何？是否有更新版本？	內容是誰寫的？

14-2-3 資訊財產權

資訊的再製和分享他人成果是相當容易的，所以應維護資訊或軟體製造者之所有權，並立法規範不法盜用者之法律責任，以保護他人的智慧成果。

當我們在使用電腦工作時，有些使用的規範必須注意，例如：尊重**智慧財產權** (Intellectual Property Rights, **IPR**)、不使用拷貝或未經合法授權使用的軟體、不可侵犯他人的智慧成果等。

不管是作業系統還是應用軟體，只要是購買的軟體，該軟體都是有使用者授權合約，通常授權合約中會規範該軟體可以安裝的電腦數目，或可以連線的使用者數目等，若使用者違反了授權合約內容時，就屬於非法使用的行為。

在網路上或是市面上的軟體，都是有**版權**(Copyright)的，使用者需要購買，才能合法使用，但也有一些軟體是可以免費使用，以下簡單說明各種軟體的分類。

⊙ **商業軟體(Commercial Software)**：一般市面上**銷售的軟體**皆屬於商業軟體，通常要使用商業軟體時，都須經過授權或是註冊手續，才能正常使用。

⊙ **自由軟體(Free Software)**：指的是軟體本身的自由，而不是指價格免費。

⊙ **共享軟體(Shareware)**：常出現於網路上讓使用者自行下載使用，有些共享軟體使用一段時間後，必須付錢或是寫信給作者；有些則是可以一直使用，但是使用過程中常會出現版權聲明的視窗或是功能限制，例如：WinZIP、WinRAR等壓縮軟體，或是**一般試用版軟體**，都屬於共享軟體。

⊙ **免費軟體(Freeware)**：有些軟體的創作者會將自行設計好的軟體，放在網路上讓使用者免費下載使用，而不需要付任何的費用。例如：每年財政部國稅局都會提供報稅程式讓納稅義務人下載使用，而這個軟體就屬於免費軟體。

⊙ **公共財軟體(Public Domain Software)**：有些軟體**已過存續期限50年**(著作權人過世50年後)時，即可歸為公共財軟體，此種軟體不具有著作權，使用者不需付費即可複製使用。

14-2-4 資訊存取權

資訊存取權是指**每個人都可以擁有以合法管道存取資訊的權利**。例如：合法付費下載電子書閱讀；依創用CC授權標章原則，合法且合理使用他人作品等。**公平資訊慣例**(Fair Information Practices, **FIP**)是資訊存取權的重要倫理原則，在1937年由美國聯邦政府顧問委員會所提出，其主要原則如圖14-5所示。

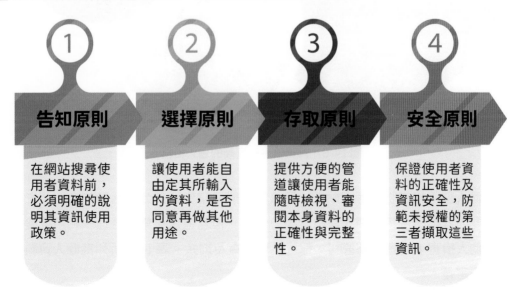

① **告知原則**
在網站搜尋使用者資料前，必須明確的說明其資訊使用政策。

② **選擇原則**
讓使用者能自由定其所輸入的資料，是否同意再做其他用途。

③ **存取原則**
提供方便的管道讓使用者能隨時檢視、審閱本身資料的正確性與完整性。

④ **安全原則**
保證使用者資料的正確性及資訊安全，防範未授權的第三者擷取這些資訊。

圖14-5　FIP主要原則

14-3 個人資料的保護

隨著科技的發展，資訊得以快速流通，存取也更加容易，當我們在享受這些便利時，也必須承擔個人資料外洩及被不當利用的風險。因此，個人資料保護的議題也就越來越受到重視。

14-3-1 個人資料保護法

我國在民國84年即公布施行《電腦處理個人資料保護法》，後為因應社會現況，於民國99年進行修法，擴大適用範圍，並更名為《個人資料保護法》，主管機關為「個人資料保護委員會」，專責監督個資問題。

《個人資料保護法》的立法目的**為規範個人資料之蒐集、處理及利用，以避免人格權受侵害，並促進個人資料之合理利用**。而個資法中所定義的「個人資料」如圖14-6所示，明令此類資料除非特殊情形，不得蒐集、處理或利用。

一般資料
姓名、出生年月日
身分證號碼、護照號碼
特徵、指紋、婚姻、家庭
教育、職業、病歷
聯絡方式、財務情況
社會活動

其他資料
得以直接或間接方式
識別該個人之資料。

特種資料
醫療
基因
性生活
健康檢查
犯罪前科

圖14-6　個資法中所定義的個人資料

在個人部落格或臉書等網站上，可張貼一般日常生活或公共活動的合照及影音資料，只要內容不結合其他個人資料就不會觸法。但若違法蒐集、處理、利用或變造個資造成他人損害，或者意圖營利，都可處以刑責及罰金。表14-1所列為個人資料保護法之行為定義。

表14-1　個人資料保護法之行為定義

行為	《個人資料保護法》之定義
蒐集	指以任何方式取得個人資料。
處理	指為建立或利用個人資料檔案所為資料之記錄、輸入、儲存、編輯、更正、複製、檢索、刪除、輸出、連結或內部傳送。
利用	指將蒐集之個人資料為處理以外之使用。

個資法規範對象

⊙ **公務機關**：依法行使公權力的中央或地方機關或行政法人。

⊙ **非公務機關**：指政府機關以外的民間機關團體，包括所有自然人(也就是一般人)、法人(企業)及團體。若未採行適當之安全措施，導致個人資料被竊取、竄改、毀損、滅失或洩漏，將處以新2萬元至200萬元罰鍰，並限期改正；若限期未改善或情節重大，將處以15萬元至1,500萬元罰鍰。

　　在蒐集、處理及利用個人資料時，都必須遵守個資法之相關規範，且違反個資法時，單位負責人及資料經手人都需面對民事、刑事及行政責任。

14-3-2　個資法案例

　　在蒐集用戶相關個人資料時，必須清楚載明個人資料蒐集的使用範圍及事由，若欲利用用戶資料作為特定目的之外的其他用途，則**必須經過用戶的書面同意，不得擅自使用**。若洩露消費者的個資，賠償金額最高可以達到2億元，最重可處五年有期徒刑。以下列舉常見的個資法案例。

⊙ **網路「肉搜」、提供懶人包，是否構成違背個人資料保護法？**

　　一般民眾從網路等管道搜尋資料(例如：利用廣大網友提供線索找出虐貓者等基於公益的「人肉搜索」)，並無觸法之虞，但超出公共利益範圍的人肉搜索行為，就有可能觸法。

⊙ **街頭攝影、拍照或公布行車紀錄器影像？**

　　個資法第51條規定，若是單純為了個人或家庭活動，而去蒐集、處理或利用個人資料，就不在個資法的限制條件內，可以不用一一去向照片入鏡者，告知照片使用範圍及使用目的，而在公開場合拍攝的照片人物，沒有加上足以識別該人物的個人資料，就不違反個資法，但仍須注意肖像權的問題。

行車記錄器拍到的畫面大多是在路上，屬於公眾場合，依個資法第51條第1項第2款之規定：「於公開場所或公開活動中所蒐集、處理或利用之未與其他個人資料結合之影音資料」不適用個資法。因此，只要上傳影片的人不在影片添加其他個人資料，即不違反個資法。

⊙ **學校在公布欄公告曠課學生名單(學生姓名、學號)，是否違反個資法？**

可以公布，因為獎懲應符合學校辦理教育行政之目的，公布並不違法，但須注意應僅公布必要之個資。

⊙ **學生找工作時，公司會要求學校提供該學生在學成績等資料，學校是否可以提供？**

學校無法判斷該學生是否有到某公司求職，故應由學生先向學校提出申請，並由學生或學校直接提供給公司。

⊙ **製作「Deepfake」換臉影片？**

個人資料依規定包括任何足以辨識個人的資料，包括姓名、生日、特徵等。若影片內容可以清楚看到被害人的臉部，足以辨識是被害人本人，就是一種個人資料，且若非出於任何公益目的，依法就該對被害人負起「損害賠償」的責任。

此外，製作這樣的影片、既然是為了讓自己獲得不法利益濫用他人個資，也會同時觸犯個人資料保護法的「非公務機關非法利用個人資料罪」，可處5年以下有期徒刑，得併科新臺幣100萬元以下罰金。

⊙ **網購留下的E-mail，店家可以用來寄送促銷訊息嗎？**

網路平臺使用個人資料寄送促銷活動訊息的行為，已經超出當時取得E-mail的目的(提供購物明細)，違反個資法「比例原則」中的「合適性原則」，所以是違法的。可以要求網路平臺刪除並停止使用個人資料，不可以拒絕要求。如果拒絕要求，可以向行政院消費者保護會申訴，可能會被處以新臺幣2萬元到20萬元的罰鍰。

14-3-3 歐盟個人資料保護法

一般資料保護規範(General Data Protection Regulation, **GDPR**)是歐盟為了提升個人資料保護規範，並建立歐盟境內適用的規則，2016年通過，用來取代歐盟1995年**個人資料保護指令**(Data Protection Directive)，並於2018年5月25日生效施行。

GDPR的保護對象是不管是否屬於歐盟的公司，只要業務範圍有直接或間接對歐洲民眾的個資進行蒐集、處理、應用，都將強制遵守這個歐盟個資法的規定。GDPR保護的個資範圍如圖14-7所示。

圖 14-7　GDPR 保護的個資範圍

被遺忘權

GDPR 引入了**被遺忘權** (Right to be Forgotten)，歐盟對於被遺忘權的定義為：「**數據主體有權要求數據控制者永久刪除有關數據主體的個人數據，有權被網際網路所遺忘，除非數據的保留有合法理由。**」

在 GDPR 第 17 條明定個資刪除權及被遺忘權，規定在下列情況下，當事人有權利要求立即刪除其個資。

◎ 依照原始處理個資之目的，已無必要保留個資。

◎ 個資原基於當事人之同意所蒐集處理，現同意已被撤回，且無其他處理之合法事由。

◎ 當事人行使拒絕權且無其他更重大之正當理由可以繼續處理個資。

◎ 個資被不合法處理。

◎ 依照歐盟或成員國之法律，相關個資應被刪除之。

◎ 未成年人過去同意提供給類似社交網站之資訊社會服務經營者之資訊。

14-3-4　醫療資料的隱私權

因 COVID-19 疫情將 AI 技術推上防疫舞台，各國紛紛串聯大數據監控足跡或採用電子圍籬，進行科技防疫。許多國家都藉由數位身分來儲存醫療資訊，也使用疫苗護照來辨識使用者是否已經施打疫苗。但當**數位科技介入公共衛生與醫療健康體系，也引發了個人資料隱私的爭議及隱憂。**

（The Economist）發布亞太區「個人化精準醫療發展指標」
(Personalised-health-index)。臺灣勇奪亞軍，主要歸功於健全的健保、癌症資料庫及
尖端資訊科技。

雖受到國際肯定，但在國內卻反應兩極，有人質疑「個人生物資料」的隱私保
障，擔心是否會成為藥廠的大數據。臺灣人權促進會與民間團體提出行政訴訟，質疑
政府沒有取得人民同意、缺少法律授權，就將健保資料提供給醫療研究單位。民間團
體批評，根據《個人資料保護法》，如果是**原始蒐集目的之外的再利用，應該取得當
事人同意，而健保資料原初蒐集是為了稽核保費，並非是提供醫學研究**。

而另一方面，有些醫療研究者卻埋怨《個人資料保護法》阻礙了醫學研發。健
保資料庫是珍貴的健康大數據，若能與醫療研究串接，做為學術研究，更符合公共利
益。臺灣的《個人資料保護法》在2012年就實施，問世遠早於AI時代，若仰賴現行
規範，對於新興科技的因應恐怕不合時宜。醫療大數據運用於AI，多數是來自醫療過
程中取得的醫療個人資料，無論是健保資料、病歷或各種檢查的影像或數據。

依個人資料保護法而言，性質上為特定目的之外的利用。對於臺灣而言，現行
的個人資料保護法已不足以達成該法「**避免人格權受侵害**」、「**促進個人資料之合理利
用**」兩大立法意旨。

知識補充：人工智慧於醫療領域的倫理與治理

世界衛生組織(World Health Organization, **WHO**)於2021年6月28日發布「**人工智慧於醫療
領域的倫理與治理**」(Ethics and governance of artificial intelligence for health)指南，提出
人工智慧應用於健康領域之六大關鍵原則：

❖ **保護人類的自主權**：人類仍應掌握醫療照護系統之所有決定權，無論是醫療服務提供者或
患者皆應在知情狀態下，且具有法律效力做決定或同意。

❖ **促進人類福祉、安全與公共利益**：人工智慧不應該傷害人類，因此須滿足相關之事前監管
要求，同時確保其安全性、準確性及有效性，且不會對患者或特定群體造成不利影響。

❖ **確保透明度、可解釋性與可理解性**：開發人員、用戶及監管機構應可理解人工智慧所作出
之決定，故須透過記錄與資訊揭露提高其透明度。

❖ **確立責任歸屬與問責制**：利益關係者應確保AI是由受過適當訓練的人員所使用，對於因演
算法而產生不良影響的個人或是群體，應建立有效的問責與補償機制。

❖ **確保包容性和公平性**：鼓勵人工智慧在醫療領域的應用，盡可能廣泛、公平的使用在每個
人身上。不因年齡、生理性別、社會性別、薪資水準、人種、民族、性傾向、能力，或其
他人權法規保護下的特徵而有差別待遇。

❖ **追求「響應式」與永續性的AI醫療科技**：人工智慧應符合設計者、開發者及用戶之需求與
期待，且能充分減少對於環境的影響且提高能源的使用效率。

精準醫療(Precision Medicine)為各國生醫界極受重視的發展方向，隨著大數據及 AI 的快速發展，各國紛紛發展精準醫療。所謂的「精準醫療」是**透過生物醫學檢測**(如基因檢測、蛋白質檢測、代謝檢測等)，**將個資**(如性別、身高、體重、種族、基因檢測、蛋白質檢測、代謝檢測、過去病史、家族病史等)**透過人體基因資料庫進行比對及分析，並找出最適合病患的治療方法與藥品。**

但對於此類敏感個資，是以「**告知同意**」及「**去識別化**」作為保護機制，但仍有不足，為了讓醫療資料能夠發揮用途，政府也正在研擬，用有限度且良好管控的方式，開放資料庫數據用做研究，試圖在保護患者以及生醫研究推展間取得適當的平衡。

中研院建置了「**臺灣人體生物資料庫**(Taiwan Biobank)」(圖14-8)，資料庫的目標為建置二十萬一般民眾及十萬常見疾病患者之生物檢體及健康資料，提供精準醫療的研究基礎。蒐集的資料包含參與者健康情形、醫藥史、生活環境資訊與生物檢體，長期追蹤參與者的健康變化情形與治療狀況，提供基礎研究所需要的資源，進行肺癌、乳癌、大腸直腸癌、腦中風、阿茲海默症等國人常見疾病研究。

圖14-8 臺灣人體生物資料庫網站(https://www.twbiobank.org.tw)

臺灣人體生物資料庫為資訊安全及民眾隱私的維護，申請 ISO 認證，獲得了「**個資保護(ISO29100:2011)**」與「**資安管理(ISO27001)**」雙重國際認證，希望社會大眾能了解臺灣人體生物資料庫相當重視個人資訊隱私，並且在資料庫監督管理上皆符合法律規範。

14-4 著作權議題

在資訊社會中，有些原則與法律是必須要遵守的，過度濫用或不正確使用電腦，都可能導致意想不到的慘痛後果。要如何才能得其利而不受其害呢？本節就來探討資訊科技該有的正確觀念及合理使用原則。

14-4-1 著作權合理使用原則

著作權法雖**保護著作人之權益，亦必須兼顧社會大眾利用著作之權益**。因此，不得絕對地壟斷創作之成果，著作權法在特定情形下乃對於著作人之權益作限制與例外規定，允許社會大眾為學術、教育、個人利用等非營利目的，得於適當範圍內逕行利用他人之著作，此即所謂**「合理使用」**。

著作權法第65條合理使用的認定，由下列四個標準綜合判斷：

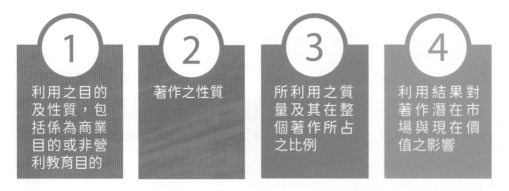

1. 利用之目的及性質，包括係為商業目的或非營利教育目的
2. 著作之性質
3. 所利用之質量及其在整個著作所占之比例
4. 利用結果對著作潛在市場與現在價值之影響

為了避免侵犯著作人之著作權，在使用他人著作時，先檢視自己是否有合理使用權。

獲得同意權

使用他人著作時一定**要先獲得對方同意**，可使用授權書進行授權，授權書之內容最好包括：使用者、著作者基本資料、聯絡方式、使用目的、範圍等。

註明資料出處

使用他人著作時，應依著作權法第64條規定**註明出處、作者，但並不是只要註明出處、作者，就是屬於合理使用**。

合理的引用量

著作權法並無明文規定合理的引用量，故在**引用時，最好是在授權書中約定**。

注意著作標示

1. 「××公司 版權所有 © 2023-2024 All Rights Reserved.」，這段文字指的是該公司對於該著作於上述期間享有著作權。

2. **創用CC授權標示**，是法律學者Lawrence Lessig與具有相同理念的先行者，在美國成立了Creative Commons組織，提出了「**保留部分權利**(Some Rights Reserved)」的作法，Creative Commons以模組化的簡易條件，以四種核心要素組合出六種主要授權條款(表14-2)，創作者可以挑選出最合適的授權條款，透過標示，將自己的作品釋出給大眾使用，同時也保障自己的權益。

表14-2　Creative Commons Licenses 3.0臺灣版各種要素組合與說明

授權條款名稱	授權要素條件設定圖案
姓名標示 Attribution	cc ① BY
姓名標示 - 禁止改作 Attribution-NoDerivs	cc ① = BY ND
姓名標示 - 非商業性 - 禁止改作 Attribution-NonCommercial-NoDerivs	cc ① ⊛ = BY NC ND
姓名標示 - 非商業性 Attribution-NonCommercial	cc ① ⊛ BY NC
姓名標示 - 非商業性 - 相同方式分享 Attribution-NonCommercial-ShareAlike	cc ① ⊛ ⊜ BY NC SA
姓名標示 - 相同方式分享 Attribution-ShareAlike	cc ① ⊜ BY SA

各圖示說明	
ⓘ 姓名標示	您必須按照作者或授權人所指定的方式，表彰其姓名(但不得以任何方式暗示其為您或您使用該著作的方式背書)。
⊜ 禁止改作	您不得變更、變形或修改本著作。
⊛ 非商業性	您不得因獲取商業利益或私人金錢報酬為主要目的來利用作品。
⊚ 相同方式分享	若您變更、變形或修改本著作，則僅能依同樣的授權條款來散布該衍生作品。

資料來源：https://tw.creativecommons.net

INTERNET

14-4-2　CC0

在網路上也有許多使用**CC0**（**公眾領域貢獻宣告**）授權條款分享素材，CC0是一種「**不保留權利**」的選擇，**任何人皆得以任何方式，包含在使用到該作品時，完全不表彰原創作者的姓名**；以任何目的，包含商業、廣告及促銷的目的使用該著作（商標權及專利權並不在權利拋棄的範圍內）。

例如：在CC0免費圖庫搜尋引擎網站中，可以搜尋到許多高畫質、可商業用途、允許修改再利用、免標示出處的圖片，如圖14-9所示。

圖14-9　CC0免費圖庫搜尋引擎（https://cc0.wfublog.com）

除了在CC0免費圖庫搜尋引擎網站搜尋CC0圖片外，其他像是Pixabay、Pxhere、Stock Snap、Unsplash等網站，也都有提供CC0授權的圖片，而網站上也都有相關的授權說明，使用時可以先查看授權內容，如圖14-10所示。

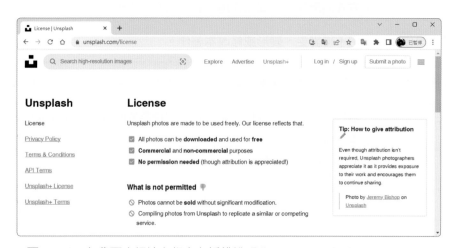

圖14-10　免費圖庫網站上都會有授權說明（https://unsplash.com/license）

14-4-3 AI 創作著作權議題

平常所使用的電腦軟體、歌曲、圖畫等,都是透過他人努力而創作出來的,這些創作稱為「**著作**」,著作權正是著作權法賦予著作人的權利,也是對創意的保護,是人類持續進步的泉源。那麼由AI創作出來的作品,是否也能享有著作權的保護呢?**美國著作權局**(The US Copyright Office)給了「**不行**」的答案。

2018年藝術家Steven Thaler向美國著作權局提出申請,要將他用名為Creativity Machine的AI系統所創作的《A Recent Entrance to Paradise》作品申請版權(圖14-11)。不過,美國著作權局於2019年8月以這申請案「**欠缺支持著作權宣稱所需的人類著作人**」為由,首度拒絕其申請。美國著作權局認為,「**人類思維和創造性表達之間的關連**」是著作權的關鍵。

圖 14-11 《A Recent Entrance to Paradise》作品
(https://www.copyright.gov/rulings-filings/review-board/docs/a-recent-entrance-to-paradise.pdf)

Steven Thaler在2019年9月及2020年5月又提出復議,並稱美國著作權局提出的「人類著作人」要求違憲,並稱著作權法已有准許非人類受僱為創作著作人的前例。而審查委員會接受了Steven Thaler所說的「該繪畫是由AI在沒有任何人類創意性投入下的獨立創作」的事實。

但是委員會仍堅持,現行的版權法只有保護「**腦力勞動者的成果**」,是由「**人腦而創作出來的**」,因此作品要受版權法保護,就必須由人類創作,因此只要作品不是由人類創作,便會拒絕其申請。

Steven Thaler另外也為名為DABUS的AI系統,所創作的兩件作品,到多個國家的版權機構申請為「作品創作者」。美國的USPTO、英國智慧財產權局及歐洲專利局,都以非人類創作而拒絕承認DABUS為作品創作者,而非洲以標注為「**由AI自動創作的作品**」的方式,接納其中一件作品版權保護註冊,在澳洲也有一位法官接納AI創作的作品可以申請版權保護。

生成式AI的快速發展,引發了生成內容是否受著作權保護的法律爭議,更引發了法律問題,例如:

⊙ 多名程式設計師在2022年底向法院提起集體訴訟,指控微軟旗下的GitHub平臺運用OpenAI Codex所開發AI編碼工具Copilot侵害程式人員的著作權。

⊙ Midjourney、Stability AI和大型圖庫DeviantArt被藝術家控告,這些藝術家指控這三家公司所開發的AI系統未經同意,即透過網路抓取數以億計的圖像進行AI訓練,並藉此進行二次創作生成衍生作品,侵犯了他們以及其他廣大藝術家的權利。

⊙ 一名記者利用Midjourney偽造了川普與警察對峙、逃離追捕模樣的圖片(圖14-12),在網上引起熱議,但最後他沒獲得解釋就被Midjourney停權了。

圖14-12 川普與警察對峙、逃離追捕模樣的圖片

美國版權局最近在回覆有關AI圖片的版權問題時表示,Midjourney所製作的圖片不受版權保護。那臺灣法規是否承認AI著作權呢?經濟部智慧財產局明確表達著作必須出自於自然人或法人,創作才能受到著作權保護,若是由機器、技術所產生的智慧成果,原則上無法享有著作權。AI作品是否受到著作權保障的關鍵在於:「**AI是輔助創作**」或「**AI是獨立創作**」,說明如下:

一、著作權部分，按我國著作權法第10條規定，著作人於著作完成時享有著作權；另第33條規定，法人為著作人之著作，其著作財產權存續至其著作公開發表後50年。換言之，著作必須係以自然人或法人為權利義務主體的情形下，其所為的創作始有可能受到著作權的保護。據了解，AI（人工智慧）是指由人類製造出來的機器所表現出來的智慧成果，由於AI並非自然人或法人，其創作完成之智慧成果，非屬著作權法保護的著作，原則上無法享有著作權。但若其實驗成果係由自然人或法人具有創作的參與，機器人分析僅是單純機械式的被操作，則該成果之表達的著作權由該自然人或法人享有。

二、專利權部分，依本局專利審查基準，申請專利之發明中電腦軟體為必要者，為電腦軟體相關發明，該實驗成果若不具備具體之實施步驟，其內容成果應不為專利權保護之標的。惟若機器人分析處理語音資料之技術，具有具體之實施步驟且該實施步驟具技術性，則可成為適格之專利申請標的。

三、「自動音樂系統」經使用後所生成之音樂其著作權歸屬一節，如所創作之音樂僅係該機器或系統透過自動運算方式所產生的結果，並無人類之「原創性」及「創作性」之投入，則恐非屬著作權法保護之著作。

資料來源：https://topic.tipo.gov.tw/copyright-tw/cp-407-855070-f1950-301.html
https://topic.tipo.gov.tw/copyright-tw/cp-407-855133-822e7-301.html

14-4-4 NFT 著作權議題

虛擬資產正在逐步擴大，從音樂著作、虛擬土地、遊戲寶物、數位藝術品、球員卡、網域名稱等，通通都能發行為NFT進行販售。NFT熱潮也引發了數位資產和網路版權的爭論。雖然擁有了數位資產的所有權，但卻不見得擁有著作權。所以，消費者在購買該NFT產品後，若進行其他利用行為時，例如：改作圖像內容、商業使用等，仍可能會侵害到原作者的權利。

一般來說，NFT所採用的技術，記載了產品的資訊，但不保證產品為「真跡」，有可能是他人將原創者的作品，私自上架或改作為NFT產品，而侵害了原創者的權利。

例如：《Bored Ape Yacht Club》，抄襲者直接將《Bored Ape Yacht Club》圖像複製，沒有任何加工，並取了一個極其類似的名稱，並鑄造為NFT發行。雖然已遭OpenSea平臺依照其使用者條款規定下架，但這兩個抄襲項目已經銷售一空了。

在購買NFT的時候，要注意項目本身著作權的授權條款，絕對不是買了NFT，就可以拿它做任意使用，在NFT交易平臺上，大都會有授權條款說明，例如：佳士得(Christies)拍賣網站的條款載明，對得標者不提供任何保證會取得作品的著作權或重製權，日本藝術家村上隆所訂立的條款中，也標註了購得NFT者並不擁有版權，但購買者有轉售NFT權力，但不能運用該圖像做為商業利用，版權仍屬於村上隆的「Kaikai Kiki」公司。

目前市場上所進行的NFT交易，買家於法律上難以取得數位作品的所有權或著作權，大多是取得數位作品利用之非專屬授權，可以在數位作品旁標示自己的姓名，以示自己為該NFT數位作品之買家。

NFT交易平臺Cent，在2021年拍賣了Twitter執行長Jack Dorsey的第一則貼文，貼文以290萬美元高價售出，Cent因而聲名大噪，如今卻面臨根本性危機。

Cent執行長Cameron Hejazi宣布中止所有交易，暫停大部分的NFT購買和出售(Cent市集「beta.cent.co」已暫停NFT銷售，專門銷售推文的「Valuables」平臺仍然開放交易)，因為「**有些不該發生的活動不斷出現，且非法**」，他認為目前NFT市場有三個主要問題。

⊙ 用戶販賣未獲得授權的NFT。

⊙ 用戶抄襲別的內容而製作的NFT。

⊙ 用戶販售有安全疑慮的NFT。

Cent雖不斷禁用違規用戶，但違法行為仍不斷地出現，防不勝防，只好被迫全面中止交易功能，直到想出解決方法。Cameron Hejazi認為Web 3.0的世界都有這樣的隱憂，去中心化的缺點就是**缺乏審查管理**，雖然區塊鏈能確保流通的資訊不易被竄改，但卻沒辦法審核一開始就有問題的資料。

全球最大NFT平台OpenSea也表示，**目前市面上有八成以上免費NFT，大部分都有抄襲、假冒和詐騙的問題。**

14-4-5　梗圖著作權議題

網路上流傳的迷因梗圖都是創作者在電影劇照、相片、圖畫、影片上加入有趣的圖文，而這樣的行為若沒有經過授權，有可能會構成侵權，雖然可以宣稱「合理使用」，但是否構成合理使用仍應個案判斷；若有取得著作權人授權，在創作這些梗圖時，還是要注意授權的範圍及是否有侵害**著作人格權**的疑慮。關於梗圖著作權問題，經濟部智慧財產局說明如下：

一、電影或電視劇官方網站的圖片，如具有「原創性」及「創作性」，則為受保護的「美術著作」或「攝影著作」，所詢**將該等圖片改成迷因(meme)或梗圖形式，發布於網路自媒體**，已涉及該等著作之「重製」、「改作」及「公開傳輸」行為，除有符合著作權法第44條至第65條合理使用規定之情形外，縱使與產品販售無關，仍應取得著作財產權人的同意或授權，始得為之，否則可能涉及著作權侵害而有民、刑事責任，合先說明。

二、**將圖片予以改作，置於社交網路上流傳，藉以嘲諷、kuso時事，在學理上稱作「詼諧仿作」**，依本局行政解釋(電子郵件1040414參照)，此種利用原則上已與原著作所欲傳達之目的或特性有所不同，而具備所謂「轉化性之利用」；如依我國著作權法第65條第2項主張合理使用，須參酌其利用之目的及性質、所利用著作之性質、質量及其在整個著作所占比例、利用結果對著作潛在市場與現在價值之影響等要件，如不致影響原著作權人之權益，有依該條規定主張「合理使用」之空間，併提供參考。

三、惟由於著作權係屬私權，所詢行為是否構成合理使用，如有爭議，仍須由司法機關於個案具體事實調查證據認定之，尚無法一概而論。

資料來源：https://topic.tipo.gov.tw/copyright-tw/cp-407-876485-34457-301.html

例如：吉卜力工作室釋出了400張劇照，瞬間引爆各種梗圖的創作，但400張劇照，僅有授權大眾在「**常識の範囲でご自由にお使いください**」(**在常識範圍內得自由使用**)(圖14-13)，因此若將劇照用於營利行為就很有可能會違反授權範圍，而構成侵權。所以，為避免發生爭議，建議使用時仍應符合我國著作權法第65條「合理使用」之相關規範，改作的梗圖不宜在其上附上自己的姓名，也不宜使用嚴重扭曲著作人立場或違反公序良俗的字眼，當然更不要作為營利使用。

圖14-13　吉卜力工作室的授權說明(https://www.ghibli.jp/info/013344/)

網 路 趨 勢

AI 教父的三大擔憂

被譽為「AI 教父」、「深度學習之父」的 Geoffrey Hinton 入職 Google 10 年後，選擇了離開 Google，接受《紐約時報》採訪時表示，辭職是為了警告世界 AI 帶來的潛在風險，以致能更暢所欲言，不必再擔心會影響到 Google 形象：「我曾以為 AI 帶來的潛在問題會在 30 至 50 年後才會發生，但顯然我現在不再這樣想了。」還直言：「我對自己的畢生工作，感到非常後悔。」，AI 可能操控人類，並找到辦法殺死人類。

✅ AI帶動假訊息狂潮

他擔心生成式AI正在助長假訊息，網路上將充斥著虛假的圖片、影片和文字，一般人將「再也無法知道什麼是真實的」。

✅ AI技術最終會顛覆就業市場

他擔心人工智慧技術會快速顛覆就業市場，像是ChatGPT這樣的聊天機器人，主要是輔助人類工作者，協助我們的工作變得更加完善，但它也可能取代律師助理、個人助理、翻譯和其他處理機械化工作的人。

✅ AI有可能演變成殺人機器

他擔心AI技術最終會對人類構成威脅，AI將能夠自主生成並執行程式碼，進而導致人類滅絕。他說「有一些人相信AI實際上可以變得比人類更聰明，大多數人仍然認為這很遙遠，我也曾這麼認為，我以為這至少需要30至50年，甚至更長的時間，但很顯然地，我已經不再這麼想了。」

https://www.nytimes.com/2023/05/01/technology/ai-google-chatbot-engineer-quits-hinton.html
https://buzzorange.com/techorange/2023/05/02/geoffrey-hinton-godfather-of-ai/

INTERNET 自我評量

▲ 選擇題

( )1. 下列何者非麥克庫勞(McClure)認為資訊素養應具備的能力？ (A)傳統素養 (B)媒體素養　(C)學習素養　(D)網路素養。

( )2. 下列各項網路行為與習慣，何者正確？ (A)在電子郵件中收到中獎通知，趕快回信填寫帳戶資料好領取獎金　(B)因為好奇在討論區中留下暗示援交的訊息，看看會不會有人回應　(C)收到幸運信直接刪除，不再轉寄給他人 (D)反正不會有人知道我是誰，就在死對頭的部落格上留言罵他。

( )3. 資訊提供者需負起確保提供正確資訊的責任，是屬於PAPA理論中的何者？ (A)資訊隱私權　(B)資訊正確權　(C)資訊財產權　(D)資訊存取權。

( )4. 資訊在傳播過程中應能保護個人隱私而不受侵犯，是屬於PAPA理論中的何者？ (A)資訊隱私權　(B)資訊正確權　(C)資訊財產權　(D)資訊存取權。

( )5. 請問以下哪個不是個人資料保護法所定義的個人資料？ (A)生物檢體　(B)犯罪前科　(C)綽號　(D)基因。

( )6. 非公務機關利用個人資料進行行銷時，以下敘述何者有誤？ (A)若已取得當事人書面同意，當事人無法拒絕接受行銷　(B)於首次行銷時，應提供當事人表示拒絕行銷之方式　(C)當事人表示拒絕接受行銷時，應停止利用其個人資料　(D)於首次行銷時，需提供當事人拒絕行銷所需費用。

( )7. 銀行行員透過職務之便，將客戶的個人資料轉售給其他公司，這樣的行為是觸犯了下列何種法律？ (A)刑法　(B)民法　(C)著作權法　(D)個人資料保護法。

( )8. 下列哪個規範是歐盟為了提升個人資料保護規範，並建立歐盟境內適用的規則？ (A)IPR　(B)GPR　(C)DPR　(D)GDPR。

( )9. ⓒⓘ⊜ 是使用何種創用CC (Creative Commons)授權條款？ (A)姓名標示—相同方式分享　(B)姓名標示—禁止改作　(C)姓名標示—禁止改作—相同方式分享　(D)姓名標示。

( )10. ⊜為創用CC (Creative Commons)之何種標章？ (A)姓名標示　(B)禁止改作 (C)非商業性　(D)相同方式分享。

▲ 問題與討論

1. AI所生成的圖片太逼真，你覺得該如何「判斷真假」呢？

國家圖書館出版品預行編目資料

網際網路應用實務 / 王麗琴編著 . -- 十三版 . -- 新北市：
全華圖書股份有限公司 , 2023.06
　面；　公分
ISBN 978-626-328-525-5(平裝)
1.CST: 網際網路　2.CST: 全球資訊網
312.1653　　　　　　　　　　　　112008553

網際網路應用實務（第 13 版）

作者／全華研究室 王麗琴

發行人／陳本源

執行編輯／王詩蕙

封面設計／盧怡瑄

出版者／全華圖書股份有限公司

郵政帳號／ 0100836-1 號

印刷者／宏懋打字印刷股份有限公司

圖書編號／ 0644102

十三版二刷／ 2024 年 04 月

定價／新台幣 580 元

ISBN ／ 978-626-328-525-5 (平裝)

ISBN ／ 978-626-328-522-4 (PDF)

ISBN ／ 978-626-328-523-1 (EPUB)

全華圖書／ www.chwa.com.tw

全華網路書店 Open Tech ／ www.opentech.com.tw

若您對書籍內容、排版印刷有任何問題，歡迎來信指導 book@chwa.com.tw

臺北總公司 (北區營業處)

地址：23671 新北市土城區忠義路 21 號

電話：(02) 2262-5666

傳真：(02) 6637-3695、6637-3696

南區營業處

地址：80769 高雄市三民區應安街 12 號

電話：(07) 381-1377

傳真：(07) 862-5562

中區營業處

地址：40256 臺中市南區樹義一巷 26 號

電話：(04) 2261-8485

傳真：(04) 3600-9806（高中職）

　　　(04) 3601-8600（大專）

歡迎加入 全華會員

● 會員獨享

會員享購書折扣、紅利積點、生日禮金、不定期優惠活動…等。

● 如何加入會員

掃 QRcode 或填妥讀者回函卡直接傳真 (02) 2262-0900 或寄回，將由專人協助登入會員資料，待收到 E-MAIL 通知後即可成為會員。

如何購買 全華書籍

1. 網路購書

全華網路書店「http://www.opentech.com.tw」，加入會員購書更便利，並享有紅利積點回饋等各式優惠。

2. 實體門市

歡迎至全華門市（新北市土城區忠義路21號）或各大書局選購。

3. 來電訂購

(1) 訂購專線：(02) 2262-5666 轉 321-324
(2) 傳真專線：(02) 6637-3696
(3) 郵局劃撥（帳號：0100836-1 戶名：全華圖書股份有限公司）
※ 購書未滿 990 元者，酌收運費 80 元。

OpenTech.com.tw 全華網路書店

全華網路書店 www.opentech.com.tw
E-mail: service@chwa.com.tw

※ 本會員制如有變更則以最新修訂制度為準，造成不便請見諒。

讀者回函卡

掃 QRcode 線上填寫 ▶▶

姓名：

生日：西元　　　　年　　　月　　　日　　性別：□男 □女

電話：（　　）　　　　　　　　　手機：

e-mail：(必填)

註：數字零，請用 ⏀ 表示，數字 1 與英文 L 請另註明並書寫端正，謝謝。

通訊處：□□□□□

學歷：□高中・職　□專科　□大學　□碩士　□博士

職業：□工程師　□教師　□學生　□軍・公　□其他

學校／公司：　　　　　　　　　　　　　科系／部門：

· 需求書類：

□ A. 電子　□ B. 電機　□ C. 資訊　□ D. 機械　□ E. 汽車　□ F. 工管　□ G. 土木　□ H. 化工　□ I. 設計

□ J. 商管　□ K. 日文　□ L. 美容　□ M. 休閒　□ N. 餐飲　□ O. 其他

· 本次購買圖書為：　　　　　　　　　　　　　　　　書號：

· 您對本書的評價：

封面設計：□非常滿意　□滿意　□尚可　□需改善，請說明

內容表達：□非常滿意　□滿意　□尚可　□需改善，請說明

版面編排：□非常滿意　□滿意　□尚可　□需改善，請說明

印刷品質：□非常滿意　□滿意　□尚可　□需改善，請說明

書籍定價：□非常滿意　□滿意　□尚可　□需改善，請說明

整體評價：請說明

· 您在何處購買本書？

□書局　□網路書店　□書展　□團購　□其他

· 您購買本書的原因？（可複選）

□個人需要　□公司採購　□親友推薦　□老師指定用書　□其他

· 您希望全華以何種方式提供出版訊息及特惠活動？

□電子報　□ DM　□廣告　（媒體名稱　　　　　　　　　　）

· 您是否上過全華網路書店？（www.opentech.com.tw）

□是　□否　您的建議

· 您希望全華出版哪方面書籍？

· 您希望全華加強哪些服務？

· 感謝您提供寶貴意見，全華將秉持服務的熱忱，出版更多好書，以饗讀者。

填寫日期：　　　／　　　／

2020.09 修訂

勘　誤　表

親愛的讀者：

感謝您對全華圖書的支持與愛護，雖然我們很慎重的處理每一本書，但恐仍有疏漏之處，若您發現本書有任何錯誤，請填寫於勘誤表內寄回，我們將於再版時修正，您的批評與指教是我們進步的原動力，謝謝！

全華圖書　敬上

書　號	書　名	作　者
頁　數　行　數	錯誤或不當之詞句	建議修改之詞句

我有話要說：（其它之批評與建議，如封面、編排、內容、印刷品質等‧‧‧）